AF746534

Collection « L'esprit économique »

fondée par Sophie Boutillier et Dimitri Uzunidis en 1996
dirigée par Sophie Boutillier, Blandine Laperche, Dimitri Uzunidis

Si l'apparence des choses se confondait avec leur réalité, toute réflexion, toute Science, toute recherche serait superflue. La collection « L'esprit économique » soulève le débat, textes et images à l'appui, sur la face cachée économique des faits sociaux : rapports de pouvoir, de production et d'échange, innovations organisationnelles, technologiques et financières, espaces globaux et microéconomiques de valorisation et de profit, pensées critiques et novatrices sur le monde en mouvement...
Ces ouvrages s'adressent aux étudiants, aux enseignants, aux chercheurs en sciences économiques, politiques, sociales, juridiques et de gestion, ainsi qu'aux experts d'entreprise et d'administration des institutions.

La collection est divisée en six séries :

Dans la série *Economie et Innovation* sont publiés des ouvrages d'économie industrielle, financière et du travail et de sociologie économique qui mettent l'accent sur les transformations économiques et sociales suite à l'introduction de nouvelles techniques et méthodes de production. L'innovation se confond avec la nouveauté marchande et touche le cœur même des rapports sociaux et de leurs représentations institutionnelles.

La série *Economie formelle* a pour objectif de promouvoir l'analyse des faits économiques contemporains en s'appuyant sur les approches critiques de l'économie telle qu'elle est enseignée et normalisée mondialement. Elle comprend des livres qui s'interrogent sur les choix des acteurs économiques dans une perspective macroéconomique, historique et prospective.

Dans la série *Le Monde en Question* sont publiés des ouvrages d'économie politique traitant des problèmes internationaux. Les économies nationales, le développement, les espaces élargis, ainsi que l'étude des ressorts fondamentaux de l'économie mondiale sont les sujets de prédilection dans le choix des publications.

La série *Krisis* a été créée pour faciliter la lecture historique des problèmes économiques et sociaux d'aujourd'hui liés aux métamorphoses de l'organisation industrielle et du travail. Elle comprend la réédition d'ouvrages anciens, de compilations de textes autour des mêmes questions et des ouvrages d'histoire de la pensée et des faits économiques.

La série *Clichés* a été créée pour fixer les impressions du monde économique. Les ouvrages contiennent photos et texte pour faire ressortir les caractéristiques d'une situation donnée. Le premier thème directeur est : mémoire et actualité du travail et de l'industrie ; le second : histoire et impacts économiques et sociaux des innovations.

La série *Cours Principaux* comprend des ouvrages simples, fondamentaux et/ou spécialisés qui s'adressent aux étudiants en licence et en master en économie, sociologie, droit, et gestion. Son principe de base est l'application du vieil adage chinois : « le plus long voyage commence par le premier pas ».

Géométrie parabolique tridimensionnelle

ou Perspective parabolique

© L'Harmattan, 2023
5-7, rue de l'École-Polytechnique ; 75005 Paris

http://www.editions-harmattan.fr/

ISBN : 978-2-14-048876-4
EAN : 9782140488764

Bernard S. Bonbon

Géométrie parabolique tridimensionnelle

ou Perspective parabolique

Préface de Christian Langlois

L'Harmattan

Du même auteur

• PUBLICATIONS

- *Perspective scientifique et Artistique*, Éditions Eyrolles - Paris 1972
(Primé par la Commission Ministérielle des livres - CNRDP, Paris)
- *Angewendte Perspective* - Éditions Bauverlag Wiesbaden
und Berlin - 1977
- *Perspective Moderne, Méthode des Réseaux Normés*
Éditions Eyrolles - Paris 1983
- *Prospettiva Moderna* - Éditions Hoepli, Milan 1988
- *Géométrie Sphérique Tridimensionnelle (G.S.T)*
Éditions Eyrolles - Paris 1985
- *Perspectives inclinées - Perspective des ombres et des reflets*
Éditions Eyrolles - Paris 1989
- *Géométrie du Relief Visuel (G.R.V) ou Perspective binoculaire*
Éditions Eyrolles - Paris 1990
- *Art, Mathématiques, Informatique, Art Trigono - Plastique*
Éditions Eyrolles - Paris 1991

* Ces publications sont consultables dans les Universités du monde entier et les Grandes Écoles d'excellence internationales : dans des centaines d'Universités à caractère scientifique, des Grandes Écoles Polytechniques, des Écoles Supérieures d'Architecture, d'Art et de Design, des Bibliothèques d'État, ainsi que dans nombre des plus grandes Bibliothèques Mondiales classées au *Top 20.*

• BREVETS

- Matériel à dessiner en Perspective conique sphérique
et en Relief Visuel
Institut National de la Propriété Industrielle, Paris 1983
- Visionneuse de Perspective en relief
Institut National de la Propriété Industrielle, Paris 1981

* Ces ouvrages sont inscrits :
- aux Identifiants et Référentiels pour l'Enseignement Supérieur et la Recherche (IdRef) ;
- au Catalogue collectif des Bibliothèques de l'Enseignement Supérieur et de la Recherche (Sudoc) ;
- au *WorldCat Identities.*

À Gwendal et Maéva...

Un très vibrant hommage à Michèle BONNETON

à Marc BARBUT,

Président du jury de ma soutenance de thèse de Doctorat (mention très bien, 1974), et Directeur du Centre d'Analyse de Mathématiques Sociales, associé au Centre National de la Recherche Scientifique (CNRS), à l'École des Hautes Études en Sciences Sociales (EHESS Paris)

... Fabrice, Laurent et Thomas, la Grande Fratrie
et la communauté saintoise de Terre-de-Haut

PROFIL DU PUBLIC CONCERNÉ

- Le profil des lecteurs concernés est le même que celui qui caractérise les très nombreux lecteurs déjà fidélisés par les précédents ouvrages écrits par l'auteur, souvent réédités, publiés en France et dans plus de 32 pays.

ENSEIGNANTS DANS LES DOMAINES CI-DESSOUS, ÉTUDIANTS ET PROFESSIONNELS

- Écoles Nationales Supérieures d'Architecture.
- Écoles Nationales Supérieures des Bâtiments et Travaux Publics.
- Écoles d'Architecture Intérieure.
- Universités de Designers et d'Ingénieurs.
- École de Design Graphique.
- École Nationale Supérieure des Arts Appliqués et des Métiers d'Art.
- École Nationale Supérieure des Arts Décoratifs.
- École Nationale Supérieure des Beaux-Arts.
- École Nationale Supérieure des Arts Visuels.
- Les Départements d'Arts Plastiques de certaines Universités.
- Certaines spécialités des Écoles polytechniques, en France et à l'International.
- Les Instituts de Recherches Mathématiques Appliquées.
- ... etc.

PROFIL DE L'AUTEUR

- Ex-enseignant permanent de l'Université Grenoble-Alpes.
- Chercheur en Sciences de l'Art -
  Spécialiste des Problèmes Mathématiques de l'Espace Visuel.
- Docteur en Sciences de l'Information et de la Communication.
- Docteur en Arts Plastiques, Art et Mathématiques.
- Diplômé d'Études Approfondies en Sciences de l'Éducation.
- Diplômé de l'École Nationale Supérieure des Arts Appliqués et des Métiers d'Art.
- Professeur agrégé.
- Formation : Laboratoire de Graphique associé au CNRS, de l'École des Hautes Études en Sciences Sociales (EHESS).
- École Nationale Supérieure des Beaux-Arts - ENSBA.
- Université de Paris VIII.
- Nommé « Chevalier dans l'Ordre National du Mérite » par le Président de la République sur proposition du Ministre de l'Enseignement Supérieur et de la Recherche.
- Inscrit au Fichier d'Autorité Internationale par la Library of Congress Name Authority File, Washington.

SOMMAIRE

COMMENTAIRES

LA GÉOMÉTRIE PARABOLIQUE TRIDIMENSIONNELLE

UNE GÉOMÉTRIE NON EUCLIDIENNE À QUATRE DIMENSIONS

« Commençons par un petit paradoxe.

Des êtres dont l'esprit serait fait comme le nôtre et qui auraient les mêmes sens que nous, mais qui n'auraient reçu aucune éducation préalable pourraient recevoir d'un monde extérieur convenablement choisi, des impressions telles qu'ils seraient amenés à construire une géométrie autre que celle d'Euclide et à localiser les phénomènes de ce monde extérieur dans un espace non euclidien, ou même, dans un espace à quatre dimensions.

Pour nous, dont l'éducation a été faite par notre monde actuel, si nous étions brusquement transportés dans ce monde nouveau, nous n'aurions pas de difficultés à en rapporter les phénomènes à notre espace euclidien. Inversement, si ces êtres étaient transportés chez nous, ils seraient amenés à rapporter nos phénomènes à l'espace non euclidien.

Que dis-je ; avec un peu d'efforts nous pourrions le faire également. Quelqu'un qui y consacrerait son existence pourrait peut-être arriver à se représenter la quatrième dimension. »

Henri POINCARÉ (1854-1912)
Mathématicien, Physicien, Philosophe et Ingénieur
La Science et l'Hypothèse (1917)
« L'espace et la géométrie » (ch. IV, p. 68)

Remarque téméraire :

Ainsi, dans le contexte des géométries non-euclidiennes, la GÉOMÉTRIE PARABOLIQUE TRIDIMENSIONNELLE serait paradoxalement une GÉOMÉTRIE À QUATRE DIMENSIONS, si l'on considère que le segment de droite *AB* de la Géométrie plane d'Euclide, transformé sur la surface parabolique, se présente sous l'aspect d'un arc de parabole, caractérisé non pas par une seule dimension, sa longueur *A'B'* mais par deux, la deuxième étant exprimée en degrés mesurant la parabole, 90°, sur laquelle elle s'inscrit. Exemple : un segment parabolique *A'B'* de $\beta°$.

La GÉOMÉTRIE PARABOLIQUE TRIDIMENSIONNELLE pourrait-elle contribuer à concrétiser la suggestion de Henri POINCARÉ de « **se représenter la quatrième dimension** » ? La profondeur de champ parabolique ?

PRÉFACE

(Préface de la *Géométrie Sphérique Tridimensionnelle* en relation avec la préface de la *Géométrie Parabolique Tridimensionnelle*)

VERS DE NOUVELLES PERSPECTIVES

Aussi surprenant que cela soit, il était impossible jusqu'à ce jour d'obtenir une représentation tridimensionnelle d'un corps autrement que par la réalisation d'une maquette comme depuis l'Antiquité !

Du coup, certains architectes, des professeurs mêmes, en venaient à présenter la maquette non seulement comme un élément de contrôle *a posteriori*, mais comme un moyen de composer. Leur absence de faculté de « voir dans l'espace » devenait une véritable infirmité qu'ils présentaient, en bons infirmes, comme la normalité. Ils en venaient même à prétendre, pour se justifier, que Wagner ou Stravinski étaient incapables de composer sans l'aide du piano ! Ils subissaient ainsi la contrainte de la maquette, objet coûteux, très long à réaliser et présentant en outre trois dangers :

- la séduction du jouet, qui rendait attirant n'importe quel projet du fait même de sa présentation sous forme de miniaturisation ;
- l'illusion du point de vue impossible, qui présentait l'œuvre vue d'avion et non du point de vue du piéton ;
- la schématisation abusive, qui en raison de la simplification systématique et souvent extrême inhérente à la maquette de petite taille traduisait, par exemple, de la même manière une colonne avec sa base et son chapiteau et un simple poteau en béton.

Seule pouvait être réellement honnête la maquette grandeur, que n'hésitèrent pas à réaliser par exemple ceux qui entreprirent de construire l'*Arc de Triomphe* de Chalgrin, mais à quel prix !

Grâce aux travaux du professeur Bernard Bonbon, tout peut changer, une perspective à trois dimensions peut être maintenant réalisée assez simplement dans son principe et permettre à un spectateur d'avoir une représentation exacte de l'environnement projeté vu de n'importe quel point et à échelle grandeur.

L'adaptation de l'ordinateur permettra prochainement sans doute d'utiliser comme dessins de base des géométraux précis mis sous forme de diapositives et ceci avec des manipulations simples. Il n'y aura plus alors de tricherie et tous les inconvénients de la maquette disparaîtront. Les architectes posséderont là un outil d'une extrême rapidité et d'une grande précision qui fera reléguer au musée le principe même de la maquette.

Je tiens à féliciter le professeur Bernard Bonbon pour sa remarquable trouvaille en souhaitant qu'elle aboutisse rapidement à un instrument de travail commercialisé qui deviendra alors bientôt aussi indispensable que la machine à écrire ou l'appareil à photocopier, et qui, surtout, évitera bien des erreurs architecturales à ceux qui nous gouvernent.

Christian LANGLOIS (1977-2007)
Membre de l'Institut
Président de l'Académie Française des Beaux-Arts
Conseiller du Sénat pour l'Architecture et les beaux-Arts

INTRODUCTION

(Une introduction commune à la Géométrie Sphérique Tridimensionnelle et à la Géométrie Parabolique Tridimensionnelle)

RELATIONS ET DISTINCTIONS
entre
la **Géométrie Sphérique Tridimensionnelle**, la **Géométrie Parabolique Tridimensionnelle**, la **Perspective Curviligne « réfléchie »** des grands Maîtres de la peinture, la **Perspective Curviligne** de deux auteurs contemporains

La *Géométrie Sphérique Tridimensionnelle* (ou *Perspective Sphérique*), comme la *Géométrie Parabolique Tridimensionnelle* (ou *Perspective Parabolique*), du même auteur et de conception comparable, inscrivent leur CHAMP D'APPLICATION DANS L'ANTICIPATION, la révélation rigoureuse de l'aspect visuel intégral (sur 180°) de projets architecturaux de grande envergure et à grande échelle, tel l'aménagement architectural d'un milieu urbain ou rural, d'une zone industrielle ou commerciale. Elles permettent, chacune en ce qui la concerne, compte tenu de choix préalables des promoteurs, de vérifier et de s'assurer de la pertinence et même de la légitimité du projet tel qu'il se présente au point de vue méticuleusement choisi, de porter des appréciations lucides et argumentées, de formuler de nouvelles propositions ou d'émettre des réserves éventuelles, quant à l'opportunité de certaines unités de l'ensemble, de leur harmonisation, ou autre, en regard de l'environnement bâti ou non, avant la mise en œuvre des travaux.

Elles se soumettent donc à des objectifs fonctionnels qu'elles n'atteignent complètement qu'au travers de deux phases complémentaires :
La première consiste en l'élaboration d'une Perspective Sphérique ou Parabolique de cet espace, en s'appuyant sur des plans d'ensemble architecturaux, alors que la seconde impose que cette construction sphérique ou parabolique, soit **photographiée puis projetée**, chacune en ce qui la concerne, **sur un écran hémisphérique ou parabolique, concave**, de telle sorte que le cercle de l'image soit ajusté au cercle de base de l'écran.

Ainsi, d'un point de vue situé au centre du cercle de base, la projection de l'image restituera le champ intégral de la vision de l'espace faisant l'objet de cette ANTICIPATION URBANISTIQUE, RURALE, ou autre, dans des conditions les plus réalistes.

En effet, le regard balayant la surface concave de l'écran, les courbes (elliptiques dans un cas, paraboliques dans l'autre), représentant des droites, seront successivement perçues comme telles : des droites.

Certains en ont fait l'expérience en tant que spectateurs de films projetés sur un écran hémisphérique géant, entre autres la *Géode* située dans l'enceinte de la Cité des Sciences et des Techniques dans le nord de Paris, et le *Futuroscope* de Poitiers.

La Géométrie Sphérique Tridimensionnelle et la Géométrie Parabolique Tridimensionnelle anticipant l'une et l'autre la représentation d'espaces qui n'existent pas encore, se distinguent fondamentalement de la Perspective Curviligne « réfléchie » qui prend ses sources dans l'histoire de l'art ; les grands maîtres de la peinture introduisant dans leurs œuvres une sphère brillante ou un miroir convexe, placé à bon escient, destiné à réfléchir un environnement inaccessible au regard, en d'autres termes : un hors-champ significatif.

Ces grands maîtres qui se révélèrent au cours de la Renaissance sont Jan van EYCK (1390-1441), « Les époux Arnolfini », 1434 (National Gallery, Londres) ; Robert CAMPIN, dit le *Maître de Flémalle* (1375-1444), « Saint Jean-Baptiste et le donateur », 1438 (Musée du Prado, Madrid) ; Petrus CHRISTUS (1410-1472), « Saint Eloi orfèvre, offrant une bague aux fiancés », 1449 (Metropolitan Museum of Art, New-York) ; Quentin METSYS (1465/66-1530), « Le prêteur et sa femme », 1514 (Musée du Louvre, Paris), etc. (voir tableaux synoptiques suivants)

Cette perspective curviligne que réfléchissent les miroirs paraboliques et les sphères brillantes se prolonge avec Maurits Cornélis ESCHER (1898-1927), un graveur néerlandais, auteur d'une célèbre lithographie, la « Relativité » (1953), et se poursuit au travers de l'illustration d'un livre intitulé *Perspective Curviligne*, publié en 1968 par deux auteurs, le graveur André BARRE (1878-1970) et le mathématicien Albert FLOCON (1909-1994).

A l'opposé de celles des grands maîtres et de celles, plus proches, de M.C. Escher, qui fort probablement les inspirèrent, les *perspectives curvilignes* sont construites sans modèle, sollicitant l'imaginaire. Elles sont de l'*ordre du sensible* et nécessitent surtout l'habileté artistique et l'esprit créatif, remarquables, qui caractérisent les auteurs. L'aspect plastique l'emporte sur le rationnel qui voudrait qu'elles soient sphériques si l'on considère le schéma de base représentant dans une vue de profil l'observateur face à un demi-cercle matérialisant un écran hémisphérique, symbolisant le concept. Il s'agit en fait d'une perspective curviligne artificiellement géométrisée à laquelle il faudrait ajouter le terme de « conventionnelle », plus approprié, pour éviter les confusions.

En effet, pour faciliter les mécanismes de tracé, les auteurs préconisent, de façon arbitraire, pour contourner les difficultés, de remplacer les ellipses de l'écran hémisphérique, par des arcs de cercle. Une incohérence inadmissible non conforme à la réalité visuelle, absurde pour les cartographes et mathématiciens, éventuellement tolérable pour une pratique artistique graphique.

Il est vrai que les règles, les lois et théorèmes relatifs à la *Géométrie Sphérique Tridimensionnelle* n'existaient pas encore et que conscients de cela, et surtout prudents, ils optèrent pour le terme de « curviligne » plus tolérant, écartant celui de « sphérique », très rigoureux, plus spécifique, et par trop contraignant pour désigner la perspective qu'ils mettaient en œuvre.

Ainsi, dans le contexte d'une *Géométrie Sphérique Tridimensionnelle*, ou d'une *Géométrie Parabolique Tridimensionnelle*, une droite projetée ou réfléchie sur une sphère, ou sur un écran parabolique, épouse l'enveloppe de la sphère ou de la surface parabolique. Elle engendre dans le premier cas une ellipse ayant pour grand axe le diamètre de la sphère, et dans le second cas, une parabole dont le côté droit mesure le diamètre du cercle de base de la surface parabolique (mais surtout pas des arcs de cercles géométriques comme le préconisent les co-auteurs).[1]

C'est une géométrisation qui ne pourrait convenir ou être tolérée que dans le cadre du domaine artistique peu soucieux de la rigueur scientifique, bien que le *dessin d'art* et plus particulièrement le *dessin d'observation*, exige une certaine authenticité entre l'objet observé et sa représentation graphique et plastique.

M.C. Escher applique parfaitement et tout naturellement les lois qui s'imposent au regard (« Hand with reflecting sphere », 1935, en est un exemple), comme l'ont fait avant lui des artistes tels que Pieter GLAEZ (1599-1661), Vincent van der VINNE (1628-1702), etc.

L'image en effet n'est pas à créer, elle est déjà sur la surface brillante de la sphère, prête à être copiée, plus précisément, être reproduite. Ce n'est qu'un simple dessin d'observation que les artistes vont transcender, le modèle sous les yeux.

La *Géométrie Sphérique Tridimensionnelle*, comme la *Géométrie Parabolique Tridimensionnelle*, outre la plasticité bien plus surprenante et agréable à l'œil, des espaces qu'elles engendrent, se soumettent, comme il a été exposé précédemment, à des objectifs fonctionnels, et pour cela elles mettent en œuvre des modèles mathématiques, des méthodes de construction rationnelles universelles, selon des processus rigoureux aisés à assimiler et à reproduire. Elles proposent entre autres et tout particulièrement, des supports que sont les RESEAUX NORMES qui les caractérisent, sphériques ou paraboliques, tributaires des conditions de l'orientation de la vision (de front, frontale, sur l'angle, zénithale ou nadirale), exploitables directement, ainsi que des outils spécifiques contribuant à une construction universelle accessible au plus grand nombre.

1 En cela, les concepteurs de la *Perspective curviligne* semblent partager la pensée d'Albert Camus (1913-1960) selon laquelle « L'œuvre d'art naît du renoncement de l'intelligence à raisonner le concret ».

LES QUATRE DIMENSIONS DE L'ESPACE VISUEL COMPLET

« Considérons d'abord une impression purement visuelle due à une forme sur le fond de la rétine.

Une analyse sommaire nous montre cette image comme continue, mais comme possédant seulement deux dimensions, cela distingue déjà de l'espace géométrique ce que l'on peut appeler *l'espace visuel pur*.

D'autre part, cette image est fermée dans un cadre limité.

Enfin, il y a une autre différence non moins importante : cet *espace visuel pur n'est pas homogène*. Tous les points de la rétine, abstraction faite des images qui peuvent s'y former, ne jouent pas le même rôle. La tache jaune ne peut à aucun titre être regardée comme identique à un point du bord de la rétine. Non seulement, en effet, le même objet y produit des impressions beaucoup plus vives, mais dans tout autre cadre *limité*, le point qui occupe le centre du cadre n'apparaîtra pas comme identique à un point voisin de l'un des bords.

Une analyse plus approfondie nous montrerait sans doute que cette continuité de l'espace visuel et ses deux dimensions ne sont plus qu'une illusion, elle s'éloignerait donc encore davantage de l'espace géométrique [...].

Cependant, la vue nous permet d'apprécier les distances et par conséquent de percevoir une troisième dimension. Mais chacun sait que la perception de la troisième dimension se réduit au sentiment de l'effort d'accommodation qu'il faut faire, et à celui de la convergence qu'il faut donner aux deux yeux pour percevoir un objet distinctement.

Ce sont là des sensations musculaires tout à fait différentes des sensations visuelles qui nous ont donné la notion des deux premières dimensions. Ce que l'on peut appeler l'espace visuel complet n'est donc pas un espace isotrope.

Il a, il est vrai, trois dimensions [...] ; pour employer le langage mathématique, ce seront les fonctions de trois variables indépendantes. [...]

La troisième dimension nous est révélée de deux manières différentes : par l'effort d'accommodation et par la convergence des yeux [...]. On peut énoncer ce fait comme il suit : si deux sensations de convergence A et B sont indiscernables, les deux sensations d'accommodation A' et B' qui les accompagnent respectivement seront également indiscernables [...]. Un être qui ferait dans un pareil monde l'éducation de ses sens, attribuerait sans doute quatre dimensions à l'espace visuel complet. »

Henri POINCARÉ (1854-1912)
Mathématicien, Physicien, Philosophe et Ingénieur
La Science et l'Hypothèse (1917)
« L'espace et la géométrie » (ch. IV, p. 70-72)

ÉVOLUTION HISTORIQUE DE LA PERSPECTIVE SPHÉRIQUE ET PARABOLIQUE

PERSPECTIVE CURVILIGNE
Évolution chronologique / Relations et distinctions / Objectifs

	Artistes / Auteurs	Œuvres	Date	Méthode	Processus / Dispositif	Obj.
RENAISSANCE	Jan VAN EYCK 1390/1400 - 1441 ***Les Époux Arnolfini***		**1434**	OBSERVATION ET REPRÉSENTATION RIGOUREUSE D'UNE IMAGE RÉFLÉCHIE	COPIE RIGOUREUSE mais TRANSCENDÉE au travers d'une OBSERVATION METICULEUSE de l'image que réfléchit un miroir convexe (parabolique). Techniques artistiques : *Dessins d'observation Études documentaires.* Élément géométrique de base : la parabole.	L'AUTOPORTRAIT ET LA REPRÉSENTATION DU HORS CHAMP
	Robert CAMPIN vers 1380 - 1444 (Maître de Flemalle) ***Saint Jean-Baptiste et un religieux en prière***		**1438**			
	Pétrus CHRISTUS 1414-1473 ***Saint Eloi Orfèvre***	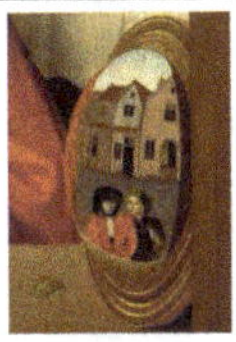	**1449**			
	Quentin METSYS 1465/66 - 1530 ***Le Changeur et sa femme***		**1514**			
	Le PARMESAN 1503-1540 ***Autoportrait au miroir***		**1524**		COPIE RIGOUREUSE mais TRANSCENDÉE de l'image d'un portrait que réfléchit une boule brillante ou de cristal (composant parfois une nature morte) au travers d'une OBSERVATION METICULEUSE de cette image. Techniques artistiques : *Dessins d'observation Études documentaires.* Élément géométrique de base : *l'Ellipse.*	
BAROQUE SIÈCLE D'OR NÉERLANDAIS	Pieter CLAESZ 1598/99 - 1661 ***Vanitas - Nature morte à la boule de cristal ...***		**1625**			
	Vincent L. Van der WINNE 1628 - 1702 ***Vanité des Vanités***		**1665**			

FUTURISME	Umberto BOCCIONI 1882 - 1916 ***Le Vacarme de la rue entre dans la maison***		**1911**	OBSERVATION SUBJECTIVE ET INTERPRÉTATION PERSONNELLE D'UN ESPACE TRANSCENDÉ	CRÉATION/ INTERPRÉTATION au travers d'une OBSERVATION SENSIBLE et SUBJECTIVE qu'engendre un ressenti face à un aspect de l'espace ou d'un élément architectural. Techniques artistiques : *Géométrisation et fragmentation des formes de l'espace visuel géométrique curviligne des formes.* Élément géométrique de base : la courbe réelle ou suggérée.	INTERPRÉTATION DU MONDE VISIBLE
ORPHISME	Robert DELAUNAY 1985 - 1941 ***Église Saint Séverin n°5 d'une série de 7***		**1909**			
ART MODERNE	Maurits Cornelis ESCHER 1985 - 1972 ***Main tenant un miroir sphérique***		**1934**	OBSERVATION RIGOUREUSE D'UNE IMAGE RÉFLÉCHIE	COPIE RIGOUREUSE mais transcendée au travers d'une OBSERVATION METICULEUSE de l'image d'un portrait que réfléchit une sphère brillante ou un objet brillant composant un intérieur ou une nature morte. Techniques artistiques : *Dessin d'observation Etudes documentaires.* Elément géométrique de base : *l'Ellipse.*	
XXe Siècle - ART CONTEMPORAIN	André BARRE 1878 - 1970 Albert FLOCON 1909 - 1994 ***La Perspective curvilignes*** Illustrations du livre (Arts graphiques - Gravures)   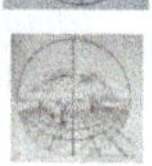	 	**1968**	EXPLORATION DE L'IMAGINAIRE dans les Arts graphiques	INTERPRÉTATION APPROXIMATIVE d'une perspective qui serait hémisphérique au travers d'images imaginaires. Techniques artistiques : *Dessin d'imagination.* Élément géométrique de base : *des arcs de cercle remplaçant les ellipses* composant la sphère, selon un dispositif astucieux, mais empirique (les supposées ellipses sont anormalement pointues en leurs extrémités). ***Ce ne sont pas des paraboles.***	

<table>
<tr>
<td rowspan="2">XXe-XXIe Siècle – ART TRIGONO PLASTIQUE – ART THÉORÈME</td>
<td>Bernard S. BONBON
1940 - ...
Perspective Sphérique
ou Géométrie Sphérique
Tridimensionnelle.
Thèse de Doctorat
Brevet INPI
Publications
Œuvres picturales
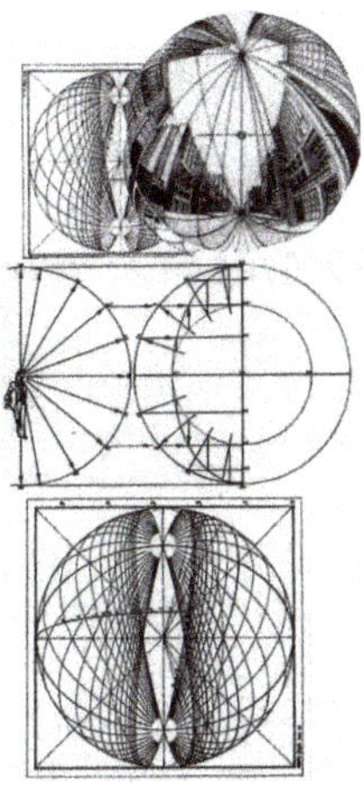</td>
<td>

</td>
<td>**1980**</td>
<td rowspan="2">CONSIDÉRATIONS D'ORDRE MATHÉMATIQUES ET ARTISTIQUES</td>
<td rowspan="2">*Considérations d'ordre mathématique*
Expose et développe pour la première fois des lois et théories sur la perspective sphérique.
Anticipe la représentation rigoureuse à grande échelle de projets urbanistiques, projetables sur écran hémisphérique restituant les conditions normales de la vision.

Considération d'ordre artistique
Contribue à la création d'images dans le domaine des arts graphiques et plastiques, stimulant l'imagination.

Technique : *Dessin de construction.*
Mise en œuvre au travers de réseaux perspectifs sphériques normés préconstruits.

Outil : *Traces-ellipses, traces-courbes et matériel nouveau breveté INPI* (non indispensables).

Élément géométrique de base : *L'Ellipse.*

Perspective parabolique : Mêmes caractéristiques que ci-dessus, mais projetable sur écran parabolique.

Élément géométrique de base : *La Parabole.*</td>
<td rowspan="2">INTERPRÉTATION DU MONDE VISIBLE</td>
</tr>
<tr>
<td>Bernard BONBON
1940 - ...
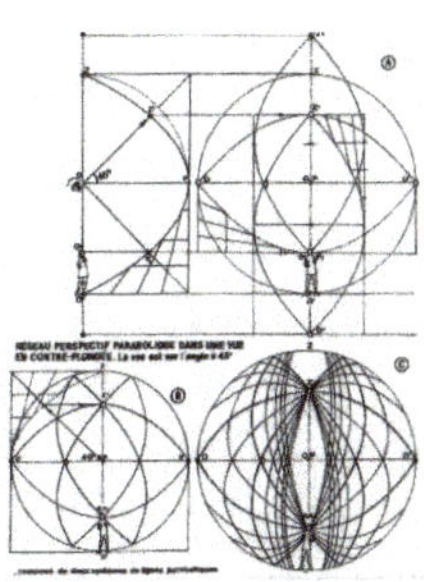</td>
<td>Perspective parabolique
Publication
Considérations mathématiques
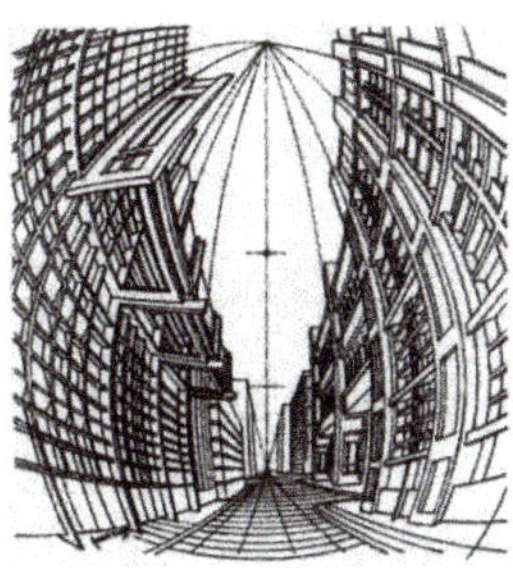</td>
<td>**2015**

EN PRÉPARATION</td>
</tr>
</table>

PLANCHES D'APPLICATION

Les applications relatives à la *Géométrie Perspective Parabolique* pourraient s'effectuer dans des domaines variés dont l'un des centres d'intérêt porterait sur la troisième dimension du monde visible.
Ces domaines concernent l'Architecture, l'architecture intérieure, l'architecture des jardins, les Arts décoratifs, les Arts plastiques, les Arts appliqués (au travers de certains secteurs), le Design et indirectement l'Infographie.

Si le domaine de l'architecture a fait ici l'objet du choix des parabolisations, c'est parce qu'il offrait le plus d'opportunités de résolution de problèmes de formes plus complexes (telles celles rattachées à l'hélice cylindrique, à la parabole et au cylindre parabolique, etc.) et exigeait un haut degré de rigueur et de précision qu'impose la discipline.

ÉTAPE SUIVANTE IMPORTANTE :
LA PROJECTION À L'INTÉRIEUR D'UN ÉCRAN PARABOLIQUE

L'image parabolisée, aussi surprenante soit-elle dans la projection transformant les droites de l'espace en courbes paraboliques, pour qu'elle soit sublimée et atteigne pleinement son objectif final, doit être projetée à l'intérieur d'un écran parabolique dont le cercle de base se superpose à celui de l'image.
Cette projection installe le spectateur au centre du cercle de base, au centre de son univers visuel couvrant 180° ; les courbes transformées visuellement en droites, de son point de vue.

Une projection sur un écran de dimensions importantes permettra à chacun des membres d'une commission, par exemple, regroupée au centre, d'observer le projet dans son anticipation graphique sur 180°, comme le ferait un seul homme occupant le centre, et d'échanger des commentaires, à propos de l'opportunité, ou non, de le maintenir, ou de le remplacer.

① LA VUE HORIZONTALE **FRONTALE**

② ③ ④ LA VUE HORIZONTALE **SUR L'ANGLE**

⑤ LA VUE INCLINÉE **EN CONTRE-PLONGÉE**

⑥ LA VUE INCLINÉE **EN PLONGÉE**

⑦ LA VUE INCLINÉE **ZÉNITHALE**

⑧ ⑨ ⑩ ⑪ ⑫ LE RÉSEAU PERSPECTIF PARABOLIQUE NORMÉ R.P.P.N, DANS **LA VUE HORIZONTALE FRONTALE** et le **Disque de Poincaré**

MISE EN ŒUVRE SUR UN RÉSEAU PARABOLIQUE NORMÉ À BASE CIRCULAIRE, DANS UNE VUE HORIZONTALE FRONTALE

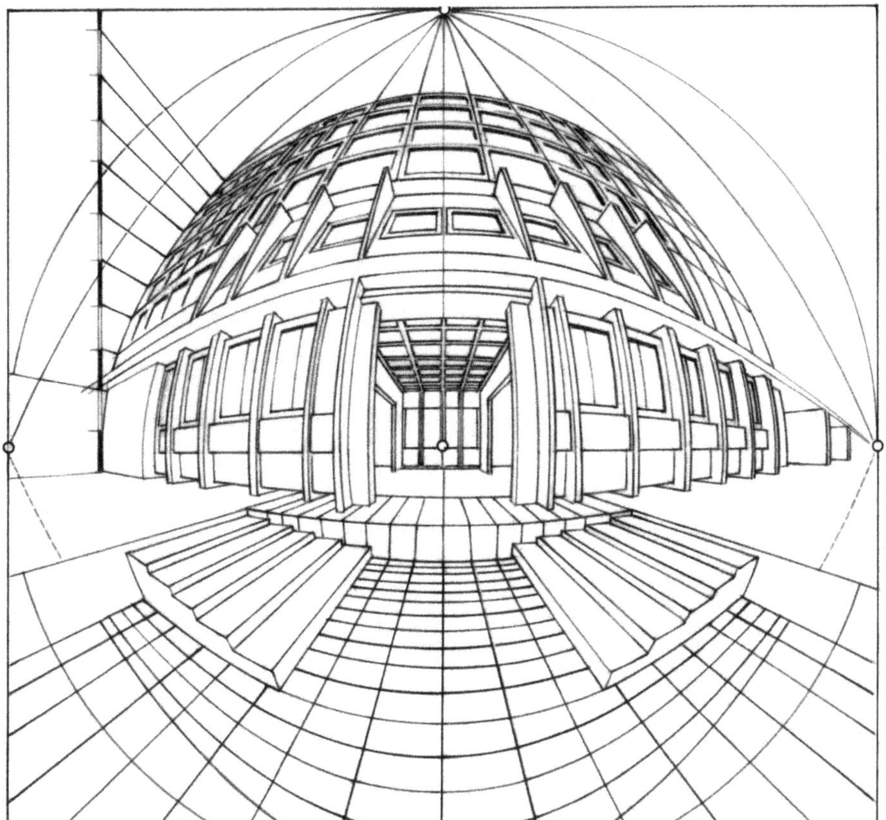

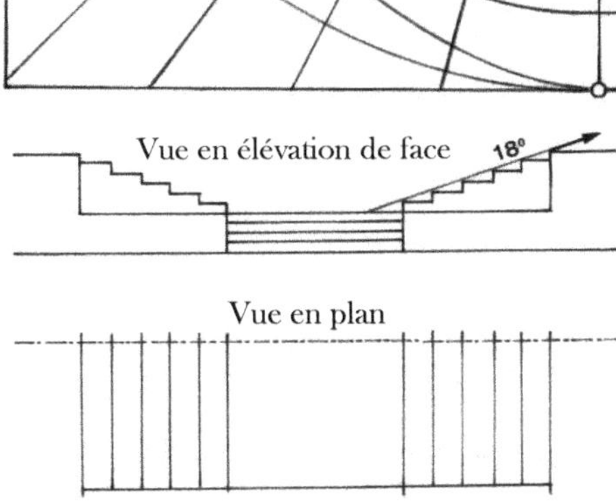

EXPLOITATION D'UN RÉSEAU PARABOLIQUE NORMÉ, DANS UNE VUE FRONTALE :

Un escalier droit à palier accédant à une esplanade.
①

MISE EN ŒUVRE SUR UN RÉSEAU PARABOLIQUE NORMÉ À BASE CIRCULAIRE, DANS UNE VUE HORIZONTALE SUR L'ANGLE

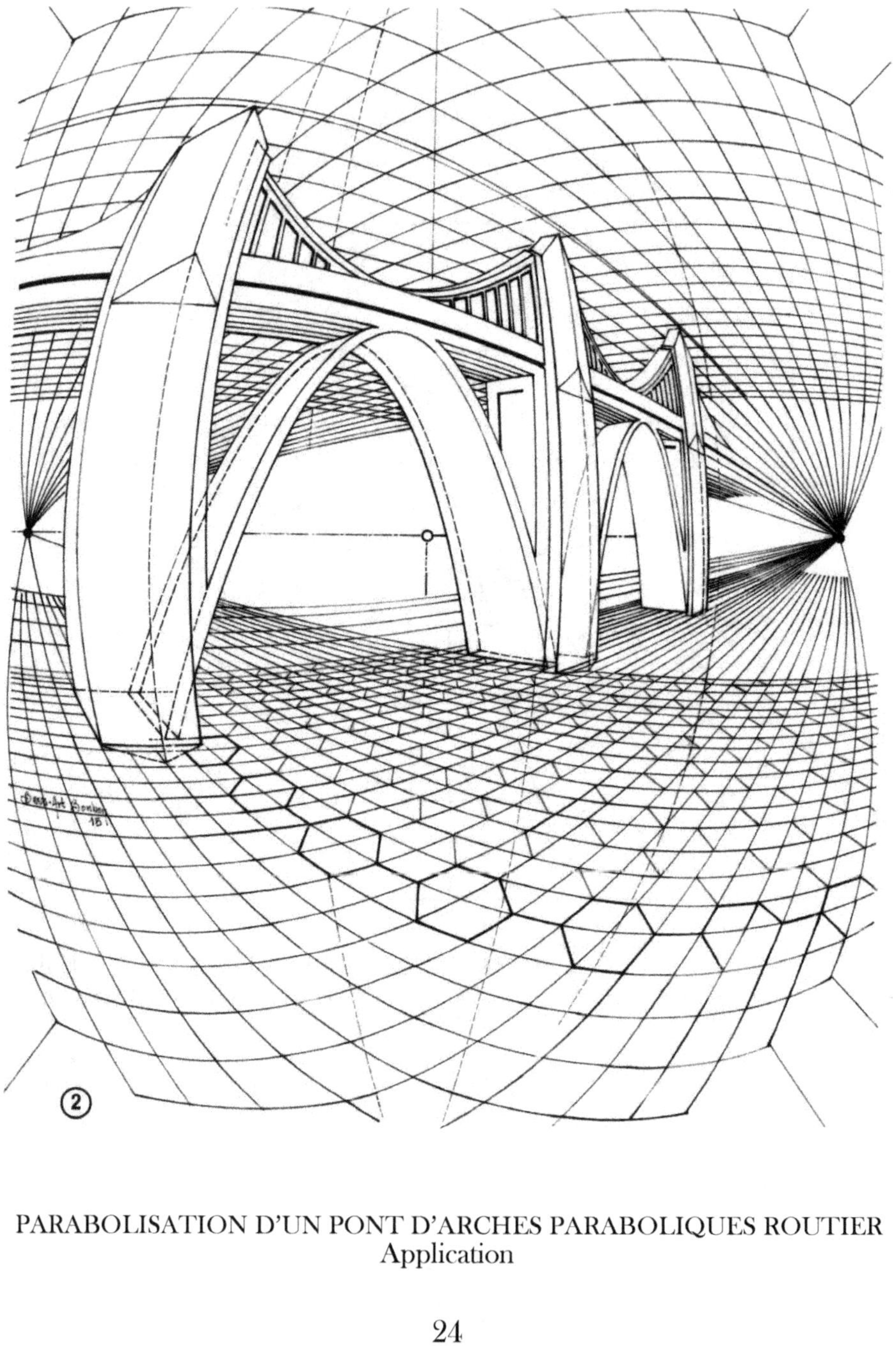

PARABOLISATION D'UN PONT D'ARCHES PARABOLIQUES ROUTIER
Application

MISE EN ŒUVRE SUR UN RÉSEAU PARABOLIQUE NORMÉ À BASE CIRCULAIRE, DANS UNE VUE HORIZONTALE SUR L'ANGLE

PARABOLISATION D'AUVENTS PARABOLIQUES
Application

MISE EN ŒUVRE SUR UN RÉSEAU PARABOLIQUE NORMÉ À BASE CIRCULAIRE, DANS UNE VUE HORIZONTALE SUR L'ANGLE

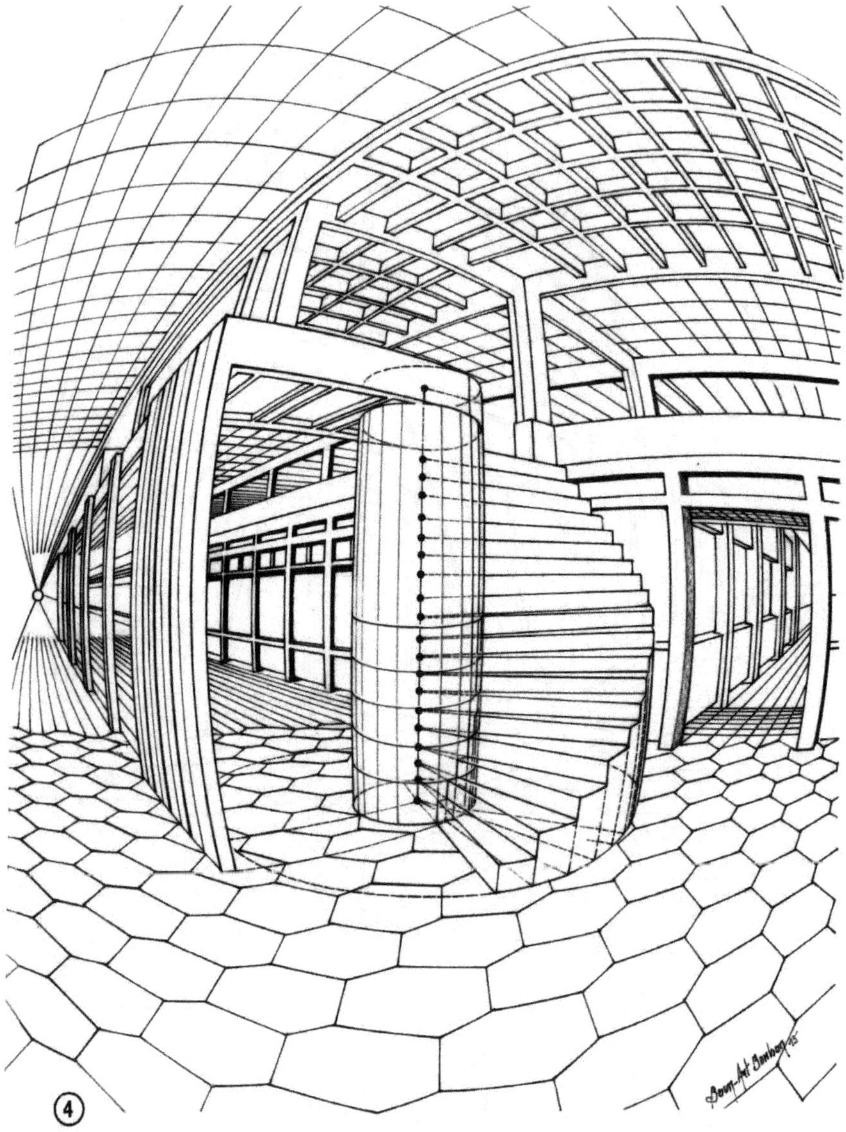

PARABOLISATION D'UN ESCALIER HELICOIDAL MONUMENTAL DANS LE HALL D'UN CENTRE D'AFFAIRE
Angle de l'hélice génératrice : 16° ; Diamètre de l'hélice : 14 unités
Diamètre du noyau : 4 unités ; Contremarche : 0,5 unité.

MISE EN ŒUVRE SUR UN RÉSEAU PARABOLIQUE NORMÉ À BASE CIRCULAIRE, DANS UNE VUE INCLINÉE EN CONTRE-PLONGÉE

PARABOLISATION D'UN ESPACE URBAIN
Application : Aire urbaine d'une grande métropole

MISE EN ŒUVRE SUR UN RÉSEAU PARABOLIQUE NORMÉ À BASE CIRCULAIRE, DANS UNE VUE INCLINÉE EN PLONGÉE

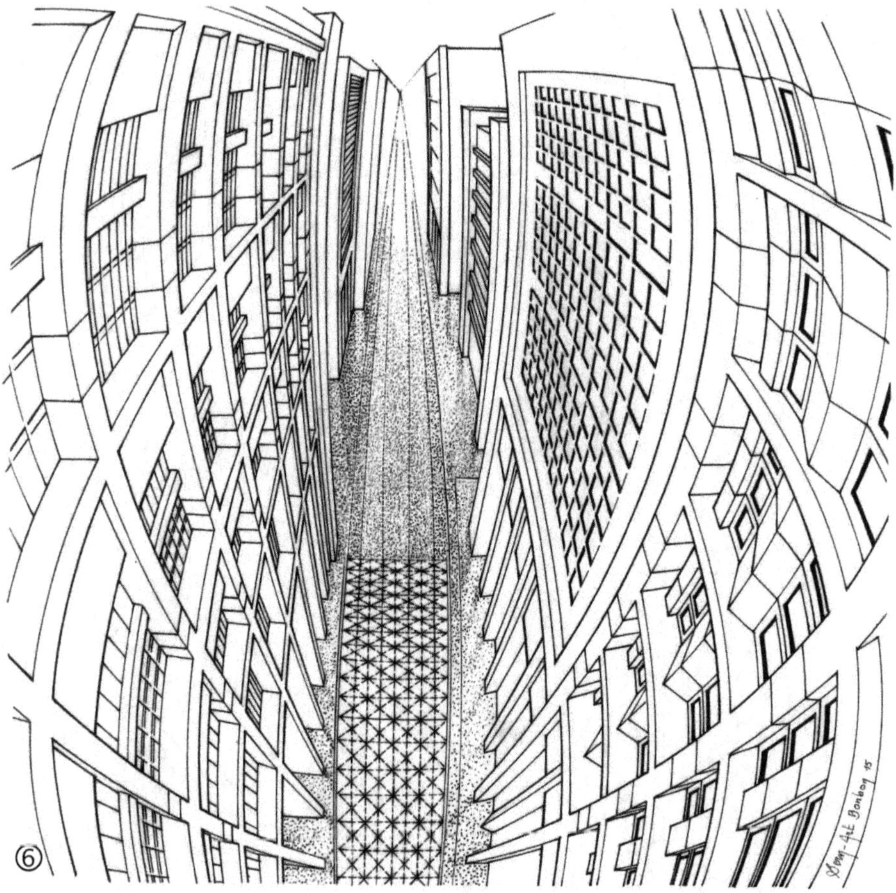

PARABOLISATION D'UN ESPACE URBAIN
Application

MISE EN ŒUVRE SUR UN RÉSEAU PARABOLIQUE NORMÉ À BASE CIRCULAIRE, DANS UNE VUE VERTICALE ZÉNITHALE

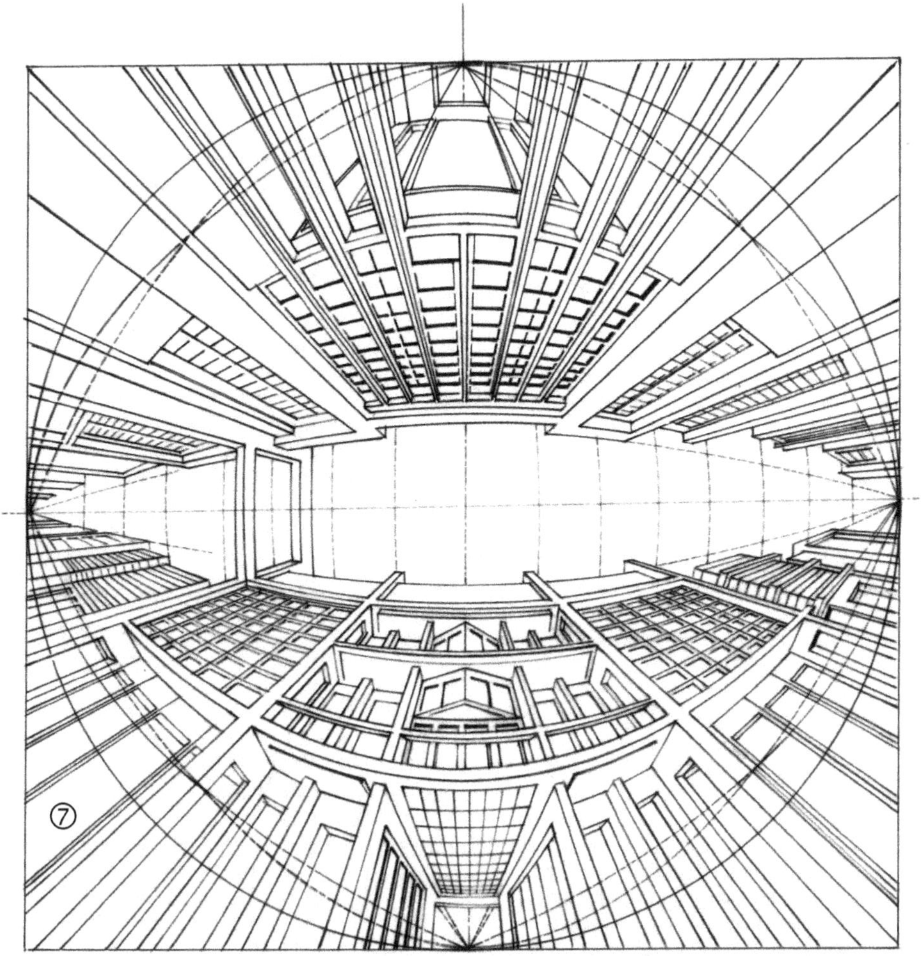

PARABOLISATION D'UN ESPACE URBAIN
Application

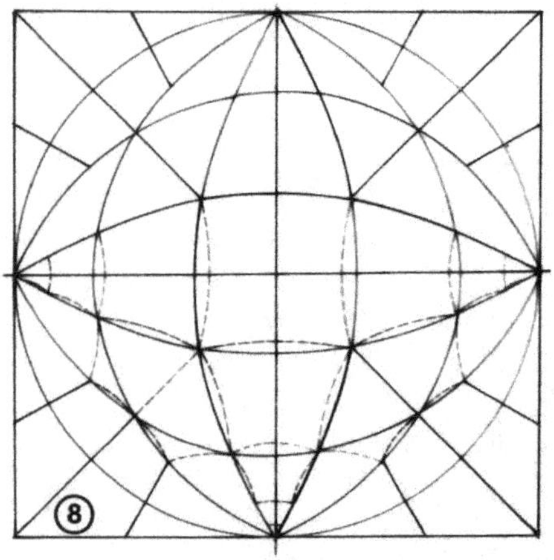

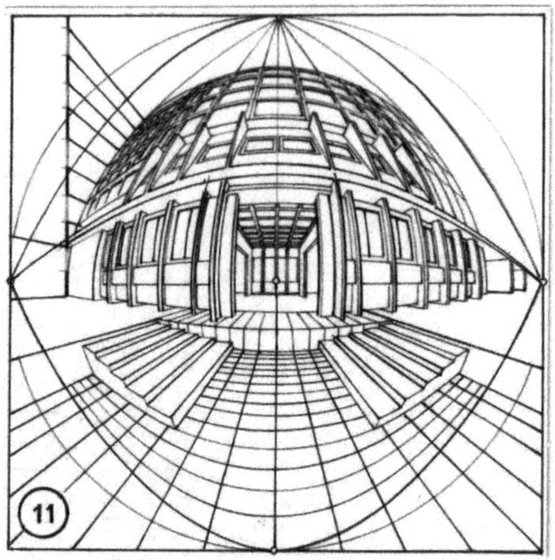

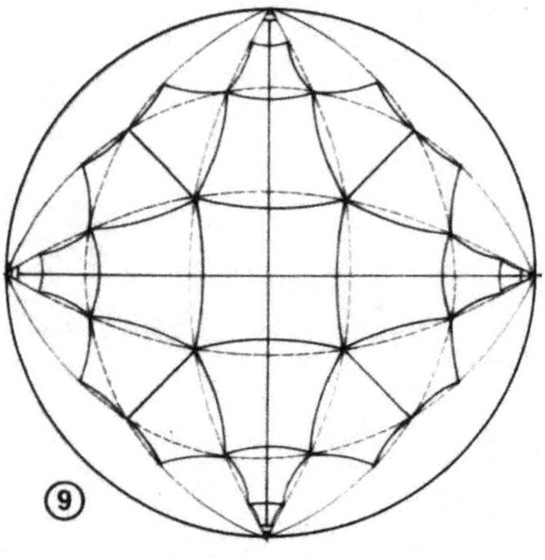

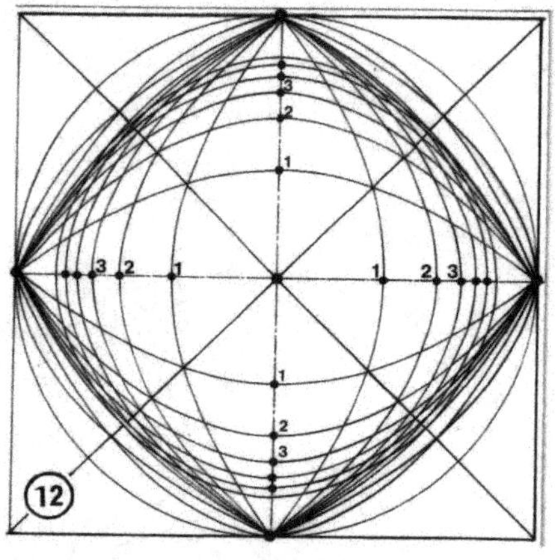

⑩

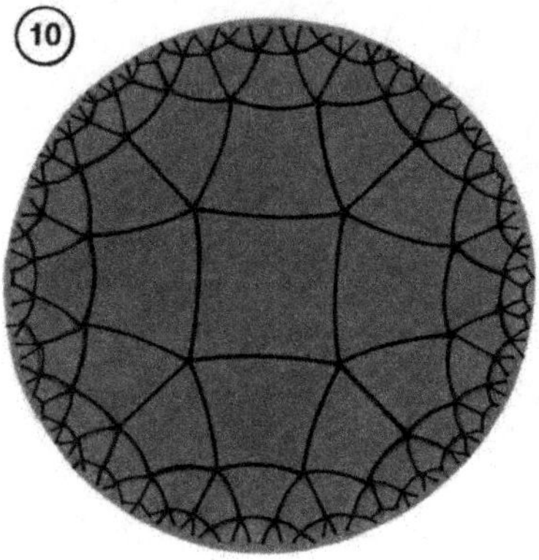

Réseaux Perspectifs Paraboliques Normés (R.P.P.N) DANS **LA VUE HORIZONTALE FRONTALE** et le **Disque de Poincaré**

La structure parabolique caractérise aussi bien le DISQUE DE POINCARÉ ⑧⑨⑩ que la GÉOMÉTRIE PARABOLIQUE TRIDIMENSIONNELLE de B. S. BONBON ⑪ ⑫.

GÉNÉRALITÉS

- EXPRESSION MATHÉMATIQUE DE LA PARABOLE
- ÉCRAN PARABOLIQUE
- LA VISION ET LES VUES

EXPRESSION MATHÉMATIQUE DE LA PARABOLE
(facultative)

Le terme de *Parabole* (comme celui de *Hyperbole* ou de *Ellipse*), est d'Appolonius de PERGE (vers 262-190), géomètre et astronome grec célèbre pour ses écrits sur les sections coniques.

En géométrie, c'est une courbe qui est le lieu des points équidistants d'un point fixe appelé *Foyer* et d'une droite appelée *Directrice*. La droite perpendiculaire à la Directrice et qui passe par le Foyer est l'*Axe de symétrie* de la parabole Ⓐ.

Pour mieux illustrer cette définition, il suffit, au travers de l'expérience qui suit de Ⓑ :

- Aligner sur la directrice de la future parabole, une règle plate ;
- Placer sur celle-ci une équerre *BAC* ;
- Fixer l'extrémité d'un fil dont la longueur est égale à *AC* (plus grand côté de l'angle droit), au Foyer *F*, et l'autre extrémité au point *C* ;
- Tendre le fil à l'aide d'une pointe de crayon, le long du côté de l'équerre et simultanément, faire glisser le côté *AB* sur la règle.

On constate que la pointe du crayon dessine un *arc de parabole*. Le tracé s'effectuant d'un mouvement continu.

L'*axe de la symétrie* de la parabole est la perpendiculaire *FX* abaissée du foyer *F* sur la directrice *MM* :

- Le sommet est le point *O* au centre de *Ff* ;
- La longueur *Ff* est le *Paramètre* de la parabole.

Théorème fondamental :
La tangente à une parabole en un point, compose des angles égaux avec le rayon vecteur aboutissant à ce point et la parallèle à l'axe passant par ce point.

On déduit de ce théorème les *Propriétés de la parabole* :

- La directrice *MM'* est le *lieu de symétrie* par rapport aux tangentes ;
- Le lieu des projections du foyer *F* sur les tangentes est la tangente *Py* ou *Oy* au sommet.

Ces propriétés ont pour objet de résoudre les problèmes tels :

1 • Déterminer les points d'intersection d'une parabole et d'une droite ;
2 • Mener les tangentes à la parabole, par un point extérieur ;
3 • Mener la tangente parallèle à une direction donnée.

Dans la parabole, la *sous-normale* est constante et égale au paramètre ℓ. Le sommet est la *sous-tangente*.

EXPRESSION MATHÉMATIQUE DE LA PARABOLE

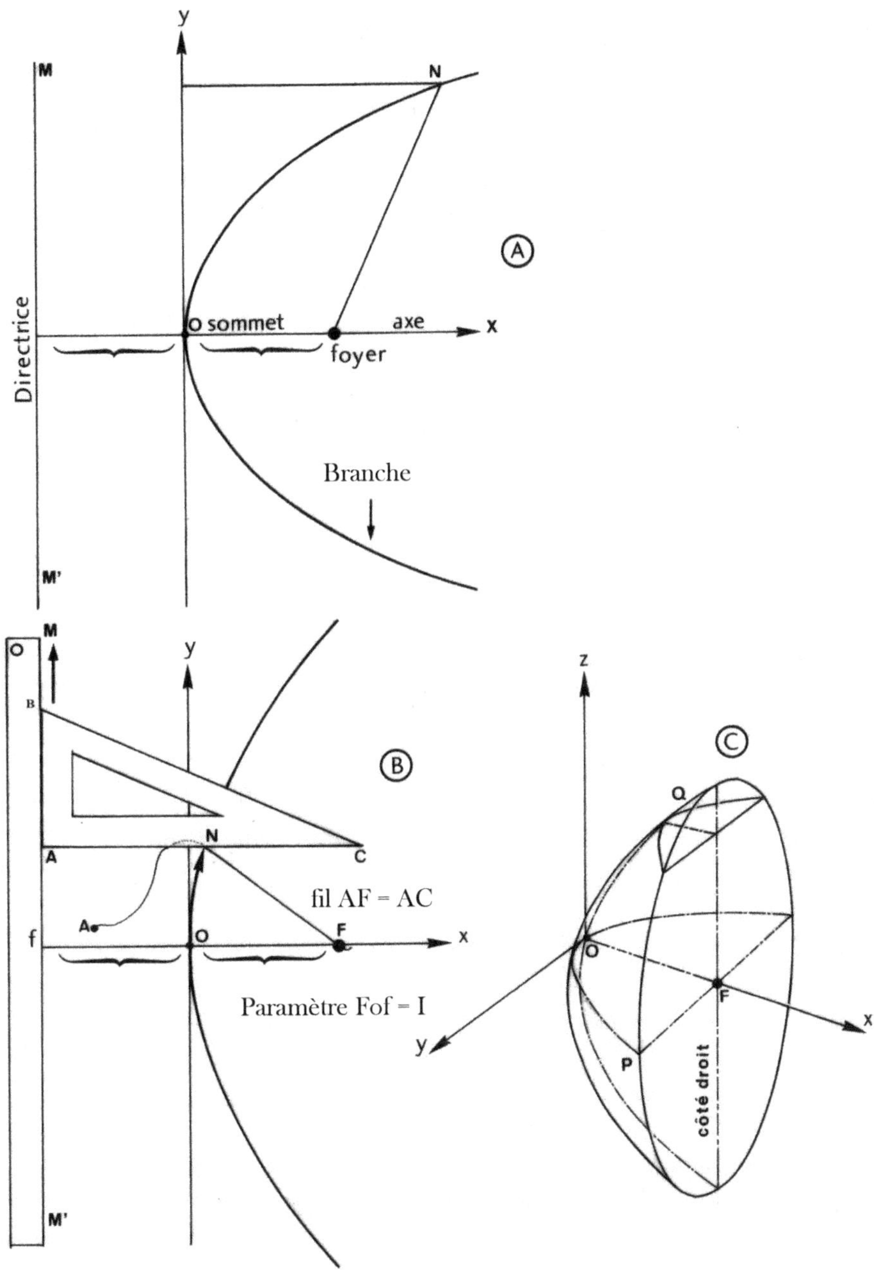

Ainsi, l'équation de la parabole rapportée à son axe et à sa tangente au sommet, se formule comme suit :

$$y^2 - 2\ell x = 0$$

(ℓ désignant le paramètre $= OF + Of = Ff$).

Tous les diamètres de la courbe sont parallèles à l'axe.

Si l'on rapporte la courbe à un diamètre et à la tangente au point où ce diamètre touche la courbe, il en résulte une équation identique dans la forme à celle qui précède :

$$y'^2 - 2\ell' x' = 0$$

(ℓ désignant toujours le paramètre).

ℓ' représente le double de la distance, du foyer à l'origine.

En coordonnées polaires, si l'on considère le foyer *F* comme le pôle, et *Fx* comme l'axe polaire, l'équation se formule comme suit :

$$\ell = \frac{P}{1 - \cos\omega \bullet}.$$

L'ÉCRAN PARABOLIQUE

L'écran parabolique au travers duquel s'effectueront les transformations perspectives est un *paraboloïde de révolution.*

Le terme de *paraboloïde* vient du grec *parabolê* (parabole) et *eidos* (aspect). C'est, en géométrie, une surface dite du second degré engendrée par une parabole qui se déplace de telle sorte que le plan dans lequel il s'inscrit reste toujours parallèle à lui-même, et que son sommet décrive une autre parabole fixe dont le plan est perpendiculaire au plan de la parabole en mouvement.

Il existe plusieurs sortes de paraboloïdes *: le paraboloïde elliptique* et le *paraboloïde hyperbolique.*

- Le *paraboloïde elliptique* est le paraboloïde dont les deux paraboles ont leurs concavités orientées dans le même sens ;
- Le *paraboloïde hyperbolique,* déjà évoqué, est le paraboloïde dont les deux paraboles sont tournées dans le sens contraire.

Le *paraboloïde de révolution* est la surface engendrée par une parabole dite directrice tournant autour de son axe.

Le *paraboloïde de raccordement* est le paraboloïde hyperbolique tangent à une surface dite gauche, tout le long d'une génératrice de cette surface.

L'équation générale des surfaces du second degré dépourvues de centre est, compte tenu des axes ox, oy, oz :

$$S'y^2+S''z^2+Px=O$$

Si S' et S'' ont le même signe, P sera supposé de signe contraire à S' et S'' selon les équations :

$$S'\,y^2=\frac{P}{S} \qquad 2q=\frac{P}{S}.$$

L'équation de la surface sera $\dfrac{y^2}{P}+\dfrac{z^2}{9}=2x.$

Il en résulte un paraboloïde elliptique qui est dit de révolution si p = q ©.
C'est ce paraboloïde elliptique de révolution qui caractérise l'écran de projection des transformations perspectives.

Le paraboloïde hyperbolique qui, dans le cadre de la *Géométrie Perspective Parabolique*, ne nous concerne pas, a pour équation :

$$\frac{x^2}{p}=\frac{z^2}{9}=2x.$$

Paraboliser, en physique, c'est *donner la forme parabolique à ...*
Exemple : *paraboliser des miroirs.*

La *Géométrie Perspective Parabolique* qui fait l'objet de cet ouvrage s'appropriera ce terme et celui de « *parabolisation* » pour désigner les opérations de transformation perspective parabolique.
Exemple : *paraboliser un segment de droite* ou
parabolisation de droites équidistantes.

L'ÉCRAN PARABOLIQUE

L'écran parabolique est un support fondamental et incontournable d'une part, pour la restitution des projets urbanistiques à champ intégral, parabolisés sur une surface plane, et d'autre part, pour la réception des images numériques télévisuelles et cinématographiques du futur.

LA VISION ET LES VUES

Les problèmes mathématiques de l'espace visuel évoquent trois champs perspectifs au travers de trois types de vision rythmant le quotidien humain :

LA VISION HORIZONTALE, la plus courante tributaire de la direction du regard vers l'horizon, l'axe visuel perpendiculaire au plan de projection, ici au plan circulaire de base de l'écran parabolique Ⓐ.

LA VISION INCLINÉE (en plongée ou en contre-plongée) qui résulte de la direction oblique du regard vers le bas ou vers le haut, selon un angle différent de 90° par rapport à l'horizon Ⓑ.

LA VISION VERTICALE (Zénithale ou Nadirale) tributaire de l'orientation du regard vers le haut (au Zénith) ou vers le bas (au Nadir), perpendiculairement à la ligne d'horizon Ⓒ.

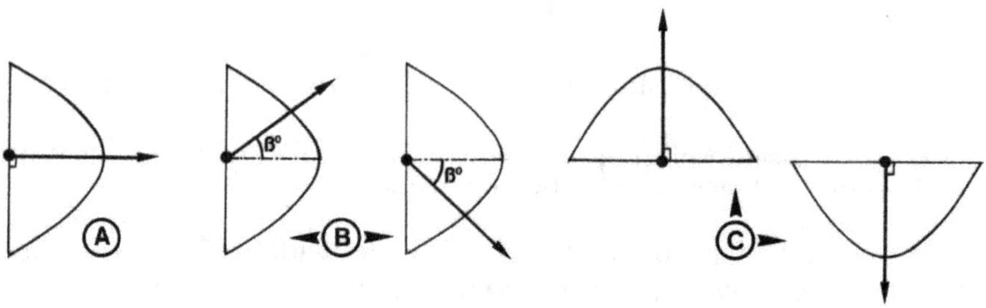

A chacune de ces visions correspondent trois sortes de vues :

- LA VUE DE FRONT, lorsque l'élément observé s'inscrit dans un plan parallèle au plan de projection (ici parallèle au plan circulaire de base de l'écran parabolique) Ⓓ ;
- LA VUE FRONTALE, lorsque cet élément observé s'inscrit dans un plan dont deux des côtés sont de Front, les deux autres, perpendiculaires à la base circulaire de l'écran parabolique Ⓔ ;
- LA VUE SUR L'ANGLE, lorsque les côtés fuient selon des angles complémentaires $\alpha°$ et $\beta°$ ($\alpha° + \beta° = 90°$) Ⓕ.

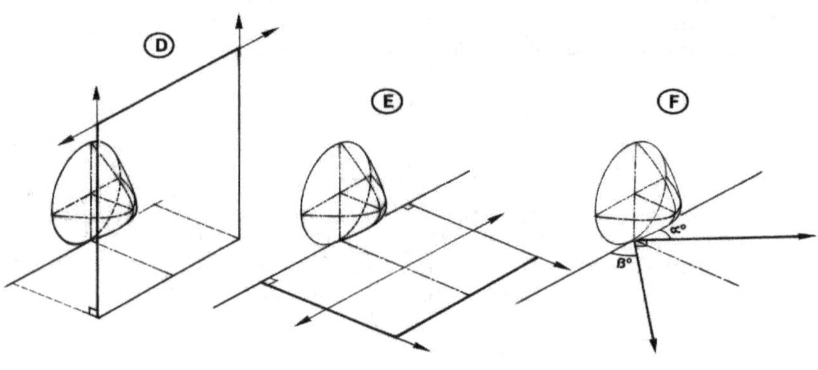

PREMIÈRE PARTIE

LA GÉOMÉTRIE PERSPECTIVE PARABOLIQUE NORMÉE (G.P.P.N)

LES FONDEMENTS

LA VISION HORIZONTALE

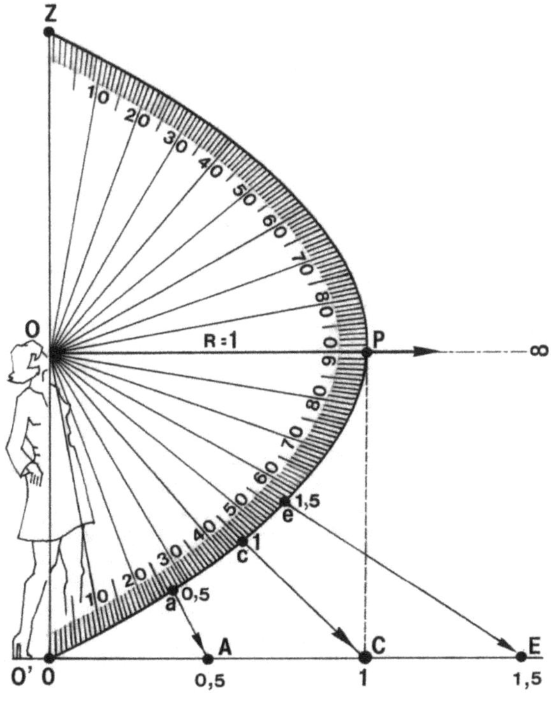

a → parabole à 27°
c → parabole à 45°
e → parabole à 57°

A. ÉLÉMENTS MATHÉMATIQUES : PROCESSUS DE LA CONSTRUCTION

Il existe plusieurs méthodes de construction de la parabole, tributaires de facteurs divers. Celle qui s'avère la plus appropriée, et la plus aisée dans le cadre de la mise en œuvre d'une perspective parabolique, évoque un demi rectangle (qui circonscrira une demi parabole), composé d'un faisceau de droites convergeant en son sommet (*O*) et d'un même nombre de droites parallèles sécantes, mises en corrélation ordonnée.

La construction sera dite *point par point* et supposera connus le sommet *O*, l'axe de symétrie *OF* et un point *M*, Ⓐ.

A partir de ce point de la courbe, dont la projection orthogonale sur la tangente au sommet *O*, est *P*, on divise les segments *OP* et *MP*, ici en quatre parties égales.

Les points M_1, M_2, M_3 déterminés suivant la mise en corrélation ordonnée des segments concourant en *O*, et les parallèles à l'axe *Oy* (ou à *MP*), en P_1, P_2, P_3, sont situés sur la parabole que complète le report de la symétrie.

Si la parabole a pour équation $y=Kx^2$,
(*K* étant la projection orthogonale du foyer *F* sur la directrice),
et que pour *M*, $MP=KOP^2$,
Il résulte que pour M_3 (x,y),

$$x = OP_3 = \frac{3}{4}OP;\ y = P_3\,M_3 = \frac{3}{4}\ ;\ PN_3 = \frac{3}{4} \text{ x } \frac{3}{4}\ MP.$$

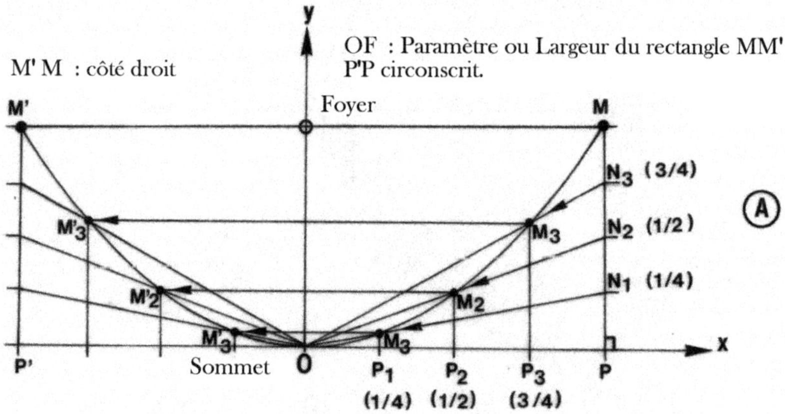

On peut vérifier l'équation par : $y = (\frac{3}{4})^2$, $KOP^2 = K\ (\frac{3}{4}\ OP)^2 = Kx^2$.

NB. Les points de la figure ci-dessus, pour les abscisses $x = 0, \frac{1}{4}, \frac{1}{2}, \frac{3}{4}$, 1, sont situés sur les obliques d'équation.
$y=ax$ avec le coefficient directeur $a=x$.
On a par conséquent $y=x^2$ qui est l'*équation d'une parabole.*

B. CARACTÉRISTIQUES SPÉCIFIQUES DE LA PARABOLE : SES RELATIONS À L'ÉCRAN

Dans le cadre d'une perspective parabolique, l'ampleur de la parabole (c'est-à-dire le rapport entre son côté droit et son paramètre comparable à l'axe visuel) qui dans une vue de profil représente l'écran de projection de côté droit vertical, est variable et tributaire, soit de la distance du point de vue de l'observateur, au centre *P* de la projection parabolique, soit de l'angle sous lequel est observée la droite infinie, Ⓐ.

La parabole est caractérisée par cet angle dont la mesure s'opère en *O*, le point de vue, par rapport à la verticale passant par ce même point (le côté droit de cette parabole).

La branche de l'angle, comparable au rayon visuel, intercepte la parabole de base qui transforme le cercle de base, en un point *i* par lequel passe la verticale définissant le rectangle *KLMO'* circonscrit à la parabole que l'on pourrait alors identifier (comme on le fait pour des ellipses transformant le cercle) par des angles. Les paraboles seraient alors désignées sous les termes de *paraboles à 20°, à 40°, à 70°*, etc.

Lors de la parabolisation de figures géométriques ou architecturales composées de rectilignes, celles-ci seront transformées par des courbes paraboliques de valeurs angulaires variées. Seules les rectilignes parallèles à l'axe visuel (par conséquent perpendiculaires au plan de base de l'écran), ne subiront aucune transformation.

Ces courbes paraboliques, lors d'une projection photographique sur un écran parabolique concave, nécessiteront, pour qu'il leur soit restituées leurs rectitudes initiales, que cet écran soit caractérisé par un angle identique à celui de la parabole à l'origine des constructions graphiques.

Ainsi, si la parabole à l'origine de la construction perspective est de 60°, l'écran de projection physique (télévisuel ou cinématographique) devra être caractérisé par la même valeur angulaire de 60°, pour être en mesure de restituer parfaitement le réel : la transformation visuelle, d'un point de vue situé au centre du cercle de base, des courbes paraboliques en droites infinies et en segments de droites.

C. PARABOLISATION DE L'ÉCRAN PAR L'INTERMÉDIAIRE D'UN FAISCEAU DE DROITES, SÉCANT À UN ENSEMBLE DE PARABOLES Ⓐ

Rappel :

- Le côté droit vertical de la parabole correspond à la représentation, en élévation, du plan dans lequel s'inscrit le point *O* du point de vue de l'observateur dont le pied est en *O'*.
- L'axe de symétrie *OP*, ou paramètre de la parabole, représente l'axe visuel interceptant l'écran parabolique au point central *P* de la projection.
- Le cercle passant par les extrémités du côté droit, est le *cercle de base de référence.*

La parabolisation du cercle de base de l'écran parabolique est une étape majeure et primordiale qui préside aux processus de mise en œuvre de toutes les transformations perspectives paraboliques.
Elle sera donc indispensable et toujours présente dans la presque totalité des mécanismes de construction.

La parabole de base de l'écran parabolique est la parabole dont le côté droit (passant par le point de vue *O*), mesure deux fois le paramètre *O'P* (ou rayon visuel axial égal au rayon *R* du cercle de base).
Elle est caractérisée, comme le cercle de base, par un angle de 90°.

Opérer la transformation parabolique du cercle de base de l'écran, c'est Ⓐ :

1 - Effectuer le tracé du demi-cercle de base de rayon *R* commun à la mesure du paramètre, inscrit dans le rectangle *KLMO'* qui circonscrit simultanément la parabole.

2 - Partager en un même nombre de parties égales, chacune des largeurs (les côtés *LK* et *MO'*) et chacune des demi-hauteurs (*LP* et *PM*) de ce rectangle.

3 - Identifier chacun des points de division par des chiffres ou des lettres (ou les deux), en partant du point central *P* de la projection vers chacun des sommets (*L* ou *M*) du rectangle circonscrit, et de chacun de ces sommets vers l'autre (*K* ou *O'*), en ce qui concerne l'une ou l'autre de ces largeurs.

4 - Matérialiser les tracés :

a) du premier système de droites (en faisceau) issues des points de division de la largeur et concourant en *P* ;

b) du deuxième système de droites parallèles à l'axe visuel *OP*, issues d'un même nombre de points de division de même rang, de chacune des demi-longueurs (ou demi-hauteurs).

5 - Mettre en corrélation ordonnée, les couples de droites de même rang identifiées par le même chiffre ou la même lettre.

6 - Procéder à la liaison curviligne ordonnée des points d'intersection occasionnés, *à main levée* au crayon, puis à l'aide des *traces-courbes*, instruments de dessin généralement appelés *pistolet* ou *perroquet*, du fait de leur aspect.

I • LA VUE HORIZONTALE DE FRONT

1 . PARABOLISATION D'UNE DROITE INFINIE Ⓑ à Ⓘ pl. ① :

La parabolisation d'une droite infinie est tributaire de l'angle sous lequel elle est observée par rapport au côté droit.

La parabole transformant cette droite sera caractérisée par cet angle.

Les mécanismes de la construction de chacune de ces paraboles s'effectueront selon un processus analogue à celui relatif à la transformation de la parabole de base (parabole dont la largeur mesure le rayon du cercle de base ; par conséquent la plus grande de toutes), récemment préconisé. Il importera seulement, au préalable, de déterminer la largeur du rectangle circonscrit tributaire de l'intersection du rayon visuel orienté sur la PARABOLE DE BASE de l'écran ①, et non sur le cercle de base ②, auquel cas le tracé devrait être celui d'une ellipse transformant ce cercle. Le tracé que l'on obtiendrait en appliquant le mécanisme de construction par point, recommandé, engendrerait une parabole qui ne correspondrait plus à la valeur de l'angle sous lequel la droite est observée.
Cependant, bien que *quelconque*, elle pourrait être utilisée en tant que *parabole-guide*, le cas échéant.

PARABOLES STRUCTURANT L'ÉCRAN.

Paraboles appropriées : Construction par rapport à la parabole de base

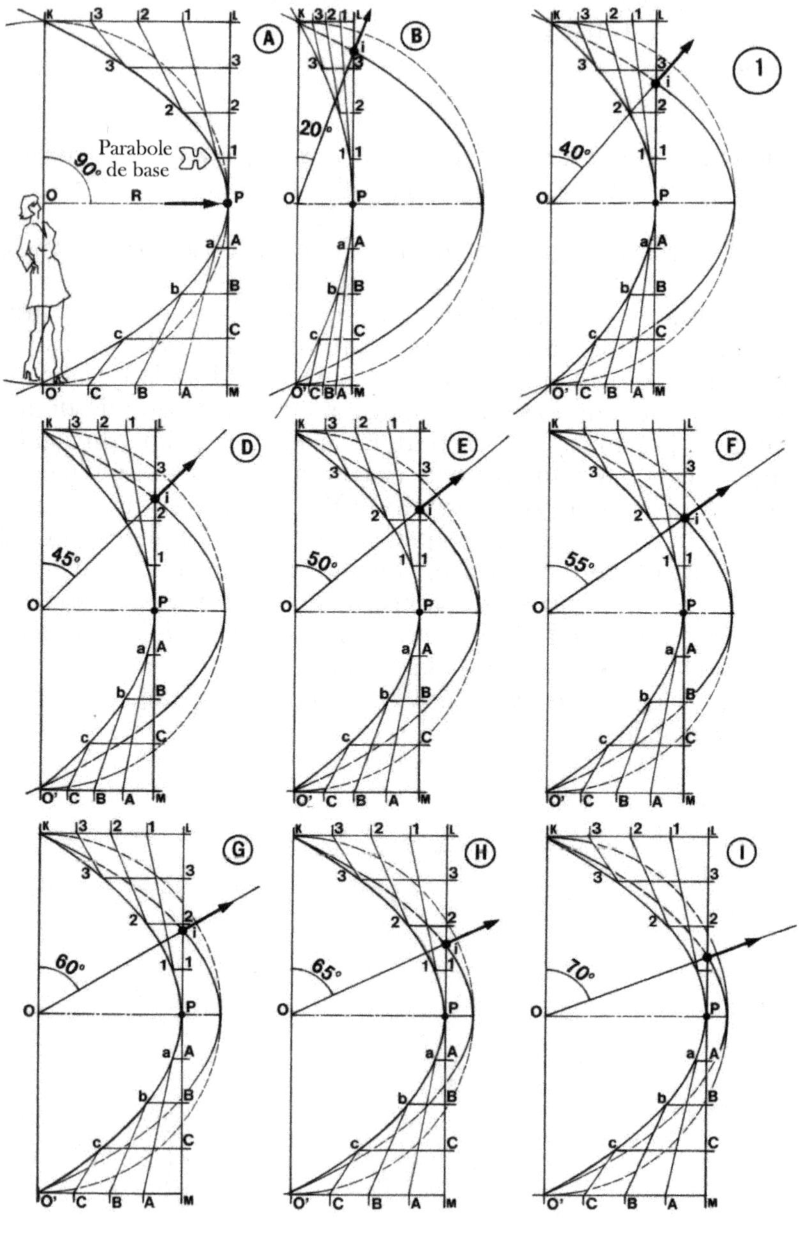

ÉCRANS PARABOLIQUES CARACTÉRISÉS PAR DES ANGLES DE 20°, 40°, 60° ... (NON APPROPRIÉS)

Constructions par rapport au cercle de base de l'écran

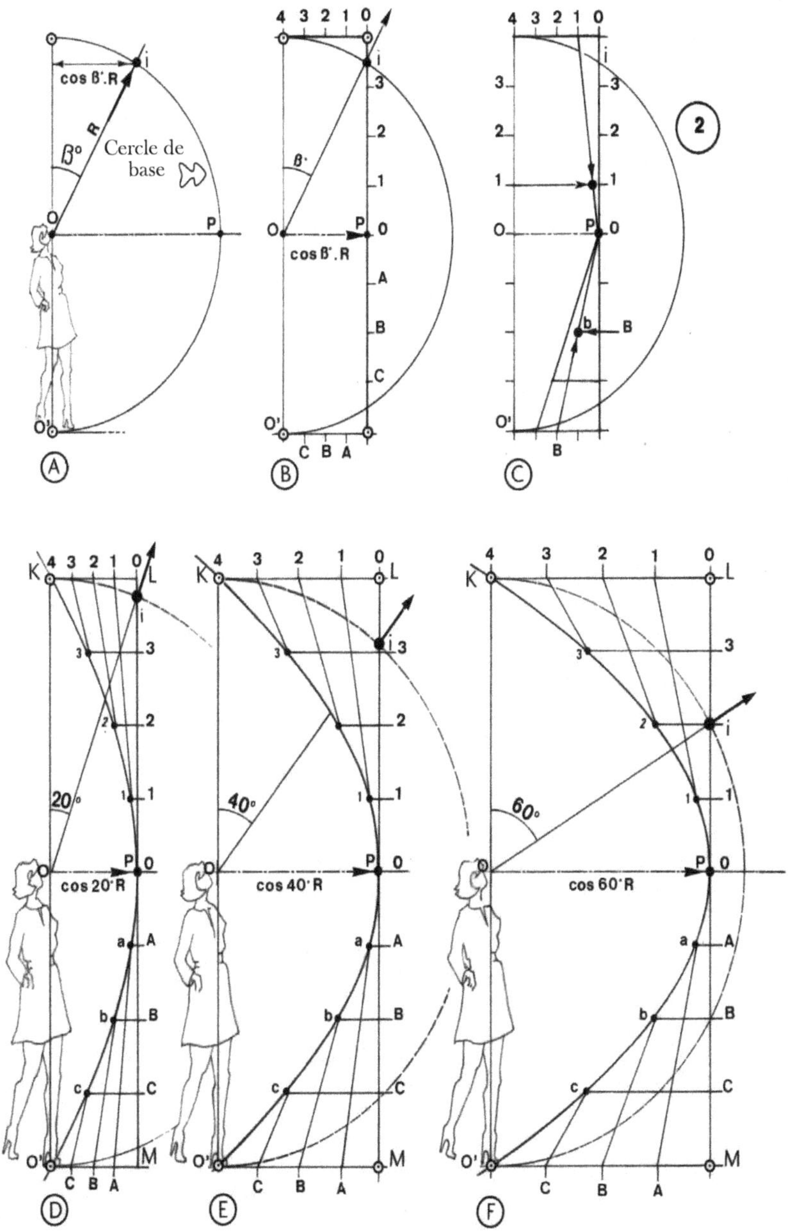

2. PRINCIPES SCHÉMATIQUES DE LA PARABOLISATION D'UN SEGMENT DE DROITE Ⓐ à Ⓓ

Considérons un segment de droite, vertical *AB*, sur lequel s'ajuste ou non un personnage observé par un autre, au travers d'un écran parabolique (évidemment concave), transparent.
Les rayons visuels orientés du point de vue *O* toujours situé au centre du cercle de base du paraboloïde (l'écran), vers les extrémités *A* et *B* de ce segment, occasionnent, avec la surface de l'écran, deux intersections *a* et *b*, qui délimitent sur la parabole verticale correspondante, l'arc parabolique *ab* représentant la perspective de cette droite : sa « parabolisation ».
Si la verticale observée *NM* s'inscrit dans le plan axial de la vision Ⓒ, l'arc parabolique *nm* qui la transforme, se présente au point de vue *O*, sous l'aspect d'un segment de droite inscrit sur l'axe.
Il en sera de même pour le segment de droite, horizontal, inscrit dans le plan axial horizontal.

3. RÉSEAUX PERSPECTIFS PARABOLIQUES NORMÉS (R.P.P.N)

Les *R.P.P.N* répondent aux mêmes impératifs que ceux déjà évoqués à propos des *Réseaux Perspectifs Sphériques*[1].
En effet, l'intervention de R.P.P.N, préalablement construits, trouve son impérieuse nécessité dans le besoin omniprésent que l'on éprouve de disposer d'une matrice perspective parabolique offrant des moyens de mises en œuvre directes et rigoureuses, dans les meilleures conditions de rapidité et de facilité.
Les opérations de construction s'effectuent par transparence sur un calque ajusté au réseau, les lignes servant de guides aux tracés, les mailles définissant le choix d'une échelle des transformations.
Le réseau est composé de deux systèmes de lignes horizontales paraboliques quand les droites qu'elles représentent fuient selon des angles de 45° ou deux autres angles complémentaires ; un système de lignes paraboliques et un système de rectilignes lorsque les droites que représente ce dernier, concourent au centre.

Une échelle des mesures de l'unité verticale (ou échelle des hauteurs) sera élevée de l'un ou l'autre des plans latéraux horizontaux.
À chacun des réseaux horizontaux sera coordonné un réseau composé de *lignes-guides* paraboliques verticales.
Ces *lignes-guides* horizontales et verticales concourent à faciliter les tracés, même à *main levée*. Elles forment une trame structurant le champ visuel, en unités régulières, dont les mailles plus ou moins fines tributaires du degré de la microstructure, sont l'expression perspective parabolique de multiples carrés géométriques identiques, se succédant en diminuant dans toutes les directions.

---

1 *La Géométrie Sphérique Tridimensionnelle* ou *Perspective Sphérique* Bernard S. Bonbon - Éditions Eyrolles, Paris

TRANSFORMATIONS SUR L'ÉCRAN PARABOLIQUE
Les vues de profil Ⓐ, de face Ⓑ, de 3/4 Ⓒ Ⓓ
PRINCIPE

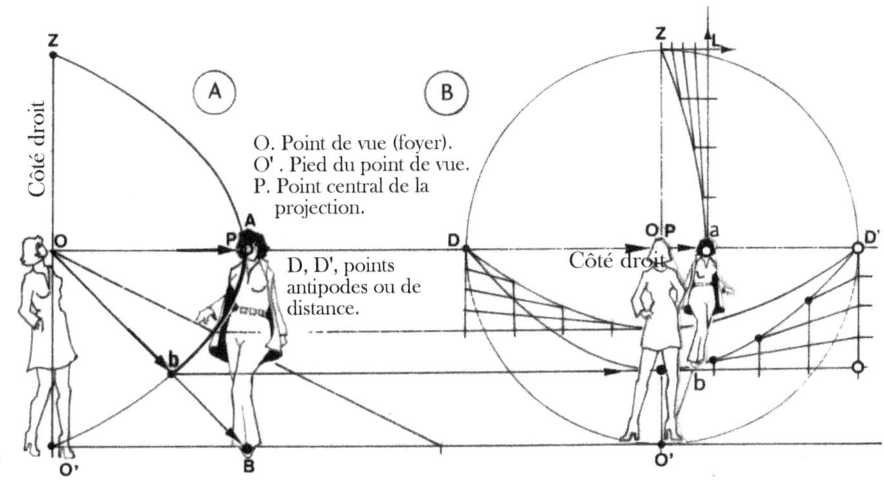

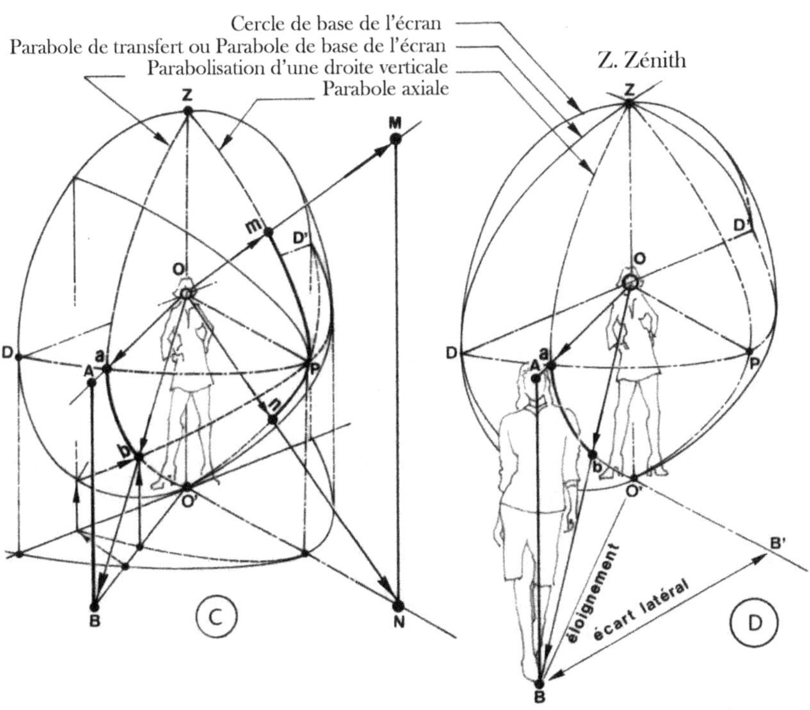

4 . MÉCANISME DE TRACÉ DE LA PARABOLISATION D'UN SEGMENT DE DROITE Ⓐ et Ⓓ

Rappel – Le plan de front est le plan parallèle à la base circulaire de l'écran parabolique.

Paraboliser une droite horizontale, ou encore, effectuer la transformation perspective parabolique de cette droite observée selon une ouverture d'angle de $\beta°$, et un éloignement $\bar{E}=O'E$, c'est :

1. Localiser sur l'écran parabolique vu en élévation (ou de profil), le point d'intersection e du rayon visuel orienté vers cette droite éloignée du pied O' du point de vue, d'une grandeur mesurant $O'E$.

2. Préciser son éloignement perspectif axial e' sur l'écran parabolique vu de face, mis en relation avec sa vue de profil. La mesure axiale $e'P$ qui en résulte, détermine celle de la longueur du rectangle circonscrit. La longueur de ce rectangle s'ajuste au diamètre du cercle de base de l'écran, dont elle mesure la grandeur.

3. Partager en un même nombre de parties égales, chacune des largeurs et chacune des demi-longueurs (mesurant le rayon).

4. Identifier chacun des points de division, par des chiffres ou par des lettres, selon un ordre précis, toujours du point e' mesurant l'éloignement perspectif, vers l'un ou l'autre des sommets du rectangle, et de ce sommet, vers l'autre situé en D ou en D' (extrémités de l'axe horizontal de l'écran).

5. Mettre en corrélation chaque couple de points identifiés par le même nombre ou la même lettre (celui ou celle de la largeur), orienté(e) en e' (celui ou celle de la longueur), mené(e) parallèlement à l'axe (parallèlement à la largeur du rectangle circonscrit).

6. Lier les points d'intersection ainsi obtenus, alignés sur une demi-parabole.

7. Effectuer les mêmes opérations de l'autre côté de l'axe, afin de la compléter.

La parabole ainsi obtenue, passant par D, e', D' représente la perspective d'une droite horizontale infinie, distante du pied O' du point de vue, d'un éloignement mesurant $O'e$ en profondeur de champ.

La parabole horizontale passant par le point de vue O, est toujours représentée par une droite ajustée à l'axe DD' de l'écran ; (une parabole d'ouverture angulaire nulle : $\beta° = O°$).

La parabole horizontale passant par le pied O' du point de vue, est toujours représentée par une parabole inscrite dans le plan de base circulaire de l'écran de projection. Elle est caractérisée par l'angle $\beta° = 90°$ et désignée sous les termes de *Parabole de base de l'écran.*

PARABOLISATION D'UNE DROITE HORIZONTALE DANS UNE VUE DE FRONT

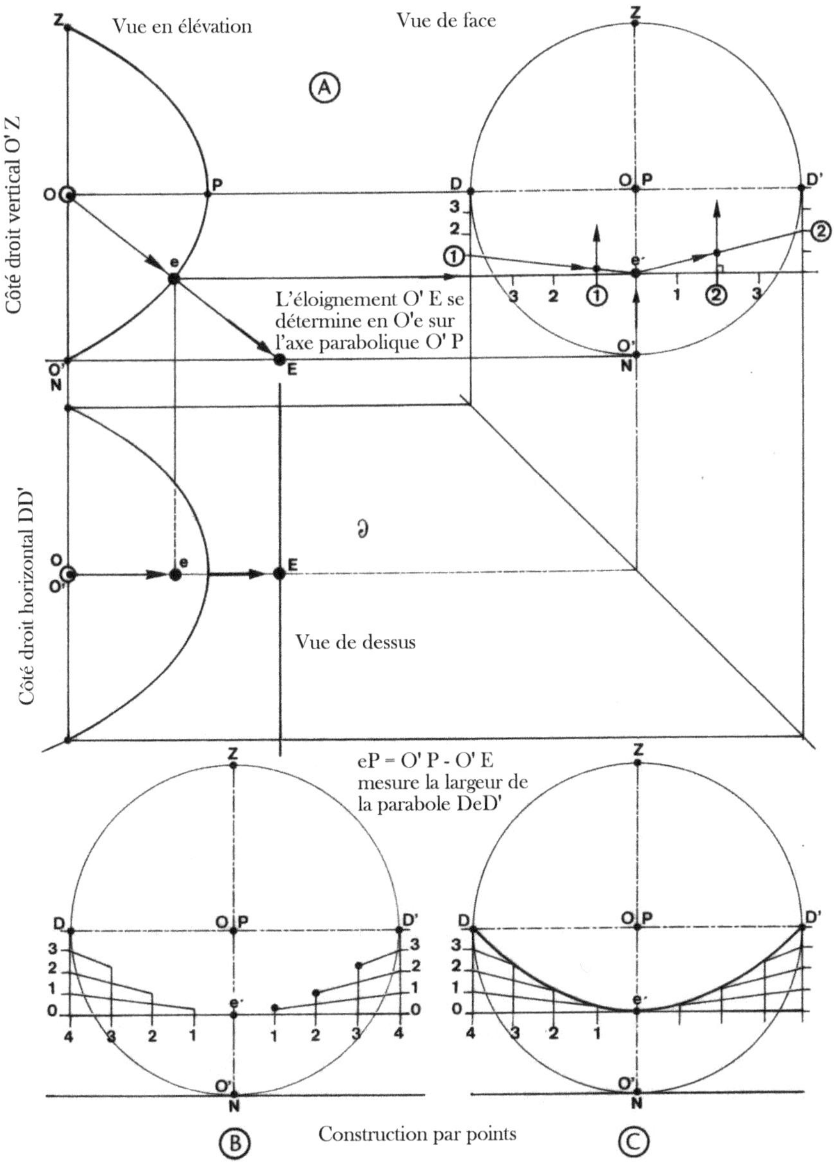

O Point de vue, *O'* pied du point de vue, *P* point central de la projection, *∂* plan des objets, *D* et *D'* points antipodes ou points de distance, *Z* point zénithal, *N* point nadiral.

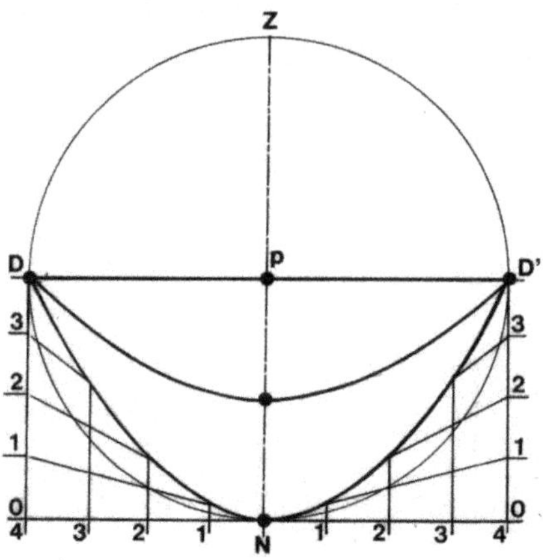

Ⓓ

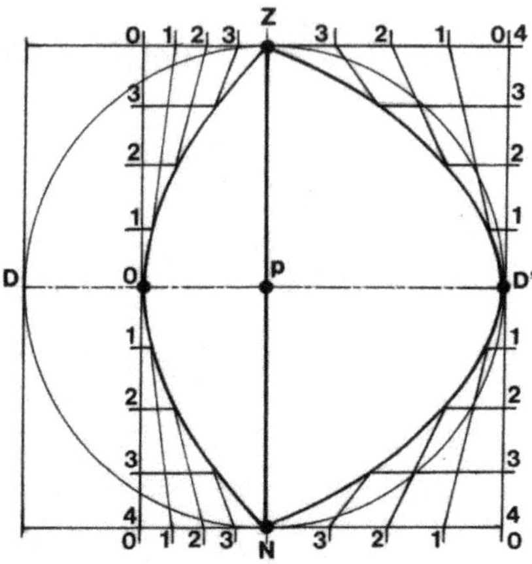

Ⓔ

5 . PRINCIPE DE LA PARABOLISATION D'UNE DROITE VERTICALE INFINIE Ⓔ

Les mécanismes de la construction d'une parabole transformant une droite verticale sont comparables à ceux transformant la droite horizontale ayant fait l'objet de l'étude qui précède.

Il importe au préalable, de définir la largeur du rectangle qui la circonscrit, compte tenu de l'angle qui la caractérise, *non plus sur l'axe vertical de l'écran, mais sur l'axe horizontal*, et toujours par rapport au point central de la projection *P*.

La parabole verticale passant par l'un ou l'autre des points antipodes ou de distance *D* ou *D'* (extrémités de l'axe horizontal de l'écran sur son cercle de base) est la parabole d'amplitude maximum, dont la valeur angulaire est de 90°.

La parabole verticale passant par le plan axial vertical de l'écran est représentée par une droite *ZN* limitée sur le cercle de base par les points polaires du Zénith (*Z*) et du Nadir (*N*).

Cette droite est l'équivalente d'une parabole dont la valeur angulaire serait nulle (*O*°).

6 . PRINCIPE DE LA PARABOLISATION DE DROITES INFINIES ÉQUIDISTANTES

- Dans un **plan de front**
  (plan vertical parallèle au cercle de base de l'écran)
- Dans un **plan frontal horizontal**
  (plan perpendiculaire au cercle de base de l'écran)

L'ÉQUIDISTANCE EST ANGULAIRE Ⓐ, lorsque les parallèles qu'elle transforme se succèdent d'un pôle à l'autre, selon des intervalles réguliers qui se mesurent en degrés dans la vue en élévation (de profil), au sommet *O* du point de vue. Les unités d'arcs paraboliques réparties sur l'écran, sont donc constantes. Elles ne tiennent pas compte de la troisième dimension qui résultent de la perspective. Elles structurent la surface de l'écran, mais pas le champ qui se situe au-delà, dans la profondeur.

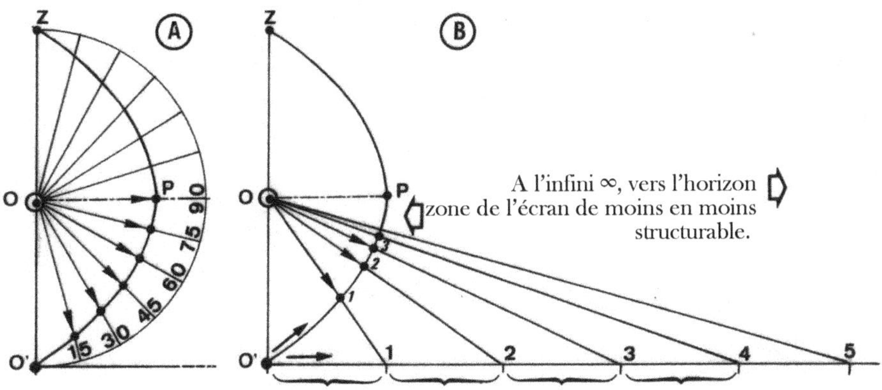

Équidistance *angulaire* Équidistance *segmentaire* « appropriée »

L'ÉQUIDISTANCE EST SEGMENTAIRE dite « appropriée » Ⓑ lorsque les paraboles qui transforment les droites infinies, se succèdent, du pied *O'* du point de vue, au point central de la projection *P*, selon une grandeur constante mesurant les intervalles réparties sur une tangente horizontale, en *O'*.

Les rayons orientés du point de vue, vers chacun des points équidistants situés sur l'horizontale tangente, définissent sur l'écran de projection, non plus des arcs paraboliques réguliers Ⓐ, mais des arcs paraboliques inversement proportionnels à l'éloignement de chacun de ces points ; des arcs paraboliques dans la vue de face, dont l'amplitude diminue progressivement au fur et à mesure qu'ils s'approchent du point central de la projection *P*, sans jamais pouvoir, matériellement, l'atteindre (l'espace en profondeur de champ, *O'P* étant infini).

7 . PRINCIPES SCHÉMATIQUES GÉNÉRAUX DE RÉSEAUX DE PARALLÈLES, DANS UNE VUE DE FRONT

Rappel – Dans une vision horizontale, il existe trois catégories de réseaux : le réseau dans une *Vue de Front*, le réseau dans une *Vue Frontale* et le réseau dans la *Vue sur l'angle*.

1) Rapports et distinctions entre L'ÉQUIDISTANCE ANGULAIRE et L'ÉQUIDISTANCE SEGMENTAIRE

a . Réseau de parallèles dans une vue de front Ⓐ

Le réseau de parallèles dans une vue de front, qu'il s'agisse d'horizontales ou de verticales, requiert un mécanisme de tracé mettant en œuvre l'équidistance segmentaire, aussi bien que l'équidistance angulaire.

L'ÉQUIDISTANCE ANGULAIRE ne peut s'appliquer que dans la vue de front, en d'autres termes, dans un plan vertical non fuyant Ⓐ.

L'ÉQUIDISTANCE SEGMENTAIRE s'applique dans tous les cas, aussi bien dans la vue de Front, que dans la vue frontale, et dans la vue sur l'angle Ⓑ, Ⓒ.

Il existe, en outre, une différence fondamentale entre le réseau dont l'équidistance est caractérisée par une valeur angulaire, et le réseau dont l'équidistance l'est par une grandeur segmentaire. Le réseau dont l'équidistance des lignes structurelles est caractérisée par une valeur angulaire, ne traduit pas l'équidistance perspective parabolique, alors que l'autre réseau qui résulte des grandeurs segmentaires, la traduit, et sera le seul qui conviendra et qui se coordonnera aux autres réseaux horizontaux, pour résoudre les problèmes de transformation paraboliques des figures.

Le réseau dont l'équidistance des lignes structurelles est caractérisée par une valeur angulaire, s'avérera cependant nécessaire en tant qu'outil spécifique, sorte de support préconstruit qui servira de guide aux tracés.

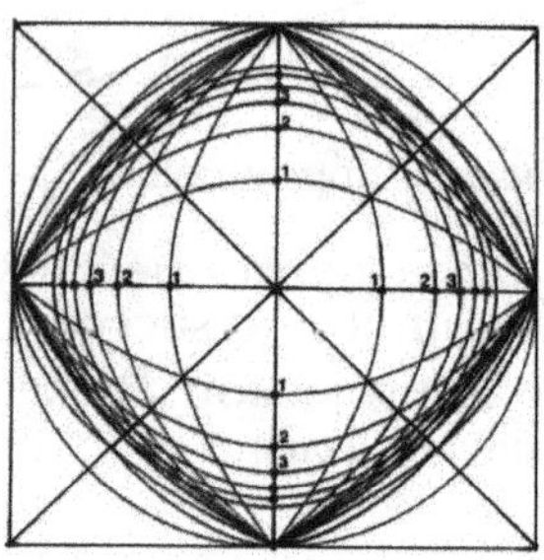

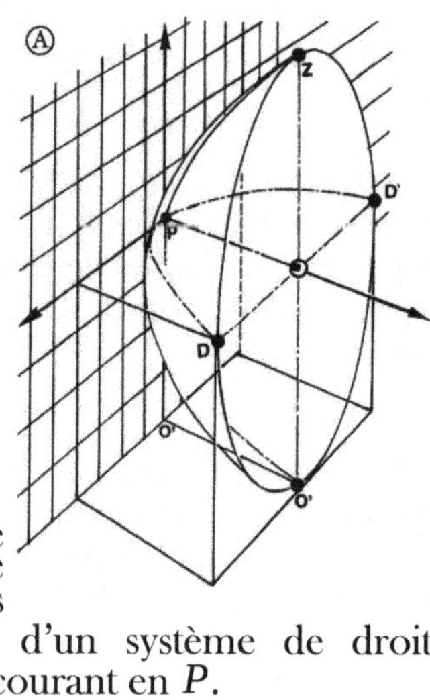

b. Réseau de parallèles horizontales dans la vue frontale Ⓑ

Le réseau de parallèles, dans une vue frontale, se compose d'un système de courbes paraboliques concourant aux points antipodes (ou de distance) *D* et *D'* et d'un système de droites horizontales perpendiculaires à la base, concourant en *P*.

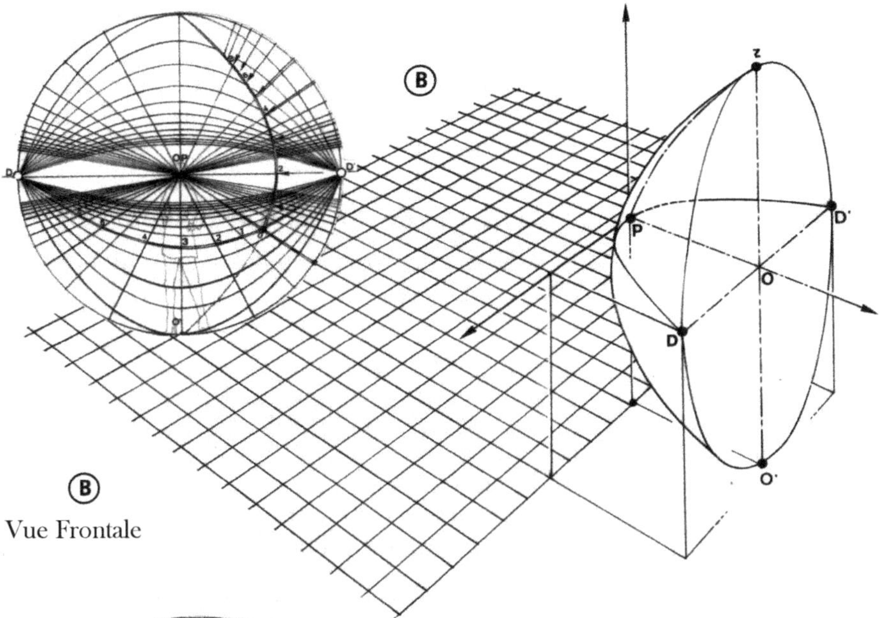

Ⓑ

Vue Frontale

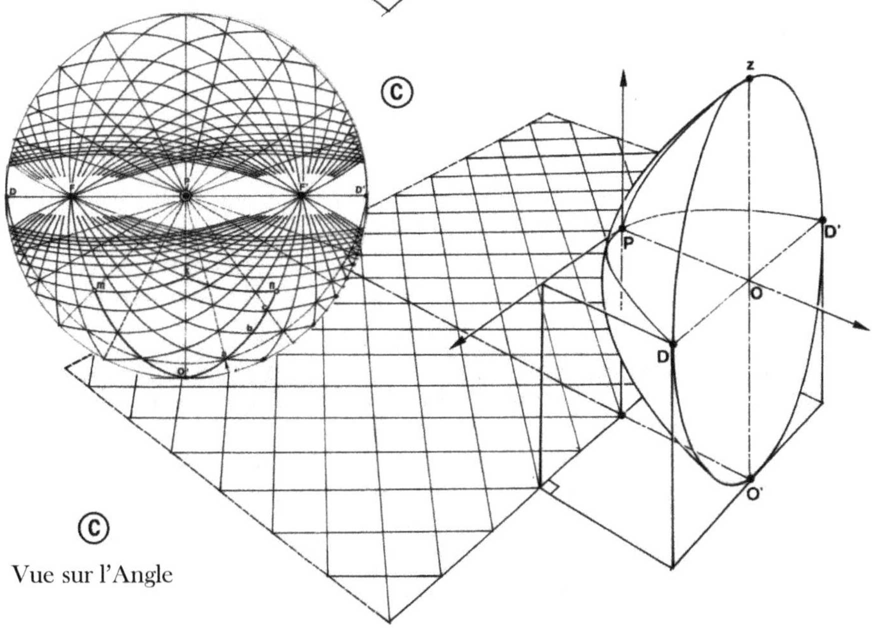

Ⓒ

Vue sur l'Angle

c . Réseau de parallèles horizontales dans une vue sur l'angle Ⓒ

Le réseau de parallèles horizontales dans une vue sur l'angle se compose de deux systèmes de courbes paraboliques, dont les extrémités communes des branches, se situent sur l'axe horizontal en des points *F* et *F'* tributaires de l'ouverture des angles complémentaires d'orientation, des droites qu'elles transforment.

2) L'Équidistance angulaire (ici de 15°) de droites horizontales Ⓐ, Ⓑ

Effectuer la parabolisation de droites horizontales de front (droites parallèles à l'axe horizontal *DD'* de la surface de projection), équidistantes de 15°, c'est :

1 . Définir sur l'axe vertical *ZN*, les largeurs successives des rectangles circonscrits à chacune des paraboles caractérisée par chacun de leur angle respectif (15°, 30°, 45°, 60°, 75°), selon le mécanisme de tracé par points, préconisé, mettant en corrélation d'une part, les parallèles sécantes verticales divisant la demi longueur et d'autre part, le faisceau d'un même nombre de droites concourant sur l'axe vertical *O'P*, sur lequel se mesurent les largeurs des rectangles circonscrits Ⓑ.

2 . Construire ces paraboles équidistantes selon une ouverture d'angle commune, de part et d'autre de l'axe horizontal *DD'*, pour engendrer un premier système de lignes structurant le champ visuel parabolique Ⓒ.

3) L'Équidistance angulaire de front (ici de 15°), de droites verticales

La parabolisation de ces droites peut s'opérer selon les méthodes préconisées relatives aux droites horizontales.

L'axe de référence des transformations des largeurs successives, des rectangles circonscrits aux paraboles, devient alors, l'axe horizontal *DD'* de l'écran.

Cependant, la méthode la plus rapide et la plus aisée, consiste à effectuer une copie sur calque, du premier système de paraboles horizontales équidistantes, d'ajuster l'axe horizontal (côté droit commun des paraboles), sur l'axe vertical de l'écran (passant par *O'* et *P*) ; autrement dit, d'effectuer la rotation plane d'un quart de tour, de la copie sur l'original.

La fusion de l'ensemble produit un réseau de paraboles dans un plan de front, dont la mesure de chacune des mailles est caractérisée par un angle de 15°.

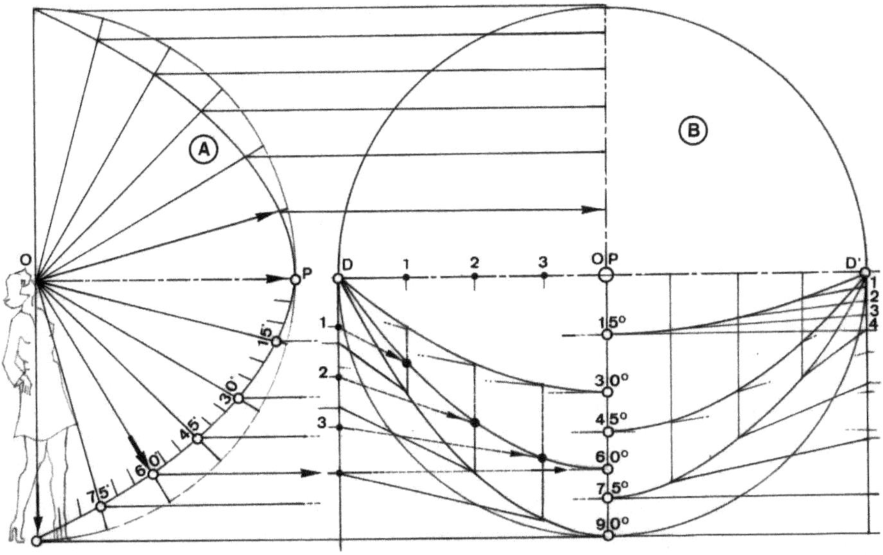

ÉQUIDISTANCE ANGULAIRE DE 15° DES PARABOLES DE CÔTÉ DROIT HORIZONTAL

Étapes de la construction

LE « TRACE-PARABOLES »

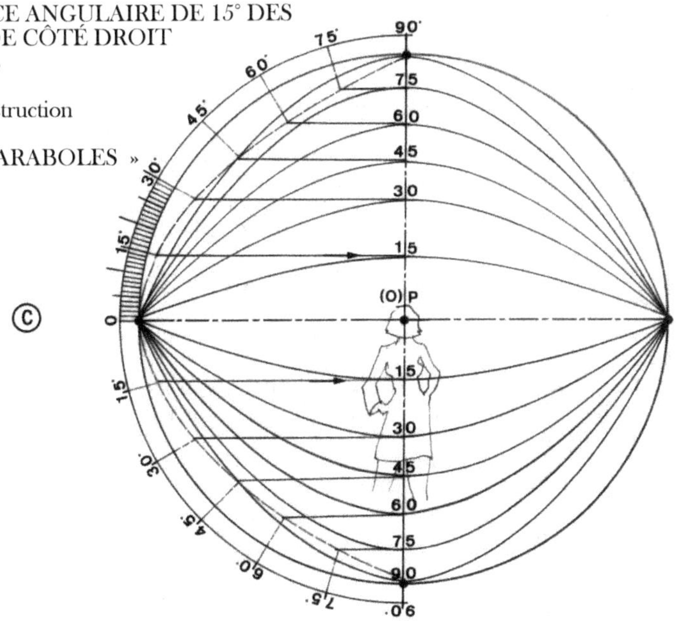

8 . STRUCTURES ET MICROSTRUCTURES D'UN RÉSEAU PERSPECTIF PARABOLIQUE DE FRONT, ISSU DES MESURES ANGULAIRES

• Le trace-paraboles – ou Réseau de lignes-guides paraboliques

La microstructure contribue à affiner les tracés et à disposer d'une unité de référence dont l'échelle réduite autorise la représentation d'ensembles plus vastes. Il est aisé d'attribuer au côté de la maille, la mesure souhaitée, en relation étroite avec les plans architecturaux à paraboliser.

En outre, les lignes de structure relativement proches permettent, au cours d'une première étape, la construction de celles intermédiaires (si besoin est, *à main levée*), avant la réalisation de *l'épure* aux instruments. Ces instruments sont, entre autres, les traces-courbes (dits aussi *pistolets* ou *perroquets*) et les traces-ellipses, indispensables, en l'absence des traces-paraboles, des réseaux de lignes-guides paraboliques, ou d'un logiciel s'appuyant sur les fondements de la géométrie perspective parabolique. Il sera donc primordial de concevoir des traces-paraboles ou des réseaux de lignes-guides paraboliques, selon les modalités qui seront préconisées, et de procéder à leur agrandissement par duplication, selon un coefficient en relation avec l'échelle des mises en œuvre. C'est ainsi que le cercle de base des traces-paraboles et celui des réseaux de *lignes-guides* paraboliques seront toujours de diamètre identique à celui du cercle de base de l'écran parabolique sur lequel s'effectueront les transformations.

• Mise en œuvre de la microstructure d'un réseau de front

La microstructure s'opère aisément, au travers de l'utilisation alternée des diagonales et des médianes des mailles[1]. Ces diagonales de petites dimensions, bien que paraboliques, se présentent sous l'aspect de très courts segments de droites qui en s'enchaînant les uns aux autres, suivent le tracé de la courbe parabolique de l'écran. Le point d'intersection de chaque couple de ces diagonales précise le centre de chacune des mailles, par chacun desquels passe le tracé de chacune des courbes paraboliques.

On obtient, par cette méthode, deux sortes de réseaux frontaux microstructurés :

- les réseaux de paraboles de côté droit vertical et de côté droit horizontal, Ⓓ puis Ⓔ ;
- le réseau de paraboles inclinées qui est d'un moindre intérêt Ⓒ.

Pour être exploitables dans les meilleurs conditions, ces réseaux doivent être dissociés et la mesure que représente l'unité de microstructure, restituée. Les mailles sont caractérisées ici par des angles de 15° Ⓓ. Une première exploitation de ces mailles, par des diagonales et des médianes, engendre une microstructure approchée, dont les paraboles qui les caractérisent résultent d'une équidistance de 15° : 2 = 7°30' Ⓔ. Une nouvelle division des mailles, obtenue par l'inscription de nouvelles diagonales et de nouvelles médianes, engendre une microstructure dont les paraboles qui les caractérisent résultent d'une équidistance de 7 ° 30' : 2 = 3°45'.

---

1 La division géométrique de la maille par l'intermédiaire des diagonales et des médianes qui en résultent, est une méthode rapide et pratique qui permet d'approcher la division de cet angle, à la suite de sa transformation. La différence graphique est si infime, que les représentations sont quasiment nulles sur les opérations de transformations perspectives paraboliques.

RÉSEAUX PARABOLIQUES « GUIDES » issus des mesures d'angles

RÉSEAUX PARABOLIQUES DE FRONT (VERTICAUX)
tributaires de valeurs angulaires, destinés à servir de guides aux tracés.

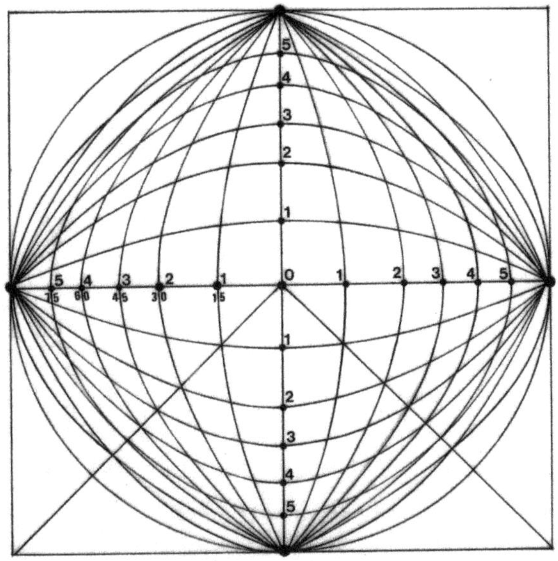

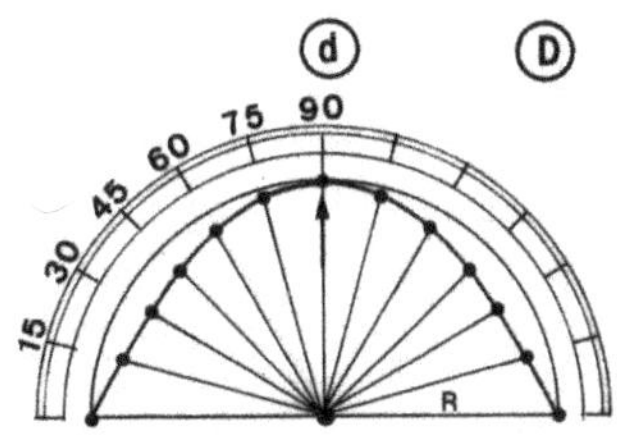

Équidistance angulaire de 15°.

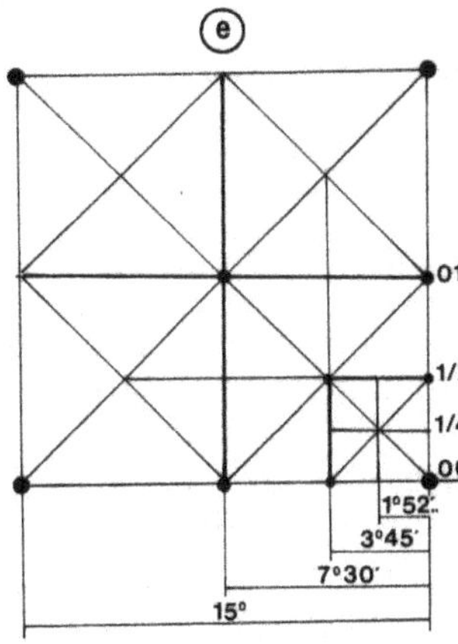

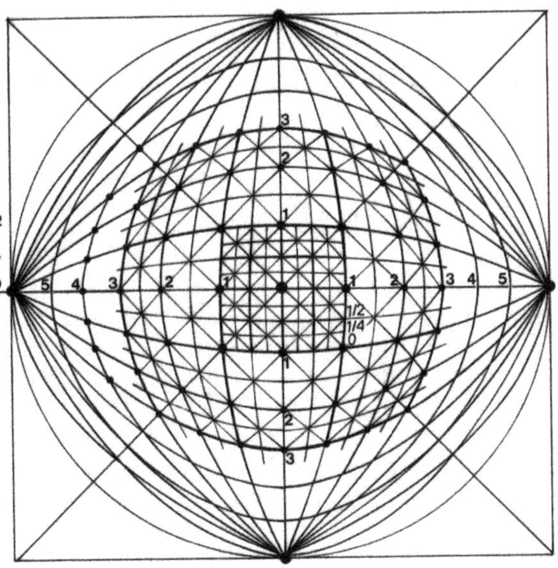

MICROSTRUCTURE d'une maille de 15° transformée au centre.

E

« TRACE-PARABOLES » de 7°30', 15°, 22°30', 30°, 37°30', 45°, 52°30', 60°, 67°30', 75°, 82°30', 90°

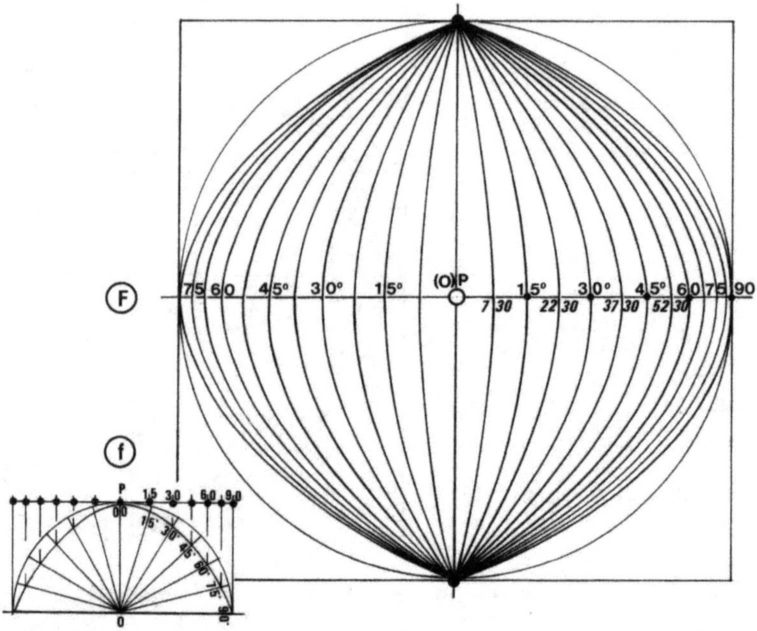

- **De la construction à la fabrication des traces-paraboles**

Cette étape, bien qu'un peu longue et exigeante au niveau de la précision des tracés et de l'habileté de la découpe, nécessite qu'il leur soit consacré le temps nécessaire qui se traduira ultérieurement par un gain de temps et une source de facilité particulièrement appréciable, aussi bien dans la construction, que dans la réalisation de l'épure des projets.

Le *trace-paraboles*, qui est aussi un *réseau de lignes-guides paraboliques*, peut avoir pour support une simple feuille de papier rigide, de bristol par exemple. Les paraboles de côté droit de même dimension mesurant le diamètre du cercle de base de l'écran, sont construites successivement en fonction de leur valeur angulaire respective Ⓕ.

Les opérations de transformation perspectives paraboliques s'effectueront alors, ensuite, par transparence. Le travail réalisé sur calque sera superposé au *trace-paraboles*, afin d'effectuer le tracé de la courbe de même nature qui s'impose ; le cercle du *trace-paraboles* s'ajustant au cercle de base de la construction graphique parabolique. Il serait judicieux que le trace-paraboles soit de couleur différente (*planches p. 54 et 55*). Il s'avérera indispensable de mettre le *trace-paraboles* au format du cercle de base de l'écran de transformation perspectives paraboliques à l'aide, éventuellement, d'une photocopieuse.

Il existe une autre possibilité de disposer d'un matériel plus maniable et bien plus performant.

Il importe alors, de construire d'abord sur un support rigide, chacune des paraboles caractérisées par sa valeur angulaire, de découper ensuite, très habilement, ce support, pour procéder à la réalisation des tracés.

Mais, faire le choix de les garder toutes les deux, et de les rapprocher l'une de l'autre suivant l'axe, selon un intervalle proche du diamètre de la pointe du crayon ou de la pointe tubulaire du stylo, permettrait d'obtenir une rainure parabolique à l'intérieure de laquelle circulerait la pointe, lors de la réalisation du tracé ; les extrémités des deux supports complémentaires ayant été préalablement liées l'une à l'autre (voir la planche jointe).

Bien que ces traces-paraboles aient été façonnés avec une extrême rigueur, ils restent malgré tout, perfectibles. Ils permettent toutefois de pallier à leur absence d'existence actuelle.

Il est, évidemment, très important que le diamètre du cercle de base de l'écran, mesure le côté droit des paraboles composant la série.

Si ce n'était pas le cas, il suffirait d'opérer une mise en corrélation par l'intermédiaire de photocopies, à l'échelle.

Signalons toutefois que ces traces-paraboles sous la forme d'instruments ne sont pas indispensables. Ils feront le choix ou non du lecteur. En effet, des méthodes encore plus performantes et plus pratiques qui seront proposées et explorées plus loin, permettront de s'en dispenser.

C'est ainsi, entre autres, que les *Réseaux Perspectifs Paraboliques Normés,* dont les processus d'exploitation rationnelle seront développés dans la seconde partie, permettent aisément des constructions rapides et rigoureuses à l'aide de simples traces-courbes courants.

TRACES PARABOLES SOUS FORMES D'INSTRUMENTS

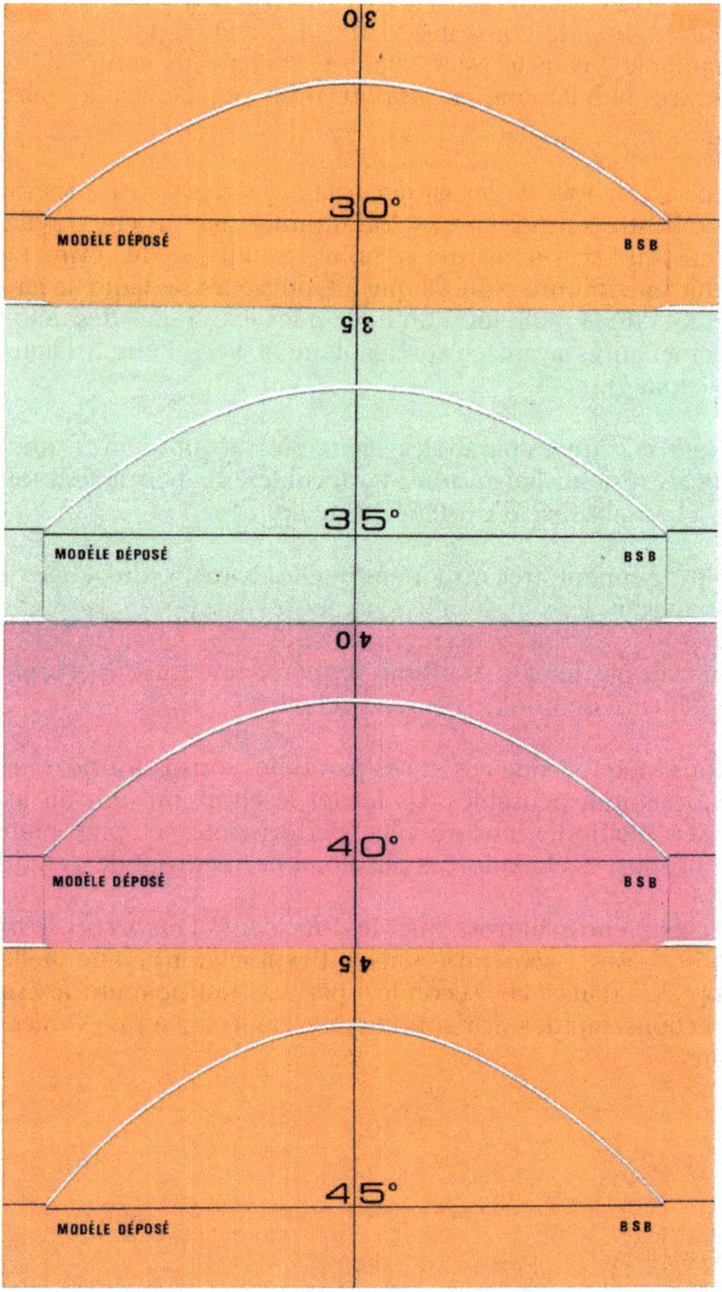

9 . LA VUE HORIZONTALE DE FRONT
Structures et microstructures d'un Réseau Perspectif Parabolique Normé (R.P.P.N)

Notions fondamentales :

Le réseau issu d'une *équidistance segmentaire* des paraboles qui le composent, à la différence de celui qui résulte d'une *équidistance angulaire*, se coordonne aux autres réseaux de la vue de front et de la vue sur l'angle.
Il s'avère être le seul réseau de front qui soit APPROPRIÉ aux transformations perspectives paraboliques.
L'unité commune qui caractérise l'équidistance rectiligne, mesure le rayon du cercle de base de l'écran parabolique.

Avant d'opérer la construction de ce réseau, il importe de mettre en lumière des éléments fondamentaux qui seront récurrents dans toutes les mises en œuvre perspectives paraboliques, afin d'éviter les confusions qui seraient dommageables et qui seront évoquées plus loin sous le terme de *Mises en garde*.

PARABOLE DE BASE DE L'ÉCRAN OU PARABOLES DE TRANSFERT DES MESURES GÉOMÉTRIQUES

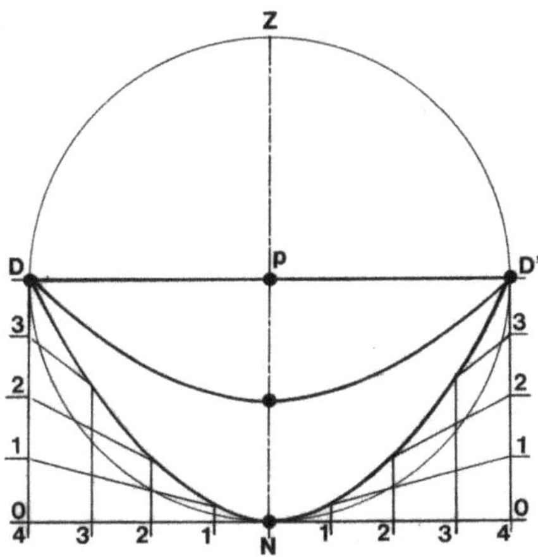

Ⓓ

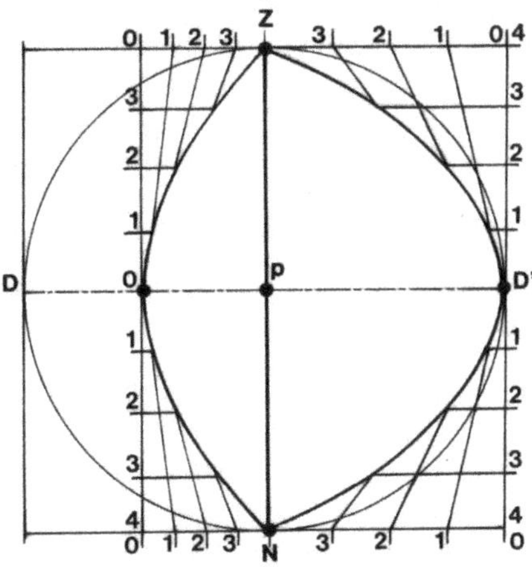

Ⓔ

Ainsi, les PARABOLES DE BASE DE L'ÉCRAN Ⓐ, Ⓑ et Ⓒ, sont les paraboles les plus grandes du système ; paraboles dont la largeur du rectangle circonscrit, mesure le rayon *R* du cercle de base. Ces paraboles ont chacune des fonctions particulières, selon qu'elles seront de côté droit horizontal Ⓐ ou vertical Ⓑ.
Elles auront en effet, chacune, des rôles déterminants et précis, dans le cadre des transferts de *mesures géométriques* en *mesures axiales paraboliques.*

Elles seront également désignées, de ce fait, sous les termes de PARABOLE DE TRANSFERT DES MESURES.

1) La parabolisation de l'éloignement

(Grandeur horizontale, du pied O' du point de vue, au point central de la projection P).

L'éloignement (grandeur horizontale) s'effectue sur la PARABOLE VERTICALE DE BASE DE L'ÉCRAN - Parabole dont le côté droit mesure le diamètre du cercle de base $O'Z$ du paraboloïde, et la largeur le rayon $R = PD' = PD$, Ⓔ.

La parabole verticale de base de l'écran sera également désignée sous les termes de *Parabole verticale de transfert* $O'D'Z'$.

Ainsi, le point a observé du point de vue O, selon un éloignement $O'E$, se déterminera en A_1 à l'intersection du rayon visuel OA et de la parabole de côté VERTICAL $O'Z$.

La parabolisation axiale de l'éloignement résultera de la projection orthogonale sur l'axe $O'P$, du point A_1 en a.

La distance du point a au point P, mesure la largeur du rectangle circonscrit à la parabole transformant l'éloignement en profondeur de champ, de part et d'autre de l'axe vertical.

2) La parabolisation de l'écart latéral

L'écart latéral s'effectue sur la PARABOLE HORIZONTALE DE BASE de l'écran ; parabole dont le côté droit mesure le diamètre du cercle de base DD' de l'écran, et la largeur $R=O'P=PZ$, Ⓓ.

La parabole horizontale de base de l'écran sera également désignée sous les termes de *Parabole horizontale de transfert* $DO'D'$.

La parabolisation axiale de l'écart E nécessitera donc, d'une part, sa mesure en vraie grandeur $O'E$ sur la tangente en O', d'autre part, la projection en P du point E, qui occasionnera avec la parabole verticale de transfert, une intersection en E_1. La projection orthogonale de E_1 sur l'axe horizontal DD', précise le point e, *l'éloignement axial* $O'e$ du pied du point de vue, à ce point.

L'écart du point e au point P, définit la largeur du rectangle circonscrit à la parabole transformant cet écart de part et d'autre de l'axe horizontal (au-dessus et au-dessous de cet axe).

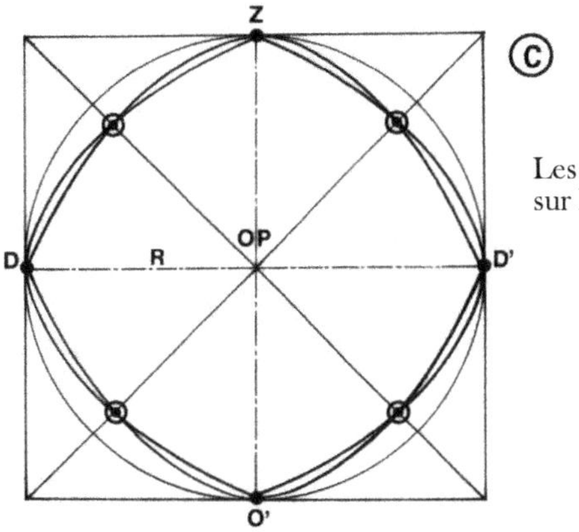

Les paraboles de base de l'écran se croisent sur les diagonales du carré circonscrit.

Parabole de côté droit HORIZONTAL DD' de TRANSFERT DE L'ÉCART (ici O' E).

Parabole de côté droit VERTICAL O' Z de TRANSFERT DE L'ÉLOIGNEMENT (ici O'A).

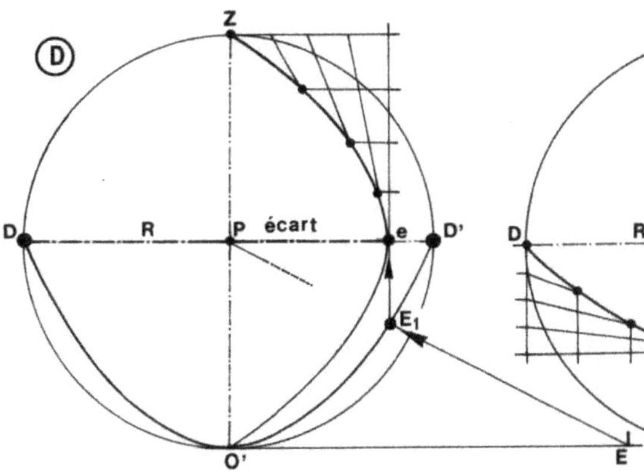

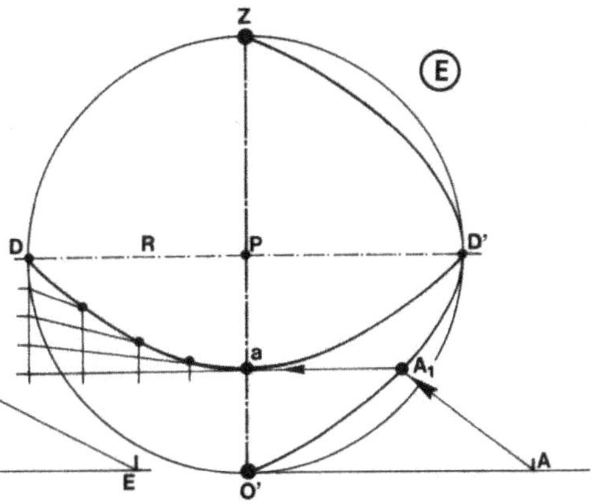

Pe : parabolisation de l'écart géométrique O' E largeur de la parabole correspondante.

O'a : parabolisation de l'éloignement géométrique O' A.

Pa : largeur de la parabole.

3) L'équidistance segmentaire des paraboles de côté droit horizontal Ⓐ Vue de face, ⓐ Vue de profil

Définir l'équidistance segmentaire des paraboles de côté droit horizontal, composant l'un des deux systèmes de lignes du réseau, c'est :

1 . Répartir sur la tangente par *D*' (ou *D*), les points équidistants selon un intervalle mesurant le rayon *R* du cercle de base.

2 . Orienter chacun de ces points, au point central de la projection *P*. Il résulte une suite de points d'intersection sur la parabole de transfert de côté droit vertical *O'Z*.

3 . Mener, perpendiculairement à l'axe vertical, chacun de ces points. Ils y déterminent les intervalles axiaux : l'équidistance ponctuelle axiale. Simultanément, ils révèlent la mesure de la largeur du rectangle circonscrit à chacune de ces paraboles composant le premier système de lignes parallèles se succédant à distance régulière.

4 . Construire à l'intérieur de chacun de ces rectangles, la parabole correspondante, selon les mécanismes de tracé préconisés, mettant en corrélation les tracés des couples de points divisant la longueur et la largeur ; les premiers tracés de parallèles, coupant les seconds en faisceaux.

4) L'équidistance segmentaire des paraboles de côté droit vertical Ⓑ Vue de face, ⓑ Vue de profil

L'équidistance segmentaire des paraboles de côté droit vertical *O'Z* s'opère dans les conditions analogues à celles qui précèdent.

Il importe seulement, avant toute mise en œuvre, de répartir les unités régulières mesurant l'intervalle, sur la tangente par *O*'.

La parabole de transfert diffère. Elle est de côté droit horizontal (*DD*'). L'équidistance axiale s'effectuera sur l'axe horizontal *DD*' et les paraboles inscrites dans les rectangles appropriés, seront évidemment de côté droit commun, ajusté à l'axe vertical *O'Z*.

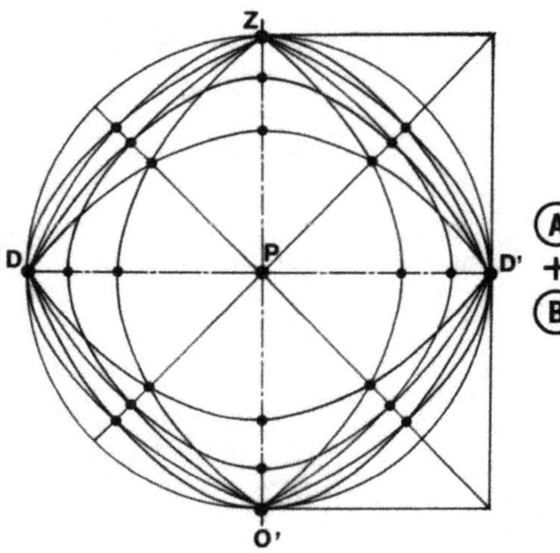

TRANSFORMATION AXIALE DES MESURES GÉOMÉTRIQUES

ÉQUIDISTANCE VERTICALE

La parabole de transfert O'D'Z est de côté droit VERTICAL.

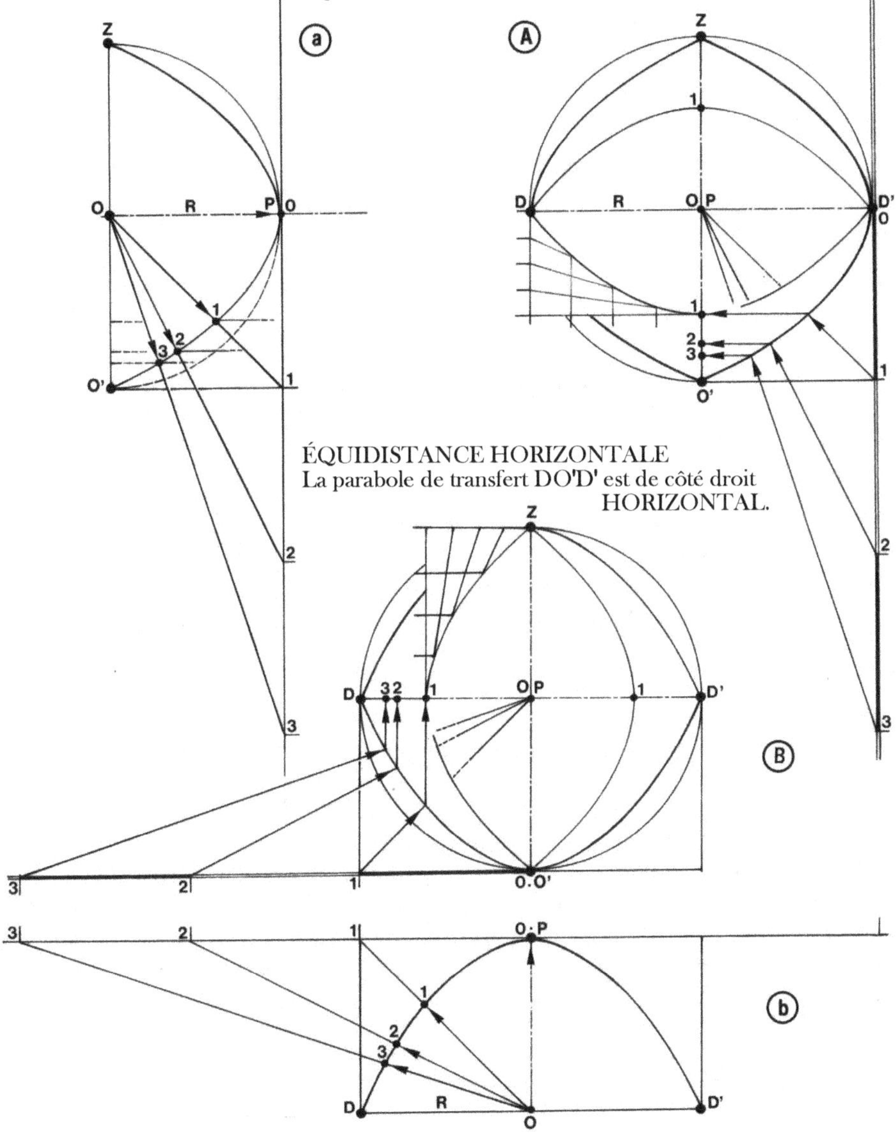

ÉQUIDISTANCE HORIZONTALE

La parabole de transfert DO'D' est de côté droit HORIZONTAL.

5) Le R.P.P.N dans une vue de front

LE R.P.P.N dans une vue de front Ⓒ est composé de deux systèmes de paraboles, l'un de côté droit ajusté à l'axe horizontal *DD'*, l'autre de côté droit ajusté à l'axe vertical *O'Z*.

Ces paraboles engendrent des mailles, carrées à l'origine, dont les côtés mesurent le rayon *R* du cercle de base de l'écran. Elles se réduisent progressivement, du centre *P*, vers chacun des points antipodes *D* et *D'* et vers le point zénithal *Z* et nadiral *O'*, ainsi que sur toute la périphérie intermédiaire.

Sa construction, ici plus élaborée, est tributaire de celles qui précèdent, relatives à la parabolisation de l'équidistance latérale et verticale.

La microstructure Ⓓ, ⓓ

La structure présente des espaces vides relativement importants dans la région centrale où les lignes paraboliques indispensables à la construction, font cruellement défaut.

Or, ces espaces vides sont ceux qui sont privilégiés pour les mises en œuvre, d'une part, du fait qu'ils sont incontournables, d'autre part, qu'ils présentent les déformations les moins marquées, par rapport à la géométrie euclidienne.

Le regard y trouve plus rapidement ses repères.

Aussi, il s'avère indispensable de procéder à la construction de microstructures plus ou moins fines, allant du centre vers la périphérie.

Il importera d'adapter l'échelle correspondant à chacune d'elles.

L'élaboration de la microstructure résulte de la division ordonnée et successive des mailles carrées paraboliques, par l'intermédiaire des diagonales et des médianes qui sont de courts segments paraboliques qui, en se succédant, créent de nouvelles lignes intermédiaires affinant le réseau.

La fréquence de cette division précise le degré de la microstructure du réseau. Elle sera successivement et obligatoirement d'un demi, d'un quart, d'un huitième, etc., compte tenu de la taille du réseau.

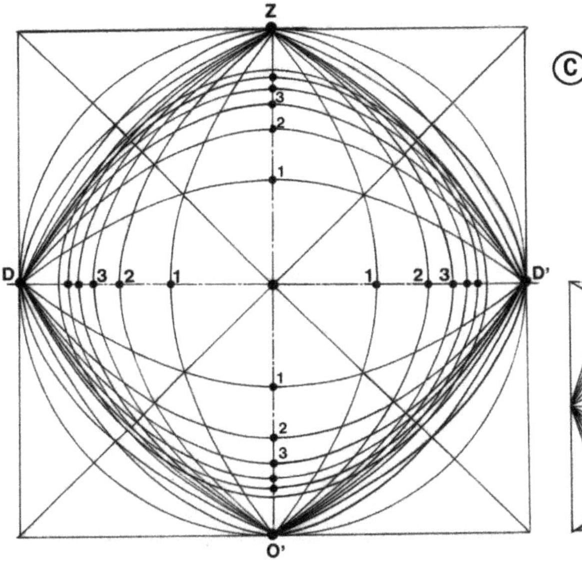

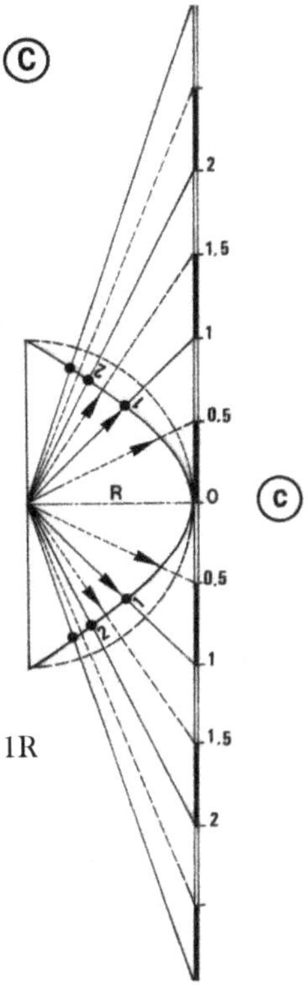

RÉSEAU PARABOLIQUE « APPROPRIÉ » échelle 1R

ÉQUIDISTANCE RECTILIGNE (centimétrique)

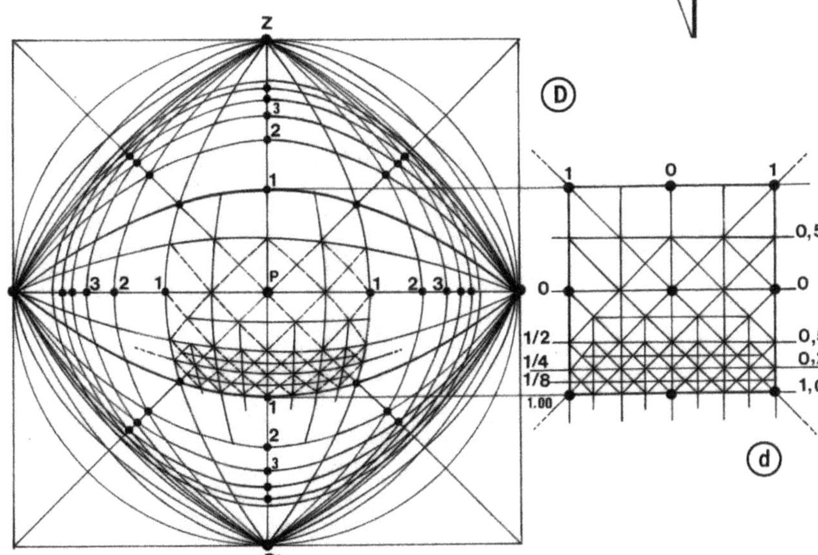

CONSTRUCTION DE LA MICROSTRUCTURE

6) Analyse comparative de la projection des mesures angulaires paraboliques et des mesures angulaires sphériques Ⓔ, Ⓕ

Les unités de mesures *paraboliques*, qu'il s'agisse de *mesures angulaires* ou de *mesures segmentaires*, sont toujours projetées sur la *parabole de base de l'écran* (celle dont le paramètre *PD'* ou *PD* mesure le rayon du cercle de base).

Elles sont à l'origine des *transformations perspectives paraboliques* Ⓔ, ⓔ.

Les unités de *mesures sphériques* sont toujours projetées sur le cercle de base de la *sphère*. Elles engendrent des *transformations perspectives sphériques* Ⓕ, ⓕ.

La structure du réseau est composée d'ellipses dont le grand axe mesure le diamètre de la sphère (ci-dessous[1]).

RÉSEAU SPHÉRIQUE : COMPOSÉ D'ELLIPSES

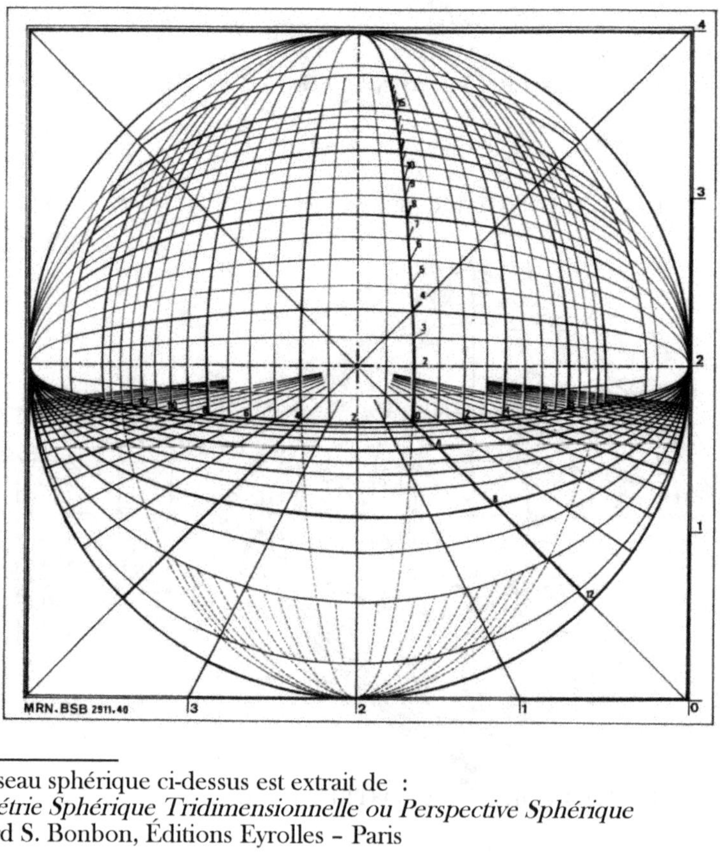

1 Le réseau sphérique ci-dessus est extrait de :
La Géométrie Sphérique Tridimensionnelle ou Perspective Sphérique de Bernard S. Bonbon, Éditions Eyrolles - Paris

RÉSEAU PARABOLIQUE « GUIDE » issu des mesures angulaires

Mesure des angles sur la PARABOLE de base de l'écran : engendre un réseau parabolique.

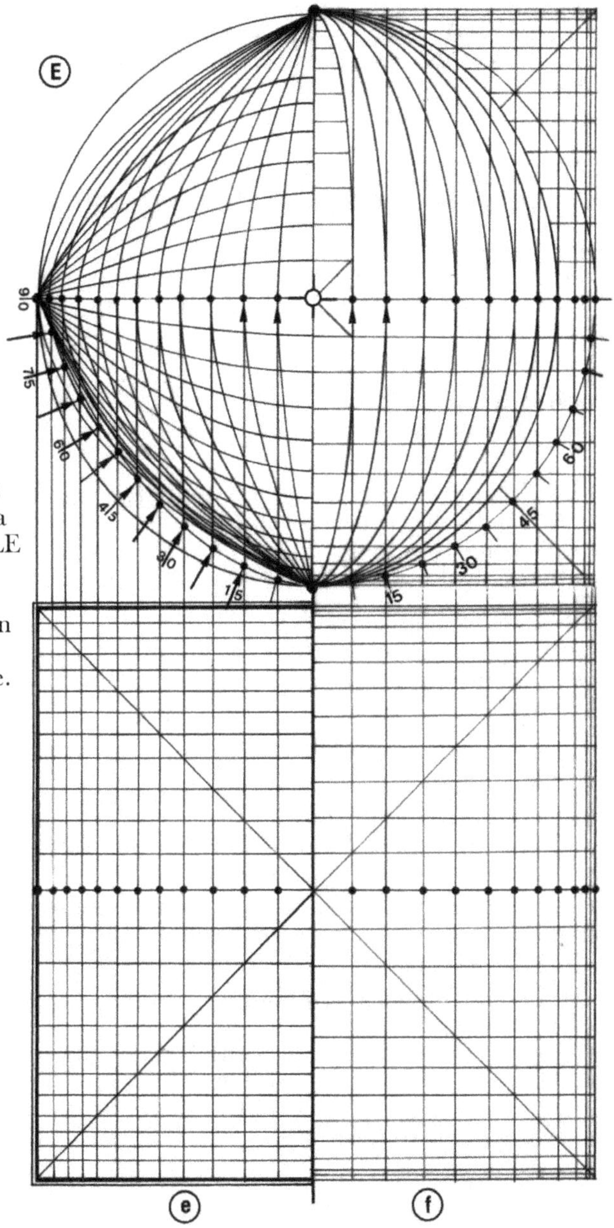

Mesure des angles sur le CERCLE de base de l'écran engendre un réseau sphérique (donc composé d'ellipses).

PROJECTION PLANE DES MESURES ANGULAIRES : ⓔ Paraboliques ⓕ Sphériques

II • LA VUE HORIZONTALE FRONTALE

Le terme de *FRONTAL* est, en perspective, utilisé lorsqu'une droite (ou un système de droites), est parallèle au plan circulaire de l'écran de projection, alors que l'autre droite (ou l'autre système de droites parallèles), est perpendiculaire au même plan.

1 . L'ÉLOIGNEMENT D'UN POINT : LE CARRÉ HORIZONTAL DE RÉFÉRENCE

La carré horizontal de référence est le carré dont le côté mesure le diamètre du cercle de base de l'écran de projection parabolique. Ses côtés, deux à deux, sont parallèles et perpendiculaires à la base de l'écran.

La parabolisation du côté le plus proche, par conséquent tangent en *O'* au pied du point de vue, s'effectue au travers d'un rectangle dont la longueur mesure le diamètre du cercle de base, et la largeur, le rayon, Ⓐ.

Les mécanismes de la construction se poursuivront dans les conditions analogues à celles déjà préconisées : la mise en corrélation ordonnée d'un faisceau de droites convergeant en *O'*, sécant à un même nombre de droites parallèles équidistantes issues du rayon du cercle de base.

La parabolisation de ce carré offre ici l'opportunité de déterminer la mesure perspective parabolique de l'éloignement d'un point *A*, en l'occurrence, l'éloignement du deuxième côté du carré, parallèle à celui passant par *O'*, Ⓑ.

Soit cet éloignement *O'A* = *2 unités*, déterminé dans l'espace géométral (hors de l'écran), en grandeur réelle, sur la tangente en *O'*, Ⓓ.
Il importe de l'orienter au point central de la projection *P*, occasionnant en A_1 une intersection sur la parabole de côté droit vertical de l'écran (ou parabole de transfert).
Le point A_1 ramené perpendiculairement à l'axe parabolique vertical, y détermine sa perspective *a*, transformant l'éloignement perspectif parabolique de *O'A*, en *O'a*.
La grandeur axiale *aP* mesure la largeur du rectangle circonscrit à la parabole transformant le deuxième côté, Ⓓ.
Sa construction se déroulera dans les conditions similaires à celles déjà énoncées, et relatives à la droite horizontale frontale, Ⓒ.
Le côté du carré à transformer mesurant le diamètre du cercle de base et tangente en *O'*, sera centré (*KN*), Ⓓ.

Les parallèles issues de ses extrémités *K* et *N*, convergeant en *P*, déterminent sur les paraboles transformant les autres côtés, quatre points *K*, *l* et *n*, *m* : les sommets perspectifs du carré ainsi parabolisé.

PARABOLISATION D'UN CARRÉ HORIZONTAL FRONTAL CENTRÉ SUR L'AXE O' Z

Côté du carré = 2R.

Principe schématique :
Aide à la compréhension ;
Vue d'ensemble 3/4.

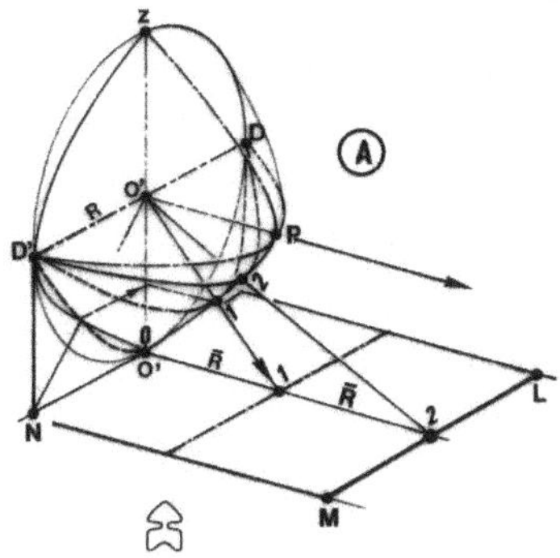

L'éloignement O'2 mesure ici le diamètre du cercle de base de l'écran.

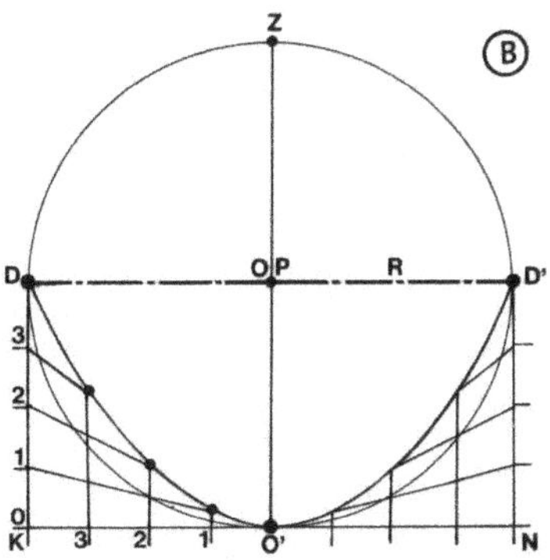

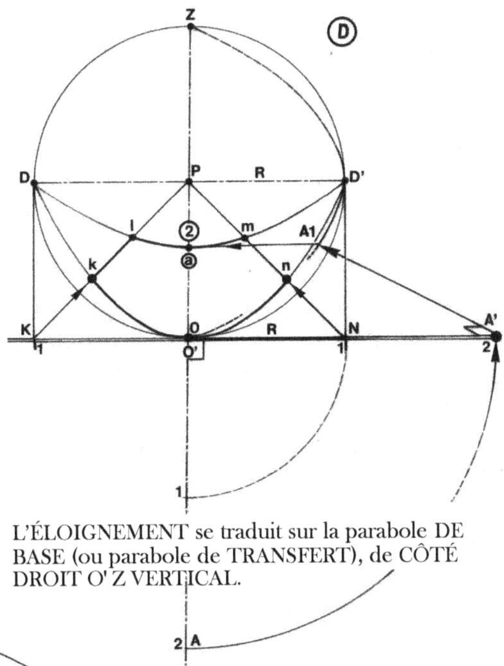

L'ÉLOIGNEMENT se traduit sur la parabole DE BASE (ou parabole de TRANSFERT), de CÔTÉ DROIT O' Z VERTICAL.

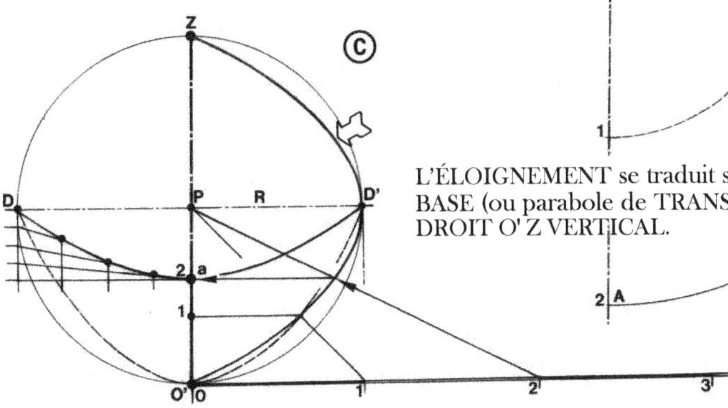

2 . L'ÉQUIDISTANCE SEGMENTAIRE

1) L'équidistance en profondeur de champ (du pied *o'* du point de vue, au point *P* sur l'écran de projection, vers l'infini)

Cette équidistance mesure, ici, le rayon de base de l'écran.

Les points équidistants *A*, *B*, *C* ... sont reportés directement sur la tangente *T* en *O'*, selon un intervalle régulier mesurant en vraie grandeur le rayon *R* du cercle de base, Ⓑ.

Il importe, d'effectuer le transfert parabolique en *A'*, *B'*, *C'* ... de chacun de ces points, en les orientant en *P* (le point central de la projection), puis, d'opérer leur transformation parabolique axiale, en les menant perpendiculairement à l'axe *O'P* où l'on précise les largeurs respectives de chacun des rectangles circonscrits à chacune des paraboles qui les transforment.

Lorsque les dimensions trop restreintes du support ne permettent pas la mesure en vraie grandeur de l'intervalle des autres points, il suffit d'effectuer une *Échelle de transfert T' des mesures homothétiques* de l'intervalle, Ⓑ.

Cette échelle, représentée par une parallèle à l'horizontale tangente en *O'* où s'ajuste l'échelle en vraie grandeur, passe obligatoirement par l'un ou l'autre (sauf le dernier), des points de transfert parabolique (ici en *B'*).

Elle précise par le ou les points d'intersections occasionnés sur les fuyantes en *P*, les grandeurs ($B'C_1$, $C'E_1$, E_1 F_1 ...) homothétiques à celles en *T* mesurées au pied *O'* du point de vue.

Les reports successifs de cette grandeur sur *T*, permettent de préciser l'emplacement de chacun des points qui se succèdent dans la même équidistance, et de poursuivre les opérations de transformation axiale de l'éloignement.

2) Parabolisation des droites horizontales parallèles et équidistantes en profondeur de champ

Chacun des points successifs *a*, *b*, *c* ... dans une équidistance axiale en profondeur de champ, mesure, par rapport au point central de la projection *P*, chacune des largeurs *aP*, *bP*, *cP* ... de chacun des rectangles circonscrits à chacune de ces paraboles transformant chacune des droites horizontales.

La construction de ces paraboles s'opérera dans les conditions et selon un mécanisme de tracé, analogues à ceux préconisés.

ÉQUIDISTANCE SEGMENTAIRE
Unité de mesure de l'intervalle : R

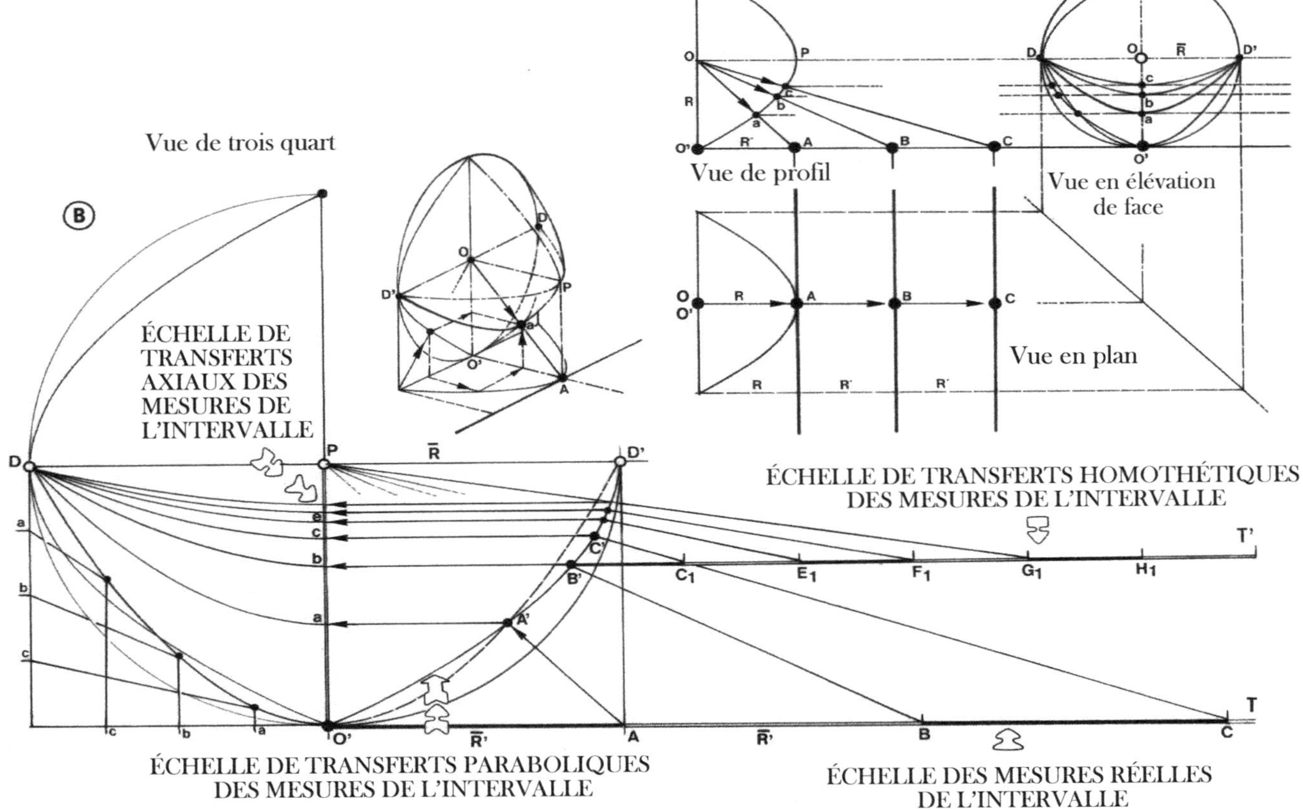

3 . L'ÉQUIDISTANCE DE CARRÉS HORIZONTAUX FRONTAUX

Chacun des carrés horizontaux frontaux présente deux côtés de front que transforment deux paraboles dont le côté droit mesure le diamètre du cercle de base de l'écran parabolique et deux côtés parallèles à l'axe visuel, concourant au point central *P* de la projection.

La parabolisation de ces carrés résulte des mêmes procédures que celles déjà développées à propos, entre autres, de l'*Éloignement en profondeur de champs*, et de l'*Équidistance des droites horizontales.*

Les carrés horizontaux dont les côtés et l'intervalle mesurent chacun, ici, le rayon du cercle de base de l'écran, seront tantôt d'axe fuyant superposé à l'axe vertical de l'écran Ⓐ, tantôt excentrés Ⓑ, les mêmes côtés, ici de gauche, s'alignant sur cet axe.

PARABOLISATION DE SEGMENTS DE DROITES HORIZONTAUX FRONTAUX, ÉQUIDISTANTS

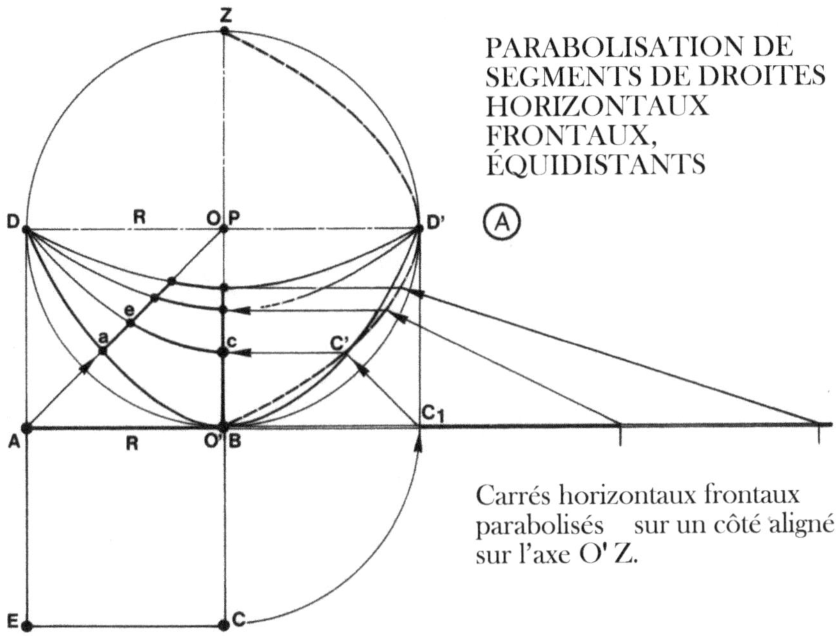

Carrés horizontaux frontaux parabolisés sur un côté aligné sur l'axe O' Z.

PARABOLISATION DE CARRÉS HORIZONTAUX FRONTAUX CENTRÉS ET ALIGNÉS SUR L'AXE O' Z

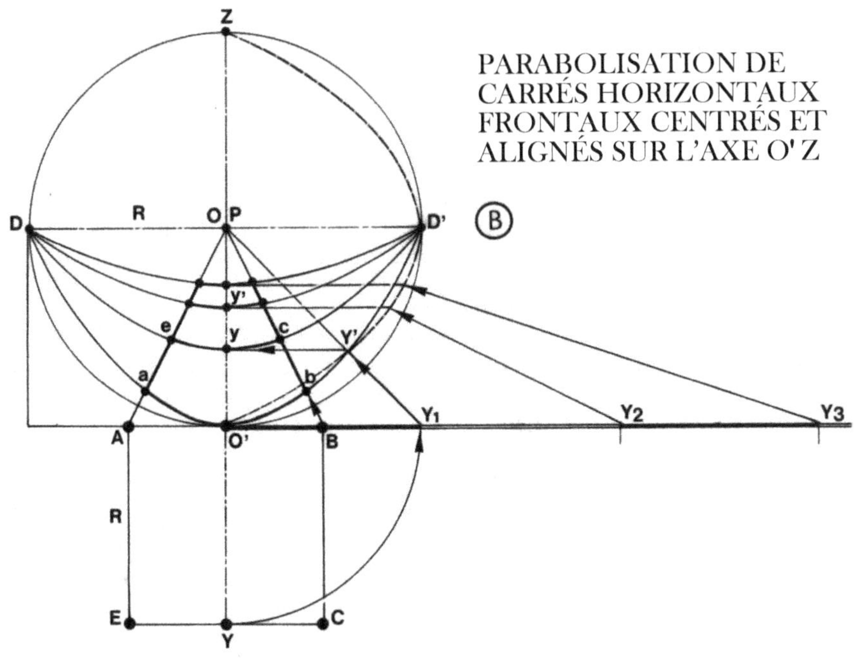

4 . RÉSEAUX PERSPECTIFS PARABOLIQUES NORMÉS (R.P.P.N)

1) Les réseaux paraboliques horizontaux au pied *O'* du point de vue et les réseaux plafonnants

Le Réseau Perspectif Parabolique frontal est composé, d'une part, d'un faisceau de droites concourant au point central *P* de la projection, dont les intervalles réguliers mesurent le côté de la maille carrée, d'autre part, d'un système de paraboles, de côté droit horizontal ajusté en *DD'* (diamètre du cercle de base de l'écran), équidistantes d'une grandeur mesurant également le côté de la maille, Ⓐ.

Le processus de la construction du réseau met en œuvre les mécanismes de tracés des droites horizontales équidistantes en profondeur de champ et le faisceau de droits parallèles à l'axe visuel, convergeant au point central *P* de la projection.

Ce faisceau de droites résulte des intervalles réguliers reportés sur l'horizontale tangente en *O'*. Ces intervalles mesurent, en grandeur réelle, le côté de la maille carrée qui mesure ici, également, l'équidistance en profondeur de champ.

Le réseau horizontal plafonnant (à ne pas confondre avec le réseau dans la vue en contre-plongée), est symétrique au réseau inscrit dans le plan terrestre (au pied *O'* du point de vue), par la médiane horizontale *DD'* de l'écran.

2) L'échelle des mesures perspectives verticales (ou échelle des hauteurs)

L'utilisation rationnelle du réseau nécessite la présence d'une *échelle des hauteurs* sur laquelle sont réparties les mesures décroissantes de l'unité perspective, Ⓑ.

Elle peut être érigée en n'importe quel lieu du réseau.

Le mécanisme de sa transformation perspective parabolique se déroule dans les conditions analogues à celles concernant la *Parabolisation d'une droite verticale*, Ⓐ.

La largeur du rectangle circonscrit à la parabole transformant la droite ayant été préalablement définie, il importe de :

1 . Mettre en corrélation ordonnée, le faisceau de droites issues des unités de division de l'horizontale tangente en *O'*, sécant à un même nombre de droites parallèles équidistantes issues de la division de la demi hauteur du rectangle circonscrit.

2 . Lier successivement chacun des points d'intersection (*c*, *b*, *a*), qui en résultent, du pied *O'* du point de vue, vers l'extrémité *Y* de la demi hauteur, située sur la médiane *DD'* (ou inversement *y*, *a*, *b*, *c*, *o'*).

3 . Renouveler les différentes étapes de la construction, sur l'autre moitié du rectangle.

4 . Répartir les points de division régulière (dont les intervalles mesurent l'unité), sur la parabole transformant cette droite sur laquelle s'ajuste l'échelle Ⓑ.

5. Orienter une fuyante passant par l'origine *O* de l'échelle, du point central de la projection *P*, vers la tangente en *O'* au cercle de base.

6 . Au point d'intersection occasionné sur la tangente, élever une verticale géométrique sur laquelle sont réparties les unités mesurant le côté de la maille, restitué en *O'*.

7. Des points de division régulière graduant cette échelle des hauteurs, orienter en *P* un faisceau de droites qui précisent sur la parabole verticale passant par l'origine *O'*, les unités composant l'échelle des hauteurs, parabolique.

Le réseau ne peut être véritablement opérationnel que s'il permet la construction directe des paraboles transformant les droites verticales. Ce qui, n'est pas encore le cas. Aussi, il importera de mettre en corrélation avec le réseau horizontal, le réseau vertical correspondant.

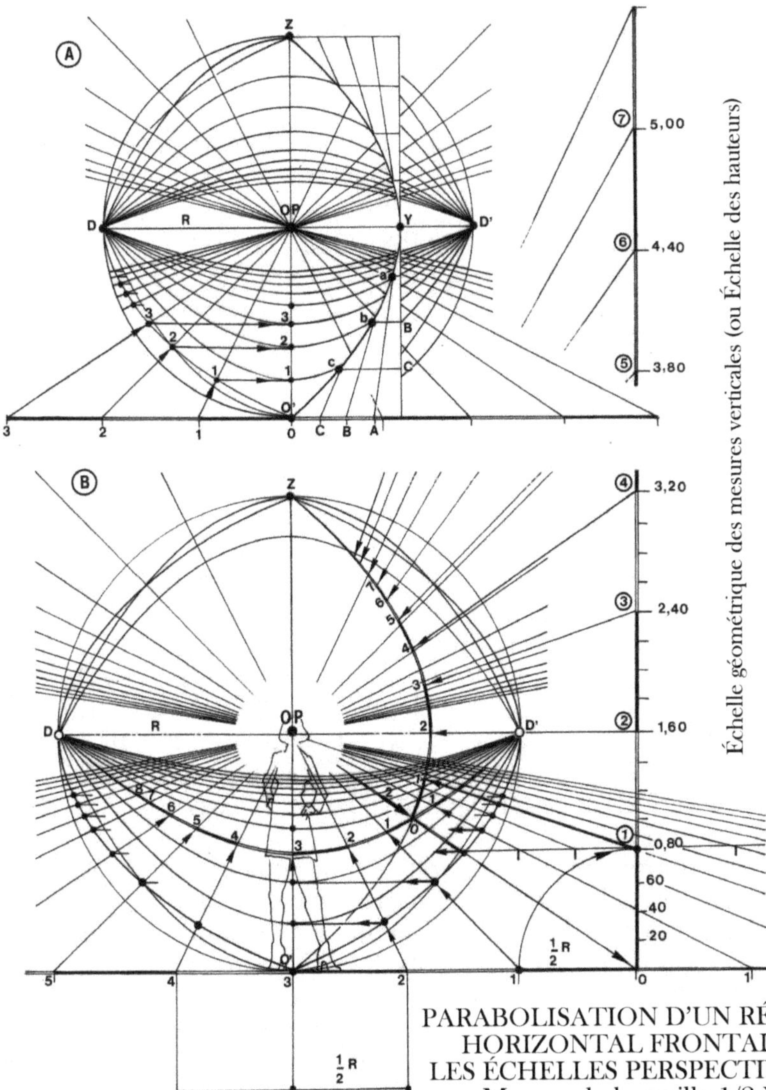

PARABOLISATION D'UN RÉSEAU HORIZONTAL FRONTAL - LES ÉCHELLES PERSPECTIVES - Mesure de la maille 1/2 R

MISES EN GARDE

- Ce qui est juste :

• Parabolisation de l'éloignement en profondeur de champ :

Il est impératif que la définition de l'éloignement en profondeur de champ, passe par son transfert sur la PARABOLE DE BASE DE L'ÉCRAN qui est l'équivalent de la parabole axiale verticale.
(Revoir à cet effet les exposés qui précèdent).
C'est, évidemment, sur la PARABOLE DE CÔTÉ DROIT VERTICAL passant par le point de vue, que s'échelonnent les mesures successives de l'unité observée de ce point de vue.

• Parabolisation de l'écart (mesure latérale par rapport à l'axe vertical) :

Il est tout aussi impératif que la définition de l'écart latéral perspectif, passe par son transfert sur la PARABOLE DE BASE DE L'ÉCRAN de CÔTÉ DROIT HORIZONTAL.

- Ce qui ne l'est pas :

Il serait incohérent et évidemment INADMISSIBLE de définir l'éloignement perspectif :
- sur la parabole de base (ou de transfert), de côté droit horizontal, ou
- sur le cercle de base de l'écran parabolique, Ⓐ, Ⓑ.

Bien que les résultats engendrés par chacune de ces constructions soient attrayants et donnent à première vue, l'illusion de réseaux paraboliques parfaitement exploitables, il n'en est pas moins, scientifiquement, nullement le cas.
Ces réseaux hybrides ne traduisent pas la réalité.
Aussi, s'avère t-il nécessaire, pour mieux comprendre ces distinctions, de procéder à une mise en parallèle de ces différentes constructions.
En effet, le transfert sur le CERCLE DE BASE DE L'ÉCRAN PARABOLIQUE correspond à la définition axiale NON PAS PARABOLIQUE, mais CIRCULAIRE, qui n'existe pas dans le cadre de l'écran parabolique.
Il n'est en effet pas possible d'obtenir une intersection du rayon visuel avec un écran circulaire qui n'existe pas.
Il est bien évident que graphiquement l'on puisse construire des paraboles, mais dans la réalité ce serait une absurdité.
Ce mécanisme de la construction appartient à la définition de l'éloignement au travers d'un ÉCRAN HÉMISPHÉRIQUE, et dans ce cas les transformations ne devraient pas être paraboliques, mais ELLIPTIQUES.

MISE EN GARDE

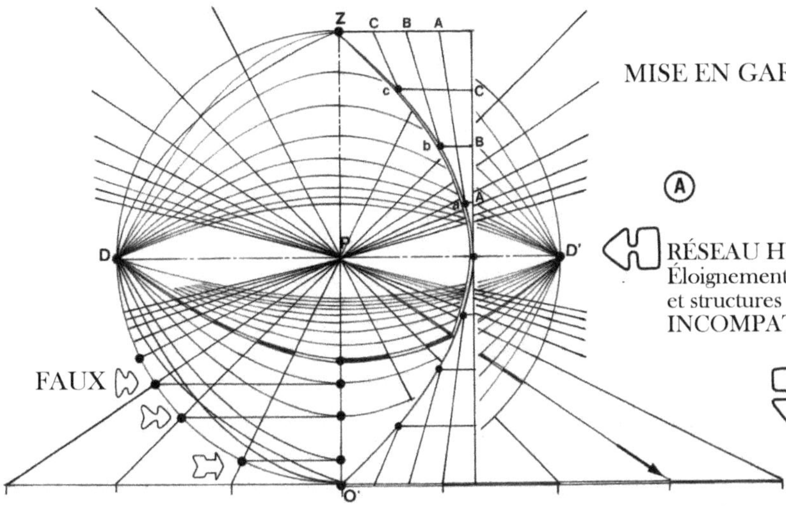

Ⓐ

RÉSEAU HYBRIDE
Éloignements sphériques
et structures paraboliques
INCOMPATIBLES

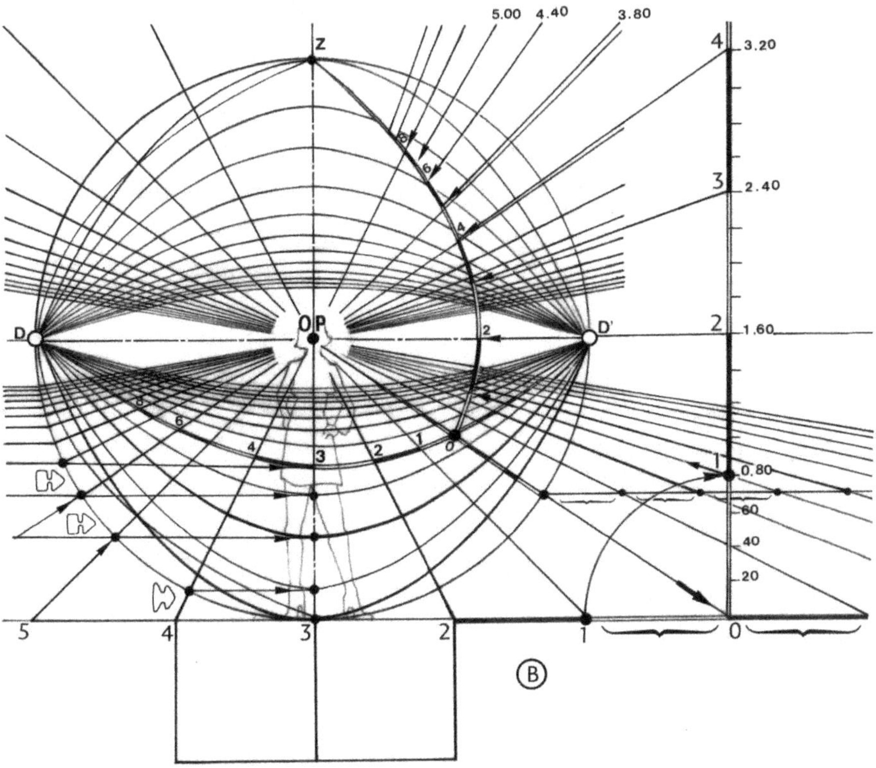

Ⓑ

3) Les R.P.P.N coordonnés dans une double vue FRONTALE et de FRONT

Le réseau horizontal frontal ayant été construit, il s'avérera indispensable de lui coordonner le RÉSEAU VERTICAL DE FRONT composé de paraboles dont la grandeur de l'équidistance (ou intervalle), mesure le côté de la maille carrée, Ⓔ, Ⓕ.

La matérialisation du réseau frontal, au-dessus de l'axe horizontal *DD'*, peut s'opérer dans les conditions analogues à celles du réseau inscrit dans le plan des objets (plan horizontal passant par le pied *O'* du point de vue). Cependant, une démarche plus aisée consisterait à reporter, selon une symétrie dont *DD'* serait l'axe, le réseau récemment construit dans le plan des objets.

Une autre option consisterait à disposer d'un *trace-paraboles*, Ⓔ : plaque sur laquelle on déterminerait une suite de paraboles équidistantes selon une ouverture angulaire constante. C'est ainsi que l'on définirait des paraboles qui seraient identifiées par des valeurs angulaires précises, comme le sont les ellipses des *traces-ellipses*.

Les opérations de constructions s'opéreront sur un calque en ce qui concerne la parabolisation des vues en plan. Ce calque, superposé au *trace-paraboles* de telle sorte que le cercle de base de l'un coïncide avec celui de l'autre, permettra d'effectuer dans d'excellentes conditions de rapidité et de facilité, la parabolisation de la vue en élévation, ou tout au moins, de toutes les verticales issues de la vue en plan, et ceci par transparence, d'abord à *main levée*, puis aux instruments.

Il serait aussi envisageable de procéder à la construction de chacune des paraboles qui serviront ensuite de *guides* aux tracés.

Une habilité manuelle sera nécessaire pour aboutir à la réalisation d'un instrument de précision destiné à pallier son absence d'industrialisation.

Ⓒ

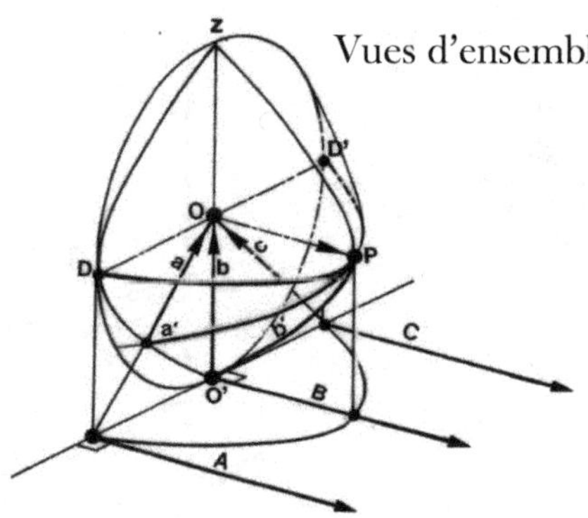

Vues d'ensemble 3/4

Ⓓ

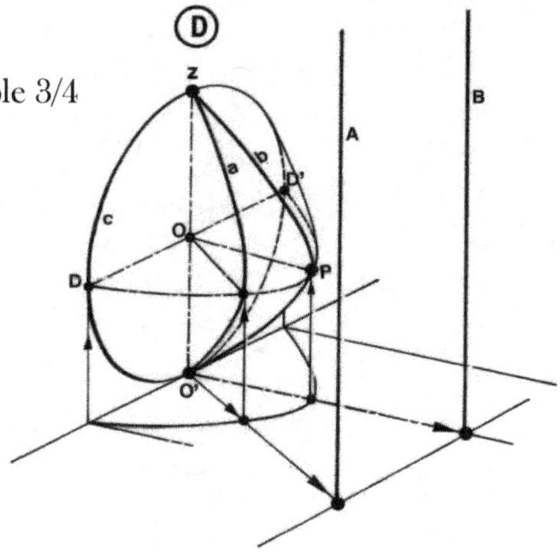

Principes :

Les horizontales fuyantes perpendiculaires à l'écran, convergent au point central P de la projection, du point de vue O.

Les verticales sont transformées par des paraboles de côtés droits verticaux ajustés à l'axe O' Z de l'écran.

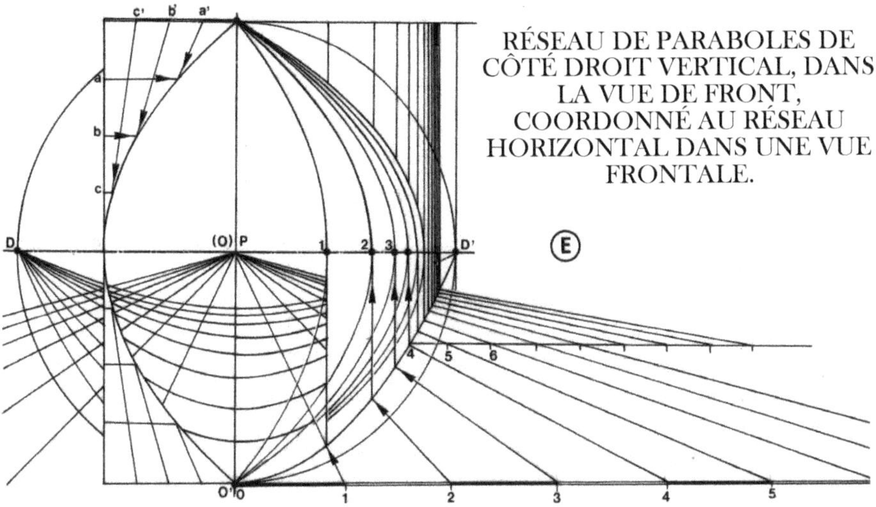

RÉSEAU DE PARABOLES DE CÔTÉ DROIT VERTICAL, DANS LA VUE DE FRONT, COORDONNÉ AU RÉSEAU HORIZONTAL DANS UNE VUE FRONTALE.

Ⓔ

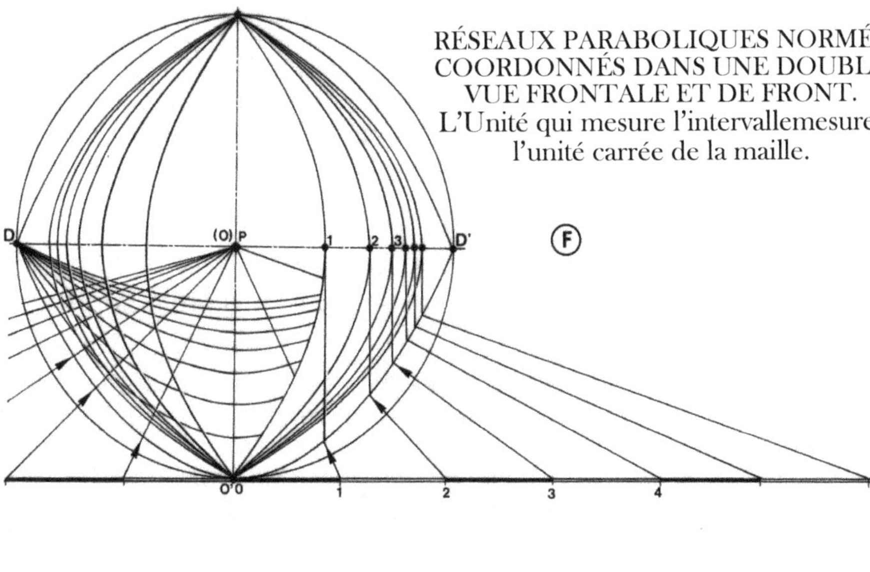

RÉSEAUX PARABOLIQUES NORMÉS COORDONNÉS DANS UNE DOUBLE VUE FRONTALE ET DE FRONT. L'Unité qui mesure l'intervallemesure l'unité carrée de la maille.

Ⓕ

4) Analyse comparative de l'équidistance segmentaire Ⓐ et de l'équidistance angulaire Ⓑ, qui caractérisent l'un et l'autre des réseaux correspondants

Considérons l'équidistance dans la vue de front, la seule qui autorise l'équidistance angulaire, au travers d'une projection plane tributaire des vues spécifiques en plan et en élévation.

Si, par rapport au point central de la projection P, l'intervalle i est de grandeur identique, aussi bien dans une projection plane d'un réseau vertical, selon une équidistance segmentaire Ⓐ, que dans la projection plane d'un réseau de verticales, selon une équidistance angulaire Ⓑ, $i = 15\,°$, on remarque que :

- Dans le cas de l'*équidistance segmentaire*, les grandeurs mesurant l'intervalle se réduisent progressivement, mais considérablement, du point central de la projection P, vers les points antipodes (ou de distance) D et D' qui ne seront jamais atteints, puisque situés à l'infini, dans le cadre des représentations perspectives, Ⓐ. L'équidistance est illimitée.

- Dans le cas de l'*équidistance angulaire*, les grandeurs mesurant l'intervalle se réduisent progressivement, certes, mais très modérément, du point central de la projection P, aux antipodes D et D' compris, extrémités de l'axe du cercle de base du paraboloïde. La surface parabolique est divisible dans sa totalité, contrairement au cas précédent. L'équidistance est limitée, et la fréquence des intervalles, mesurable.
Elle est tributaire de sa mesure angulaire.
Aussi, l'ouverture angulaire de 15°, comme c'est ici le cas Ⓑ, engendre $90 : 15 = 6$ intervalles de part et d'autre du point de la projection P.

Il résulte de cette analyse que :
- L'équidistance *segmentaire* concerne une opération perspective parfaitement *appropriée* aux transformations perspectives paraboliques ;
- L'équidistance *angulaire* n'est qu'une projection orthogonale de la division régulière de l'enveloppe parabolique.

Ces paraboles pourraient être considérées comme les *Paraboles méridiennes*, à l'image des cercles méridiens de la sphère.
Elles ne peuvent donc assurer les fonctions de mesure, mais restent cependant des *modèles* incontournables pour l'aide aux tracés.

ANALYSE COMPARATIVE DE L'ÉQUIDISTANCE
Segmentaire / Angulaire Ⓐ . Ⓑ

PROJECTION PLANE D'UN RÉSEAU DE VERTICALES SELON UNE ÉQUIDISTANCE SEGMENTAIRE

i : intervalle segmentaire

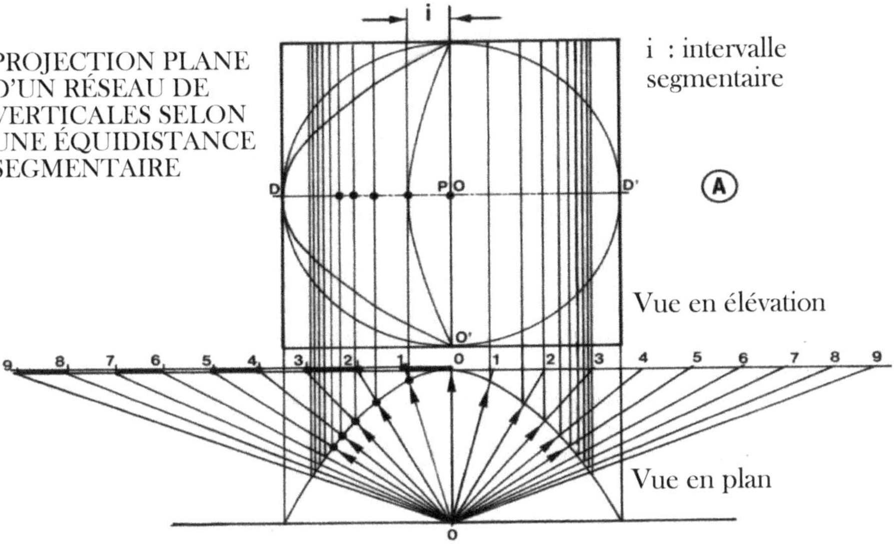

Ⓐ

Vue en élévation

Vue en plan

i : intervalle angulaire

PROJECTION PLANE D'UN RÉSEAU DE VERTICALES SELON UNE ÉQUIDISTANCE ANGULAIRE DE $\beta°$ ($\beta° = 15°$)

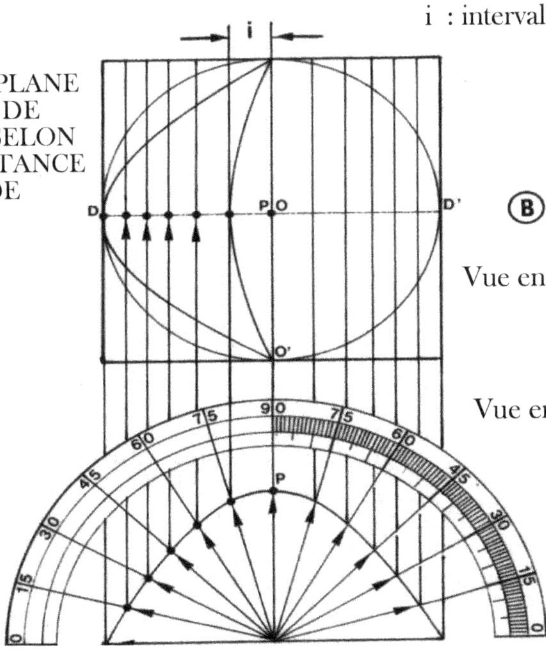

Ⓑ

Vue en élévation

Vue en plan

5 . LA VUE HORIZONTALE SUR L'ANGLE À 45°

STRUCTURES ET MICROSTRUCTURES D'UN RÉSEAU PERSPECTIF PARABOLIQUE NORMÉ DANS UNE VUE SUR L'ANGLE À 45°

1) Parabolisation de droites horizontales perpendiculaires entre elles, fuyant à 45° du plan circulaire de base de l'écran

La parabole transformant l'une de ces droites Ⓐ, celle fuyant ici à droite en *F*, ayant été déterminée selon une procédure identique à celle qui précède, il importe de procéder à la parabolisation de la fuyante perpendiculaire orientée à gauche en *F'* distant de *F* d'une grandeur mesurant le diamètre du cercle de base *DD'* de l'écran, (*FF'* = *DD'*).
La fraction de la courbe ou segment parabolique, transformant la droite fuyant à l'infinie, s'inscrit dans les limites du cercle de base de l'écran. Par conséquent, le point d'intersection *M* de la parabole et du cercle, représente l'extrémité de la droite *MF* transformée.

PARABOLES TRANSFORMANT DEUX DROITES HORIZONTALES PERPENDICULAIRES FUYANT À 45°

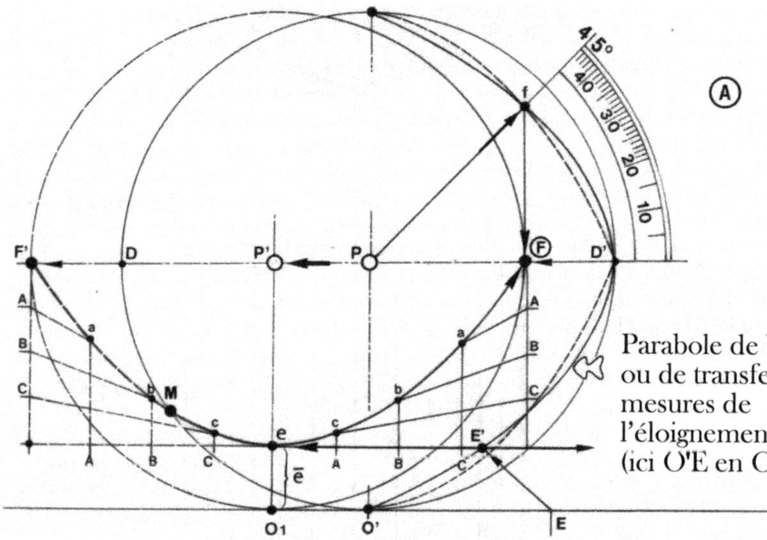

La parabolisation de l'autre droite horizontale fuyant elle aussi à 45°, s'effectuera selon un mécanisme de construction analogue.

• Perpendicularité sur l'axe, Ⓐ, Ⓑ :

La parabolisation des droites horizontales transformées ayant lieu sur l'axe, les segments paraboliques seront identiques et décalés.

• Perpendicularité hors de l'axe, Ⓑ :

Si la perpendicularité s'opérait en un autre lieu, ces segments paraboliques bien évidemment différents, seraient tributaires des rectangles réciproques, de largeurs distinctes, qui les circonscriraient.

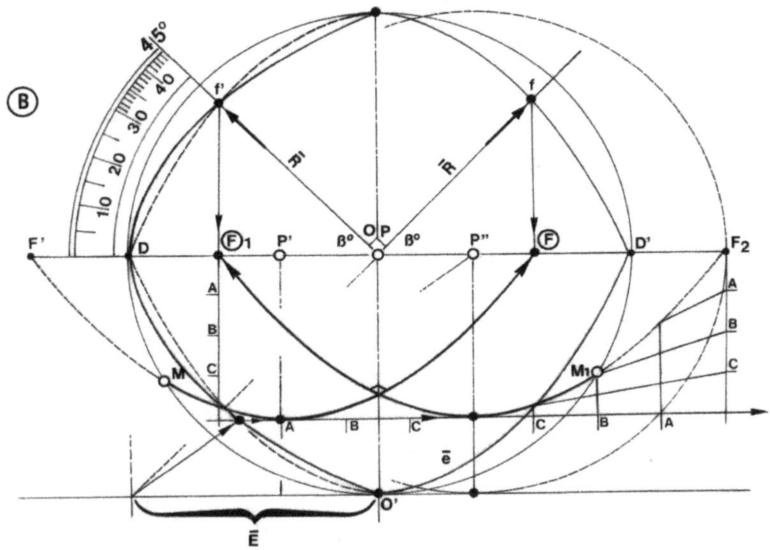

PERPENDICULARITE SUR L'AXE VERTICAL

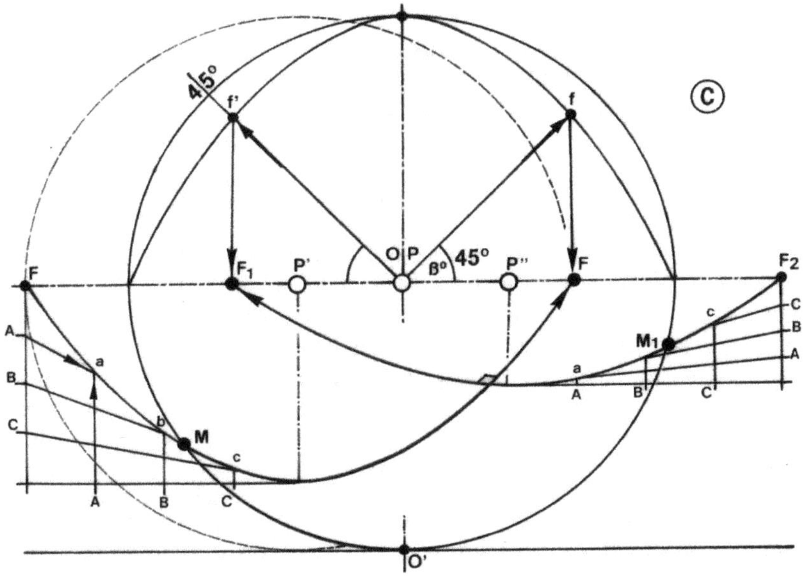

LA PERPENDICULARITÉ DES HORIZONTALES
FUYANT À 45° EST EXCENTRÉE

2) La parabolisation d'une droite horizontale fuyant à 45°

La parabole transformant une droite, que celle-ci soit verticale, horizontale, inclinée ou fuyante, a toujours le côté droit mesurant le diamètre du cercle de base de l'écran parabolique.

L'angle de fuite de la droite se mesure au centre *P* de l'écran parabolique vu de face, par rapport à son axe horizontal limité par les points antipodes *D* et *D'*.

Considérons une droite infinie fuyant en *F*, à $\beta° = 45°$ de l'axe *DD'*, selon un éloignement *E* en profondeur de champ, Ⓐ.

Sa parabolisation nécessite :

1 . La définition de la parabole de base de l'écran passant par le point antipode *D* de l'axe horizontal *DD'*.

2 . La mesure géométrique $\beta° = 45°$ de l'angle au centre *P*, caractérisant l'orientation de la fuyante, et la définition des deux points de fuite *F* et *F'*.

- La branche de l'angle intercepte la parabole de base en un point *f* dont la projection orthogonale sur l'axe *DD'*, précise l'extrémité *F* (ou point de fuite) de la parabole transformant la droite horizontale.
- L'autre extrémité située en *F'* sera distante de *F* d'une grandeur mesurant le côté droit, soit le diamètre du cercle de base.
- Le point central auxiliaire *P'* de la projection se situera donc au centre du côté droit *FF'* de la parabole à déterminer ; également centre du nouveau cercle auxiliaire qui le circonscrit.

3 . La détermination de l'éloignement :

Soit un éloignement *O'E* par rapport au pied du point de vue.

Il importe :

- de préciser sur l'horizontale tangente en *O'*, la mesure *O'E* (grandeur réelle) de l'éloignement,
- et d'effectuer son transfert parabolique en $O'E_1$, puis sa transposition axiale O_1e, par sa projection orthogonale en e sur l'axe vertical O_1P' du nouveau cercle qui circonscrira la parabole.

4 . Le tracé du rectangle circonscrit à la parabole.

O_1e représente l'éloignement perspectif parabolique de la droite.

La parabole qui transforme cette droite sera inscrite dans un rectangle dont la largeur mesure la différence entre le rayon du cercle de base, et la grandeur de l'éloignement perspectif, soit : $O_1P' - O_1e = P'e$.

5 . La construction ponctuelle de cette parabole s'effectuera selon la méthode préconisée, relative à la mise en corrélation ordonnée d'un faisceau de droites équidistantes orientées en e, sécantes à un même nombre de parallèles divisant en parties égales la demi longueur (E_1e).

On opérera ensuite le tracé de la parabole symétrique.

6 . La parabole transformant la droite, trouvera sa limite sur la périphérie du cercle de base initial de l'écran.

PARABOLE TRANSFORMANT LA DROITE HORIZONTALE FUYANTE Angle de fuite : 45°

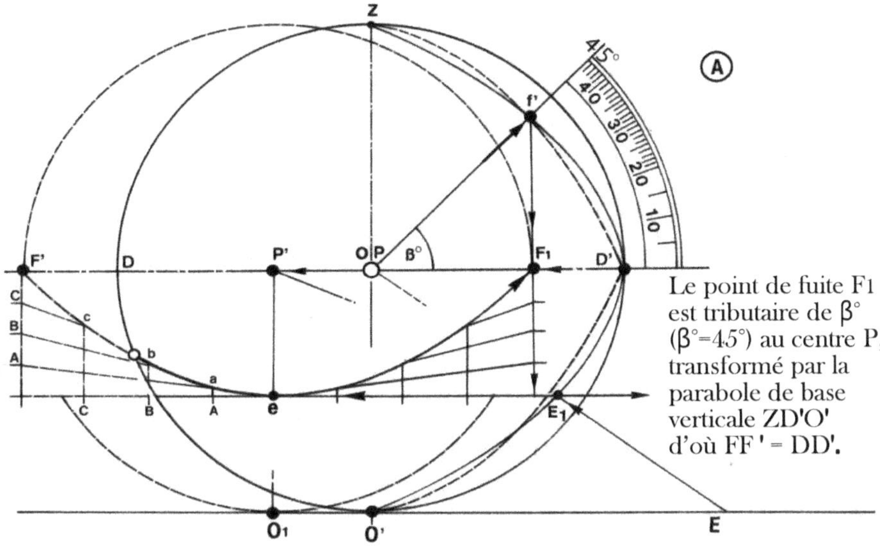

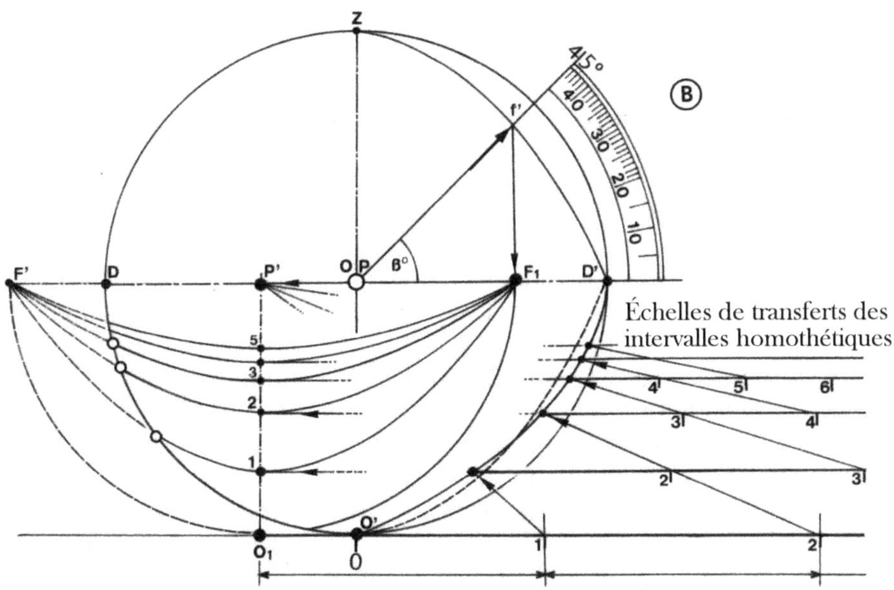

MULTIPLICATION DES PARABOLES EQUIDISTANTES en profondeur de champ *O1 P'*

3) Parabolisation de l'équidistance de droites horizontales parallèles, fuyant à β°, ($\beta° = 45°$) :

Les mécanismes de la construction de l'une ou l'autre des paraboles transformant ces droites fuyantes sont identiques à ceux déjà développés et rappelés au travers de la figure Ⓐ.

Mesure perspective de l'équidistance Ⓑ

La définition de l'équidistance perspective en profondeur de champ nécessite une surface de travail latérale relativement importante sur l'horizontale tangente au pied *O'* du point de vue ; droite sur laquelle se projettent les mesures géométriques, avant d'être parabolisées. Ainsi, plus les droites à transformer seront nombreuses, et plus importante sera la surface de travail nécessaire à les localiser en profondeur de champ.

Les relations d'homothétie

Aussi, l'utilisation d'une surface raisonnable proche de l'écran, nécessitera-t-elle la mise en œuvre d'une méthode utilisant les relations d'homothétie.

Principes :

1 . Sur l'horizontale tangente en *O'*, on reporte au moins deux points de division distants d'une grandeur mesurant géométriquement l'intervalle entre ces droites.

2 . On oriente ces deux grandeurs au point *P'* situé sur l'axe commun des paraboles à transformer.

Chacune de ces lignes concourant en *P'*, intercepte la parabole de base de l'écran, en un point par lequel on mène une parallèle à l'horizontale tangente en *O'*.

On détermine ainsi, sur l'axe passant par *P'*, la largeur de chacun des rectangles circonscrits à chacune des paraboles transformant la suite des droites équidistantes.

3 . Sur cette première parallèle issue de l'intersection avec la parabole de base, ces deux fuyantes précisent une grandeur homothétique de l'intervalle préalablement mesuré sur l'horizontale tangente en *O'*.

Le report de cet intervalle homothétique sur cette parallèle, facilite une nouvelle projection des points de division en *P'*, occasionnant de nouvelles intersections par lesquelles on mène de nouvelles parallèles, à la tangente en *O'*, définissant sur l'axe passant par *P'*, la largeur des rectangles circonscrivant les paraboles correspondantes.

4 . Ces opérations réitérées, il importe de construire chacune des paraboles à l'intérieur de chacun des rectangles dont les largeurs ont été préalablement déterminées - La longueur *FF'* commune, mesurant le diamètre du cercle de base de l'écran.

4) Réseau Perspectif Parabolique Parabolique Normée (R.P.P.N)

a) Construction dans une vue sur l'angle à 45°, déduite de la vue horizontale frontale, Ⓐ, Ⓑ

La construction de R.P.P.N, dans le cadre d'une vue sur l'angle à 45°, peut être déduite de celle du réseau perspectif normé, dans une vue frontale.
En effet, les diagonales d'un carré forment un angle de 45° avec chacun des côtés adjacents et sont également, de ce fait, perpendiculaires entre-elles.
Aussi, il suffit d'effectuer le tracé des diagonales de chacune des mailles carrées du réseau dans une vue frontale, pour constituer les deux faisceaux de lignes paraboliques concourant en F et F_1 (les points de convergence des lignes perspectives à 45°), sur l'axe horizontal de l'écran, Ⓐ. Chacun des points d'intersection de chacune des branches de l'angle à 45° (mesuré au centre), avec la parabole de base de l'écran, abaissé perpendiculairement à l'axe horizontal DD', y précise, de part et d'autre du point central de la projection P, deux points F et F_1 coïncidant avec les points de concours des diagonales extraites des mailles carrées, dans une vue frontale.

b) Restitution de la mesure réelle du côté de la maille carrée parabolique Ⓒ, Ⓓ

L'exploitation du réseau impose que la mesure de l'unité qui caractérise le côté des mailles carrées soit connue, de telle sorte que les constructions soient réalisées à une échelle précise.

Le mécanisme de restitution le plus simple consiste à :

1 . Projeter par P, sur la tangente en O', le côté perspectif Ab, et simultanément, les autres qui sont dans son alignement en profondeur de champ.
On précise sur l'horizontale tangente en O' la projection AB_1 de ce côté.

2 . Effectuer en O' le tracé d'une droite selon une ouverture d'angle correspondant à l'angle de fuite des lignes du réseau, ici 45°, par rapport à AB_1.

3 . Abaisser, perpendiculairement à AB_1, la projection B_1 de l'extrémité. On occasionne sur la branche de l'angle, une intersection : le point B, extrémité du côté AB du carré géométrique en grandeur réelle.

N.B - La répartition de la mesure projective AB_1 du côté AB sur la tangente en O', permet de contrôler la rigueur des tracés des droites parallèles convergeant au point central de la projection.
La restitution qui révèle la mesure réelle de l'unité perspective, permettra de définir, d'une part, l'échelle des hauteurs correspondantes, d'autre part, l'échelle des transformations perspectives paraboliques des projets architecturaux.
Une construction rigoureuse de la structure ou de la microstructure du réseau, impose un alignement sur la parabole de base de l'écran, de côté droit HORIZONTAL, de chacun des sommets les plus proches qui la délimitent Ⓒ, Ⓓ.
Dérogent à cette règle, les réseaux dont le sommet de la maille carrée n'est pas tangent au pied O' du point de vue.

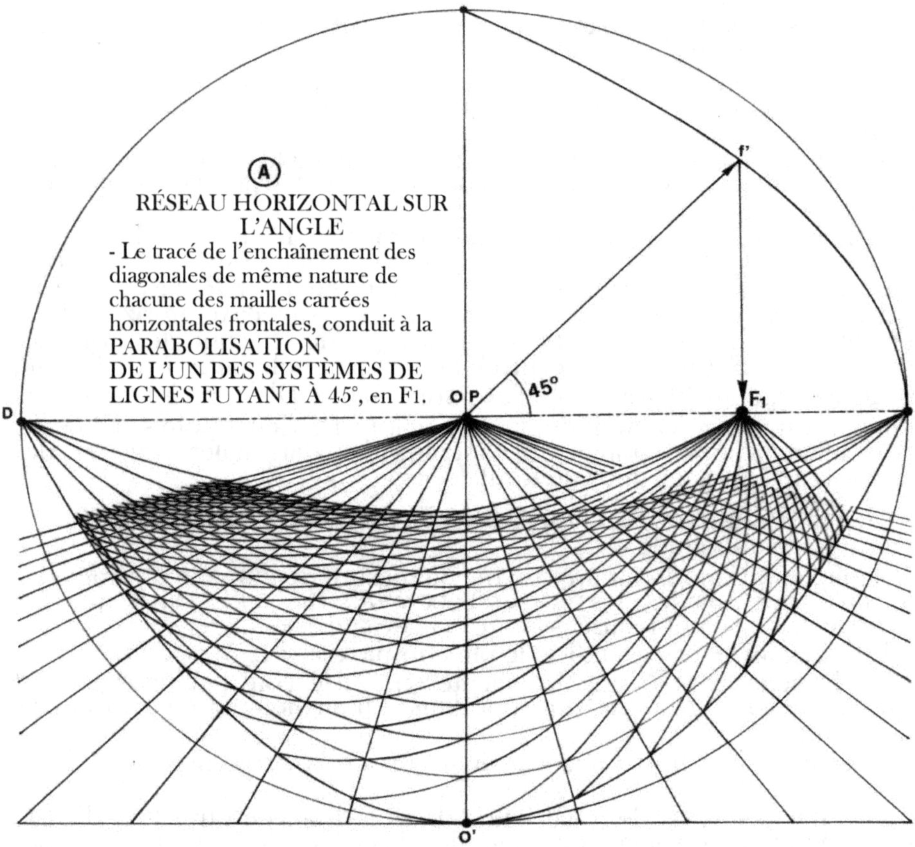

Les paraboles transformant les diagonales des mailles carrées révèlent leurs points de convergence commune sur l'axe horizontal DD' en F et F1.

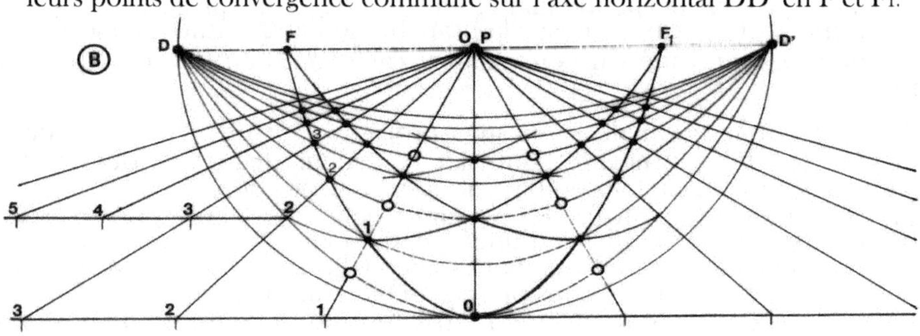

Alignement séquentiel

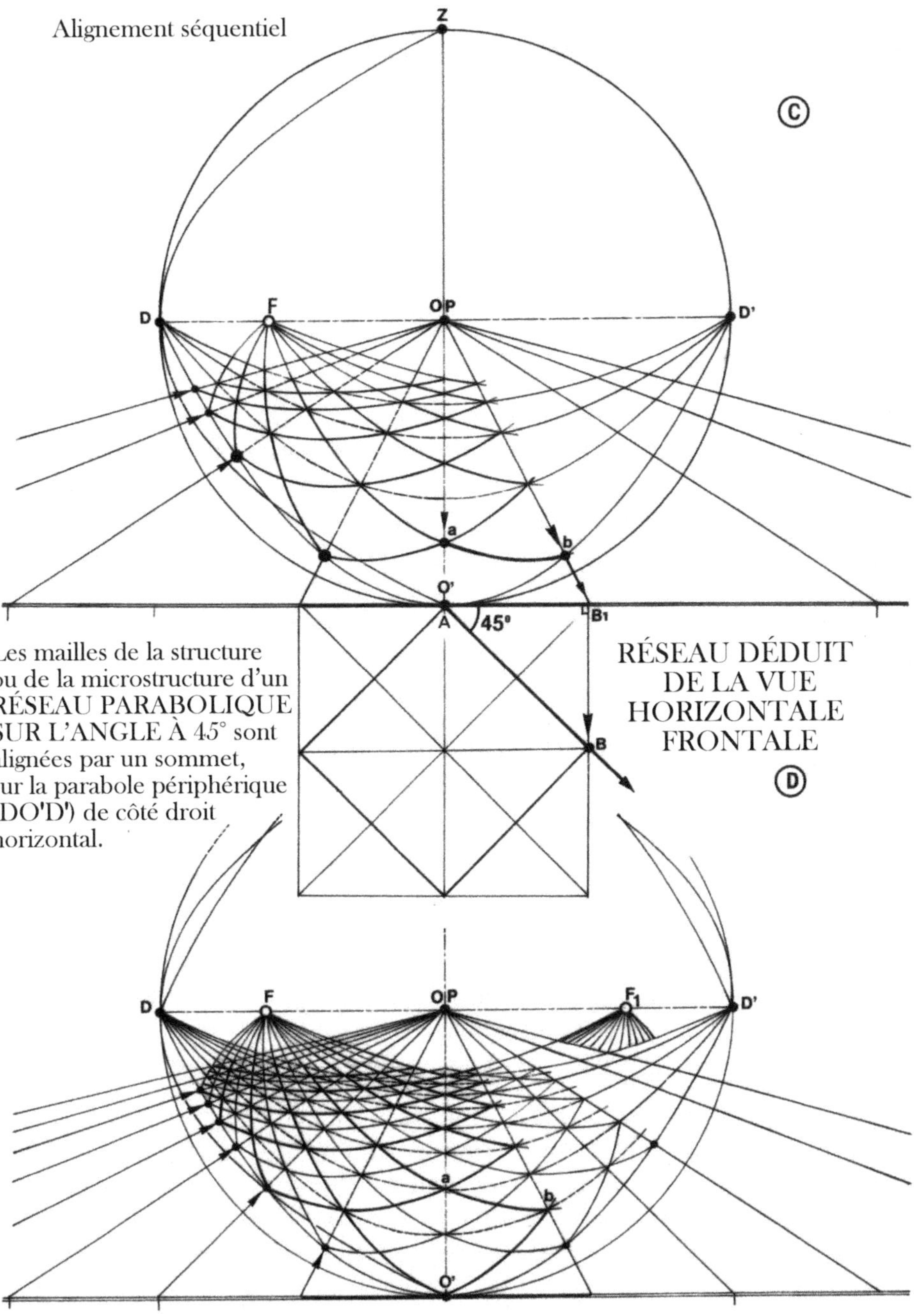

Les mailles de la structure ou de la microstructure d'un RÉSEAU PARABOLIQUE SUR L'ANGLE À 45° sont alignées par un sommet, sur la parabole périphérique (DO'D') de côté droit horizontal.

RÉSEAU DÉDUIT DE LA VUE HORIZONTALE FRONTALE

c) Construction directe par l'intermédiaire des points de fuite *F* et F_1 des deux faisceaux de droites perpendiculaires que transforment les paraboles Ⓐ, Ⓑ, Ⓒ

Cette construction résulte de l'*Étude des paraboles transformant les droites horizontales équidistantes, fuyant à 45°* récemment développée. Elle laisse apparaître à l'extérieur de l'écran, les tracés des courbes paraboliques qui y débordent, pour satisfaire à une meilleure compréhension des mécanismes qui les engendrent. Elles sont condamnées évidemment à disparaître, n'ayant aucune utilité lors des mises en œuvre perspectives paraboliques, définitives.

À l'intérieur, elle met en évidence des règles fondamentales :

1 . Toutes les droites parallèles à l'axe visuel sont concourant au point central de la projection *P* et passent impérativement par les sommets de toutes les mailles carrées qui constituent le réseau, Ⓐ, Ⓑ, Ⓒ.

2 . Toutes les paraboles horizontales de front, transformant les diagonales des mailles carrées, Ⓐ et Ⓓ, passent, elles aussi, par les sommets opposés de toutes les mailles carrées qui constituent le réseau.

L'alignement séquentiel témoigne de la rigueur des tracés. En effet, les mailles de la structure de l'une ou l'autre des microstructures du réseau parabolique dans une vue sur l'angle à 45°, s'alignent, impérativement, par un des sommets, sur la parabole de base *DO'D'* de côté droit horizontal (la plus grande des paraboles, dont la largeur du rectangle qui la circonscrit, mesure le rayon du cercle de base de l'écran).

- **La microstructure**

La microstructure du réseau contribue à faciliter considérablement son exploitation.
La multiplication des mailles permet d'accroître la rigueur quant à la définition, à l'échelle, des plans d'architecture, dans des conditions analogues à celles qu'offrirait une feuille de papier quadrillé, dans le cadre d'une géométrie Euclidienne.
Dans le principe, la construction de la microstructure reste simple, et bien qu'elle puisse s'effectuer directement, avec le concours des points de fuite *F* et F_1 des droites parabolisées orientées à 45°, il est conseillé de procéder par étapes, par l'intermédiaire des médianes et des diagonales des mailles carrées frontales, puis celles des mailles sur l'angle ; ces différentes opérations se succédant en chaîne et se renouvelant jusqu'à ce que les difficultés matérielles se manifestent : épaisseur de la mine de crayon pas suffisamment fine, limites des tracés perspectifs atteintes, ou imprécisions inévitables dues aux intersections trop étirées pour localiser avec précision le point.

• L'échelle horizontale des grandeurs homothétiques de l'écart Ⓐ, Ⓑ
Très souvent, la largeur restreinte du support ne permet pas d'étaler latéralement sur la tangente horizontale par *O'* la mesure de l'écart latéral des droites parallèles fuyantes.
Aussi, cette difficulté matérielle sera-t-elle aisément contournée par le tracé d'une autre horizontale tangente au sommet *B'* d'une maille et croisant au moins deux parallèles fuyantes proches l'une de l'autre, délimitant la mesure homothétique de l'écart.
Cette grandeur homothétique, répartie sur cette nouvelle horizontale, permet la poursuite des tracés, selon le même processus.

PARABOLISATION DIRECTE D'UN RÉSEAU HORIZONTAL SUR L'ANGLE (45°), PAR L'INTERMÉDIAIRE DES POINTS DE FUITE

Le Point de fuite (F) d'une droite à paraboliser est tributaire de l'angle au centre (P) transformé par la parabole de base verticale (O'DZ).

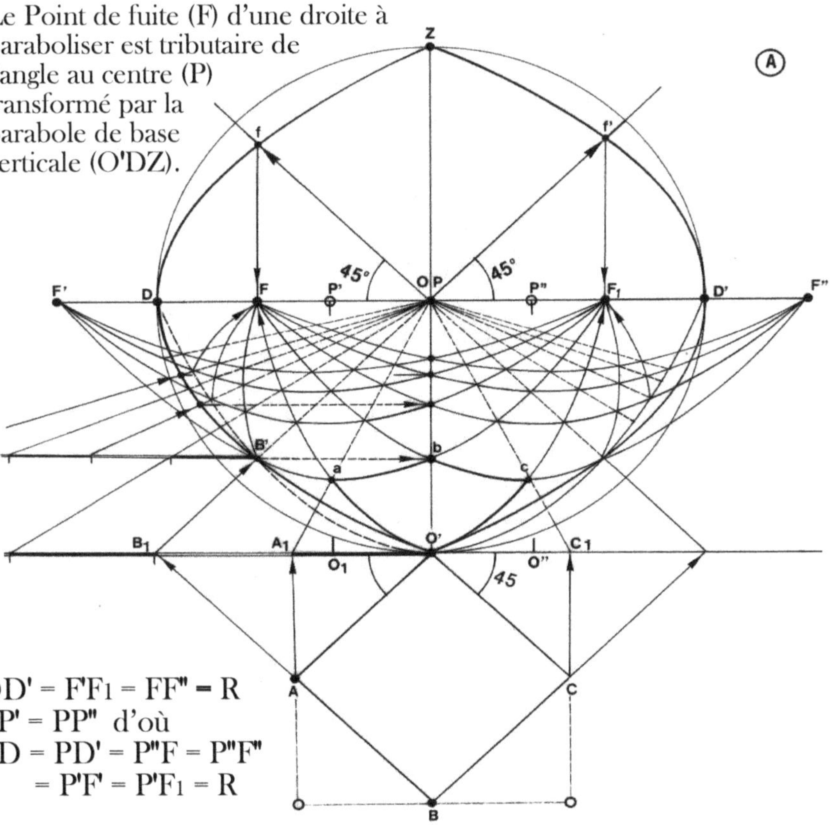

DD' = F'F1 = FF" = R
PP' = PP" d'où
PD = PD' = P"F = P"F"
= P'F' = P'F1 = R

LA PARABOLE DE TRANSFERT DE
L'ÉLOIGNEMENT (O'DZ)
CÔTÉ DROIT VERTICAL

Les mailles sont alignées par un sommet, sur la parabole périphérique (DO'D') de côté droit horizontal.

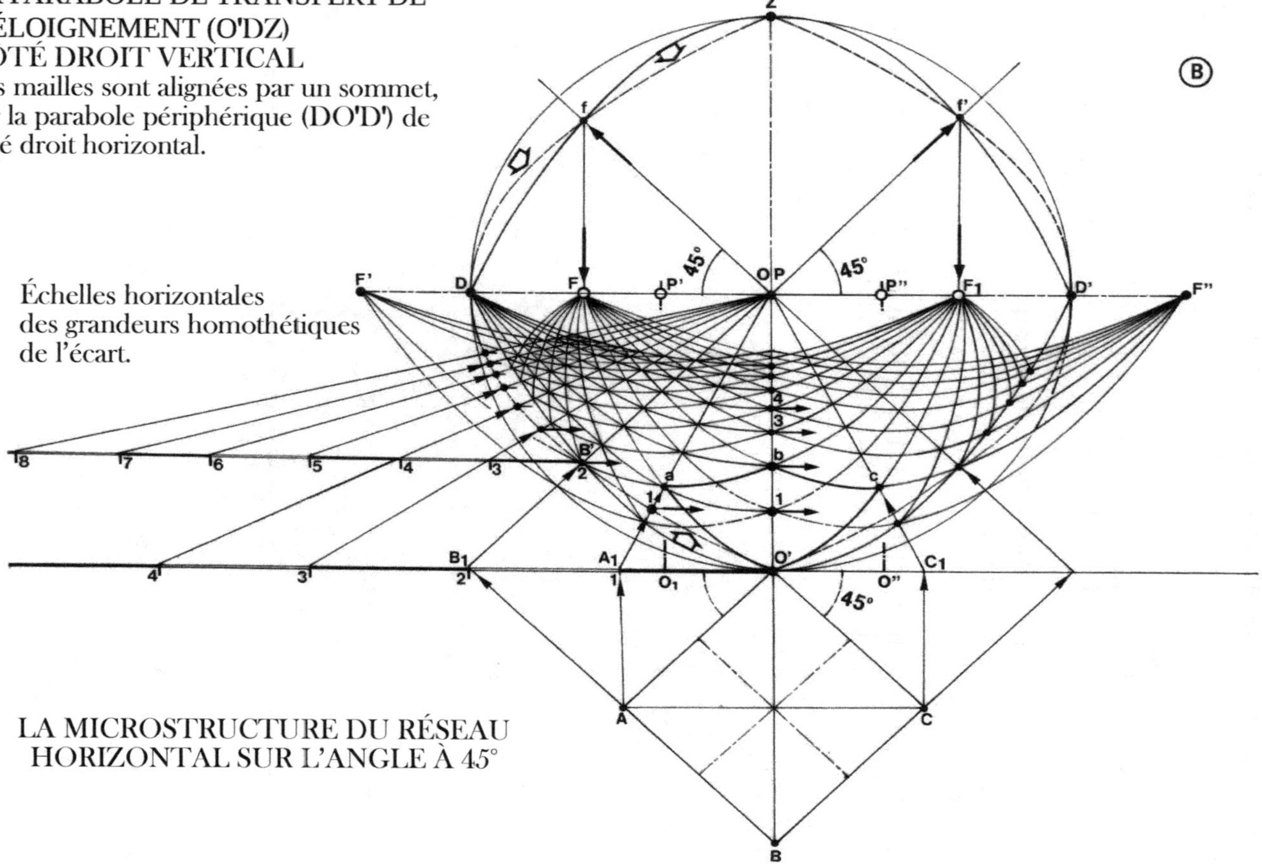

Échelles horizontales
des grandeurs homothétiques
de l'écart.

LA MICROSTRUCTURE DU RÉSEAU
HORIZONTAL SUR L'ANGLE À 45°

ÉCHELLES DES MESURES VERTICALES ET HORIZONTALES DE L'UNITÉ DE LA MICROSTRUCTURE

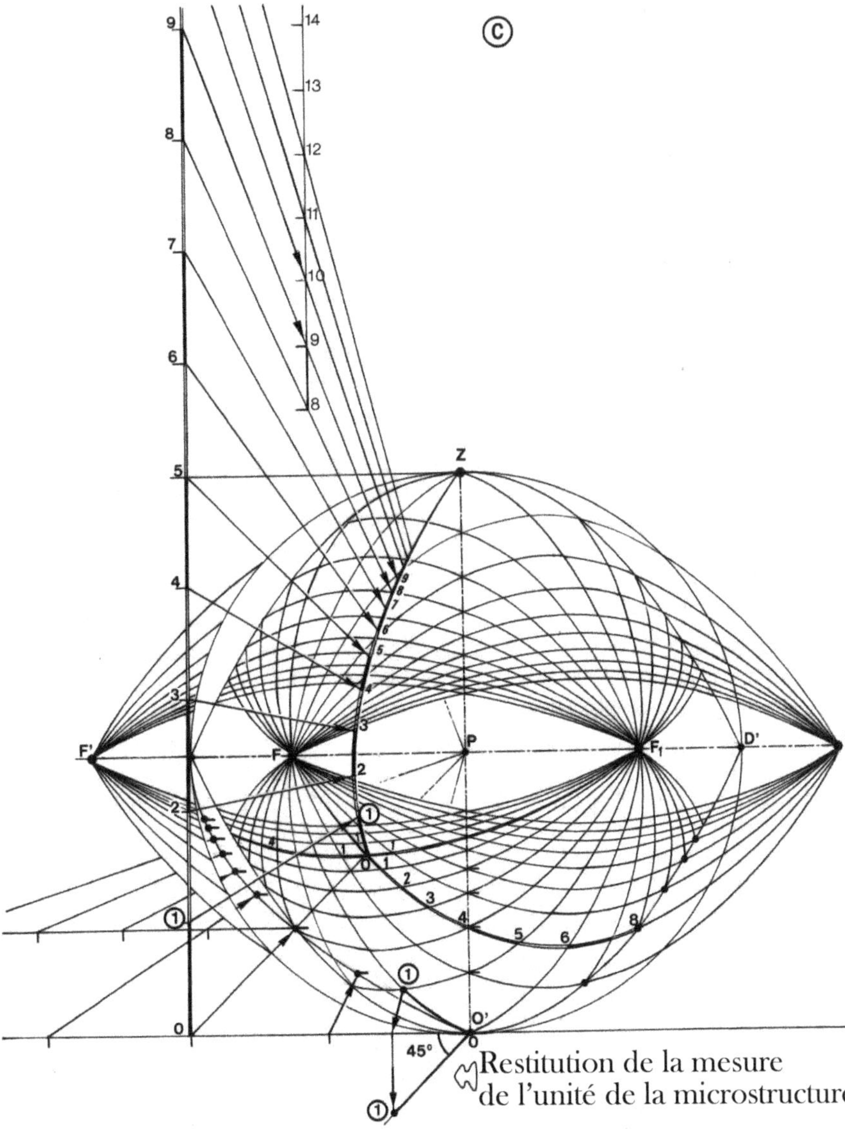

Restitution de la mesure
de l'unité de la microstructure.

d) Parabolisation de l'échelle des mesures verticales (ou échelle des hauteurs) des R.P.P.N, dans la vue sur l'angle à $\beta° = 45°$, Ⓒ, Ⓓ, Ⓔ, Ⓕ

L'échelle des mesures verticales coordonnée au réseau horizontal dans une vue sur l'angle se construit selon des mécanismes de tracé analogues à ceux déjà développés à propos de la vue horizontale frontale.

- *Rappel :*
Il importe de Ⓒ, Ⓓ :
1 . Choisir l'origine *o* de l'échelle à l'intersection de deux lignes paraboliques du réseau, soit dans le plan moyen de gauche Ⓒ, soit dans celui de droite Ⓓ.
2 . Construire la parabole verticale passant par cette origine, par conséquent dont le côté droit s'ajuste à l'axe vertical du cercle de base.
3 . Orienter, du point central de la projection *P*, une droite passant par cette origine (*o*) et sécante à l'horizontale tangente en *O'*.
Elle y détermine l'origine géométrique de l'échelle des mesures verticales.
4 . Élever, de cette origine, la verticale sur laquelle seront réparties les mesures géométriques de l'unité déduite du réseau horizontal dans la vue sur l'angle. Le faisceau de droites orientées de chacun des points de division de l'échelle géométrique, vers le point central de la projection *P*, détermine les mesures de l'unité perspective, alignées sur la parabole transformant l'échelle.

e) Mise en corrélation d'un *Réseau-guide* parabolique vertical de front et d'un réseau parabolique horizontal normé, dans la vue sur l'angle de $\beta° = 45°$, Ⓓ

Pour éviter la construction, à la longue fastidieuse, de chacune des paraboles verticales transformant les droites concernées, tout au long des innombrables opérations de tracé inévitables, il est vivement conseillé de superposer en transparence, sur le réseau horizontal, une suite de paraboles tributaires de leur intervalle régulier et de leur emplacement respectif. À moins de disposer d'une collection de *traces-paraboles* dont le côté droit mesure le diamètre du cercle de base de l'écran.

Elles serviront de *guides* aux tracés directs de toutes celles que l'on sera amené à déterminer.

Les planches Ⓔ et Ⓕ qui suivent sont mises à la disposition de celles et de ceux qui souhaitent éviter cette étape. Il suffit de la dupliquer et d'effectuer un montage de telle sorte que le réseau soit représenté dans sa totalité, de part et d'autre de l'axe horizontal *DD'*. - Ce réseau est présenté au ξ III intitulé : *Le réseau dans la vue horizontale sur l'angle.*

Les processus de parabolisation s'effectueront par transparence sur calque, selon les modalités exposées dans la deuxième partie de l'ouvrage, intitulée : *Méthode d'exploitation rationnelle des réseaux perspectifs paraboliques normés.*

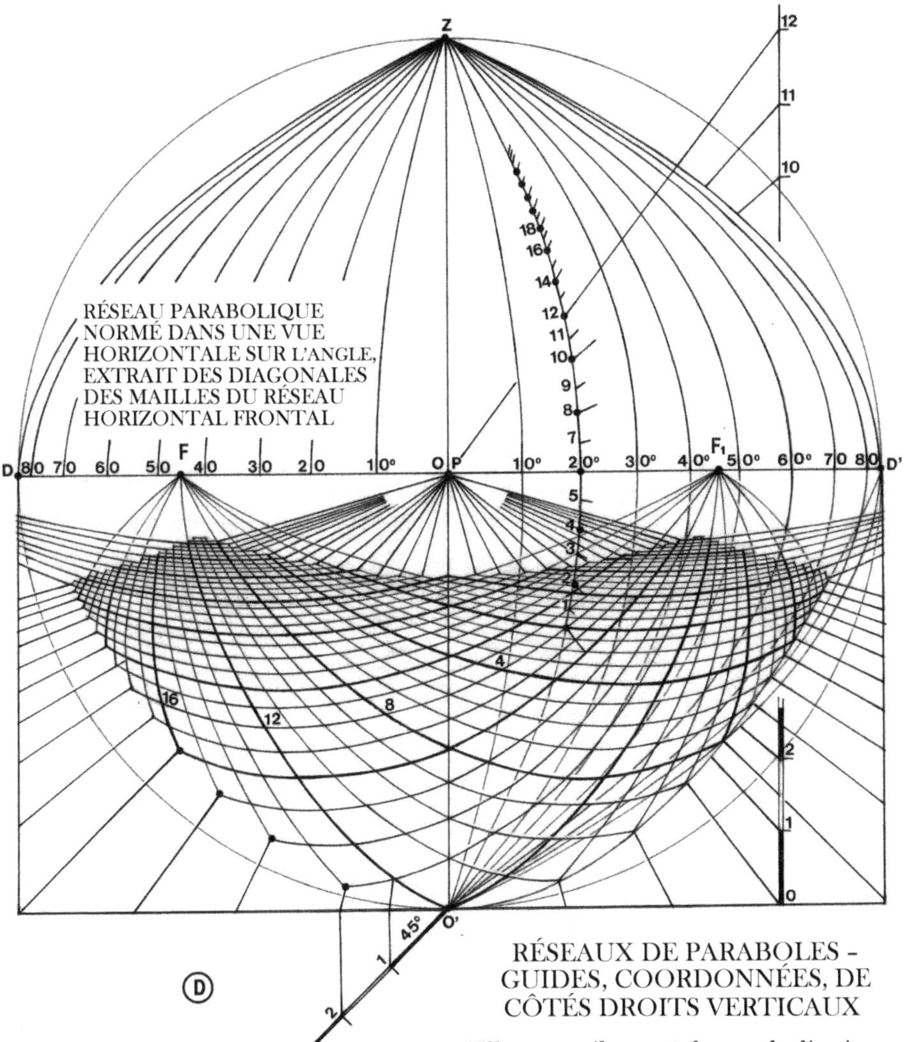

RÉSEAUX DE PARABOLES -
GUIDES, COORDONNÉES, DE
CÔTÉS DROITS VERTICAUX

Elles contribuent à la parabolisation spontanée des droites verticales.

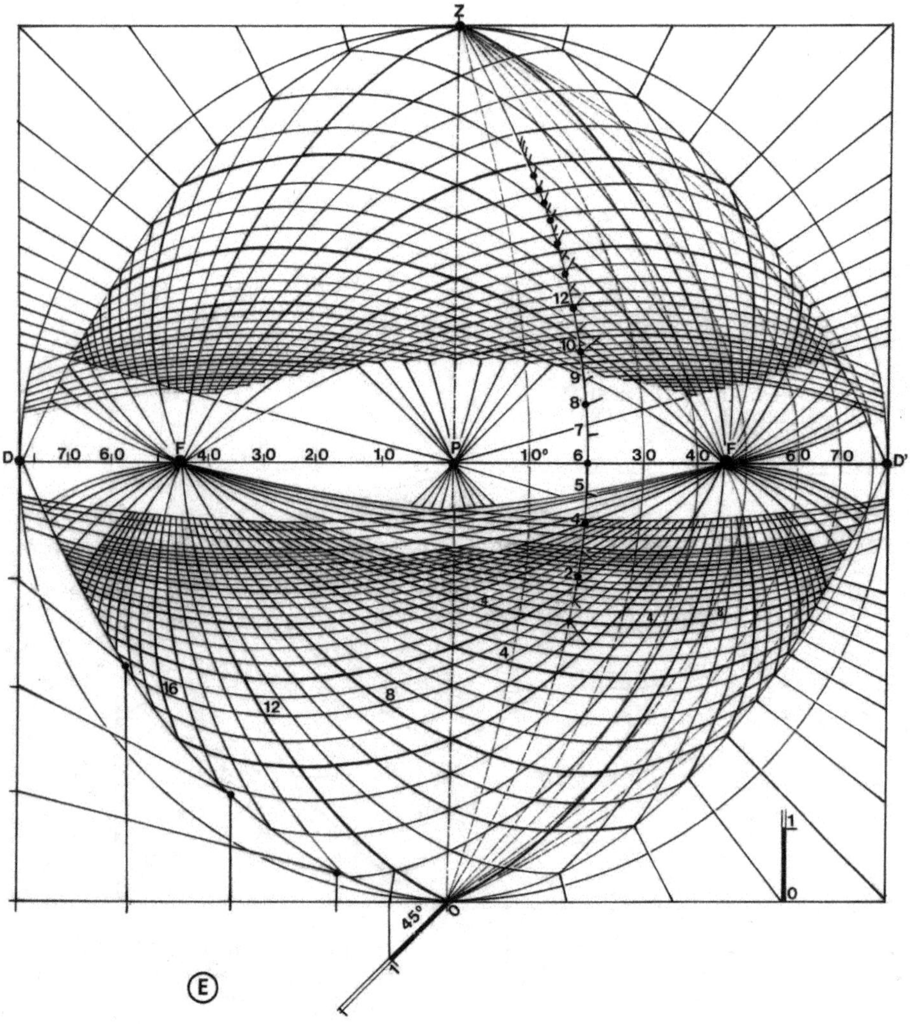

COUPLE DE RÉSEAUX PARABOLIQUES NORMÉS COMPLÉMENTAIRES DE PART ET D'AUTRE DE L'AXE HORIZONTAL DD', COORDONNÉS À UN RÉSEAU-GUIDE DE CÔTÉ DROIT VERTICAL.

Guides paraboliques de côtés droits verticaux, 10°, 20°, 30°, 40°

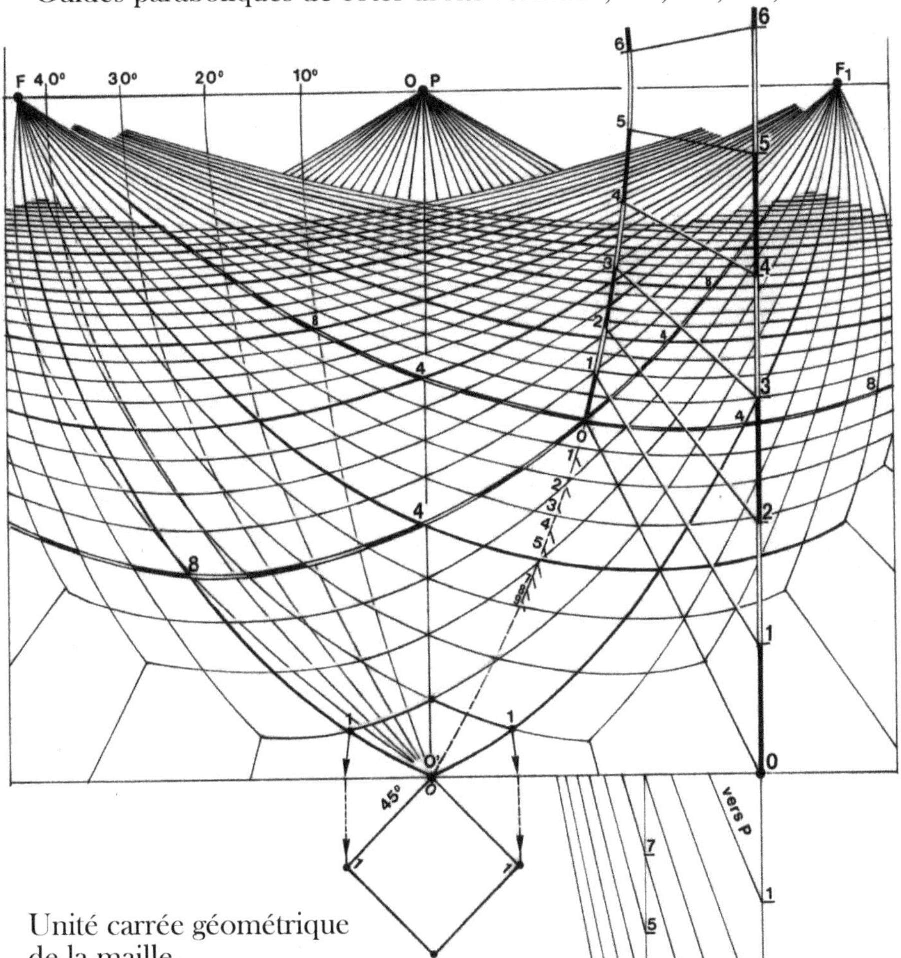

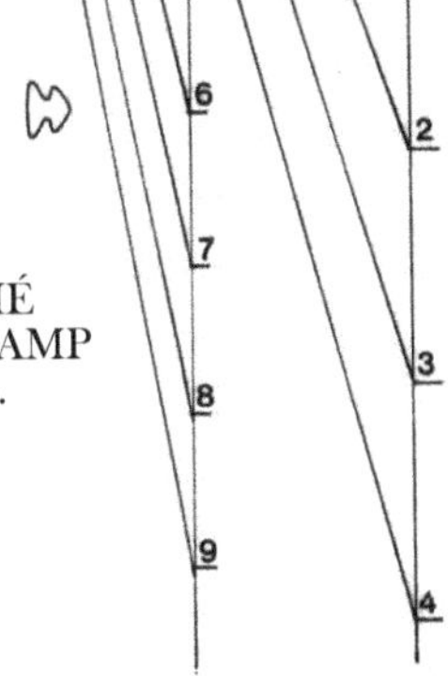

Unité carrée géométrique
de la maille.

Échelles de transfert des mesures
homothétiques verticales de l'unité,
en sous sol.

ZOOMING DU RÉSEAU PARABOLIQUE NORMÉ
AMPLIFICATION DU MAILLAGE DANS LE CHAMP
DE REPRÉSENTATION RECADRÉ AU CENTRE.

Ⓕ

STRUCTURE ET MICROSTRUCTURE D'UN RÉSEAU PERSPECTIF **HYBRIDE** SUR L'ANGLE

MISE EN GARDE, CE QU'IL NE FAUT PAS FAIRE
RÉSEAU HYBRIDE PARABO-SPHÉRIQUE réservé aux artistes et aux décorateurs en quête d'originalité, indifférents à la rigueur scientifique.

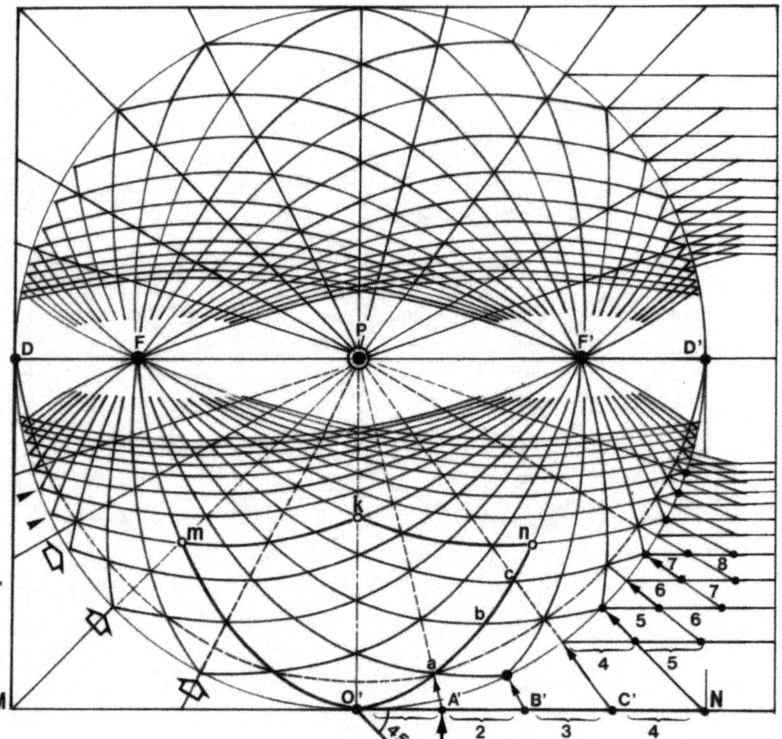

Les mailles du réseau perspectif HYBRIDE sont toujours alignées sur le cercle de base.

Échelle de transfert des intervalles homothétiques.

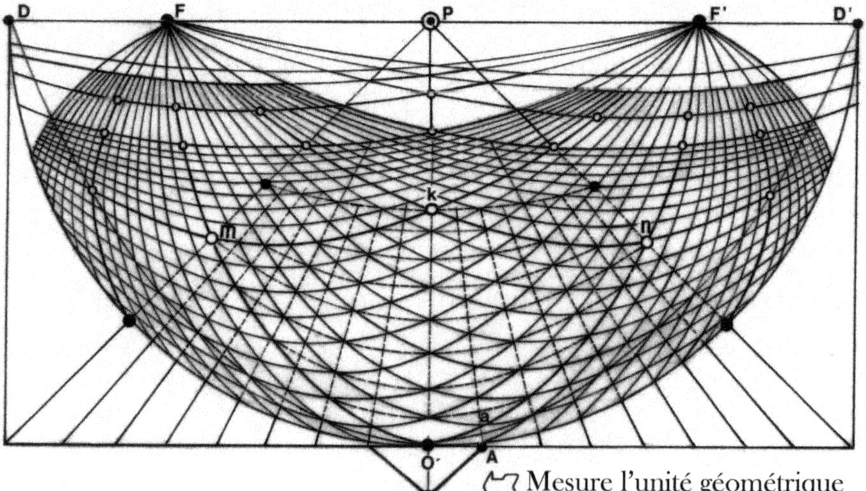

Mesure l'unité géométrique de la microstructure.

RÉSEAU HYBRIDE PARABO - SPHÉRIQUE

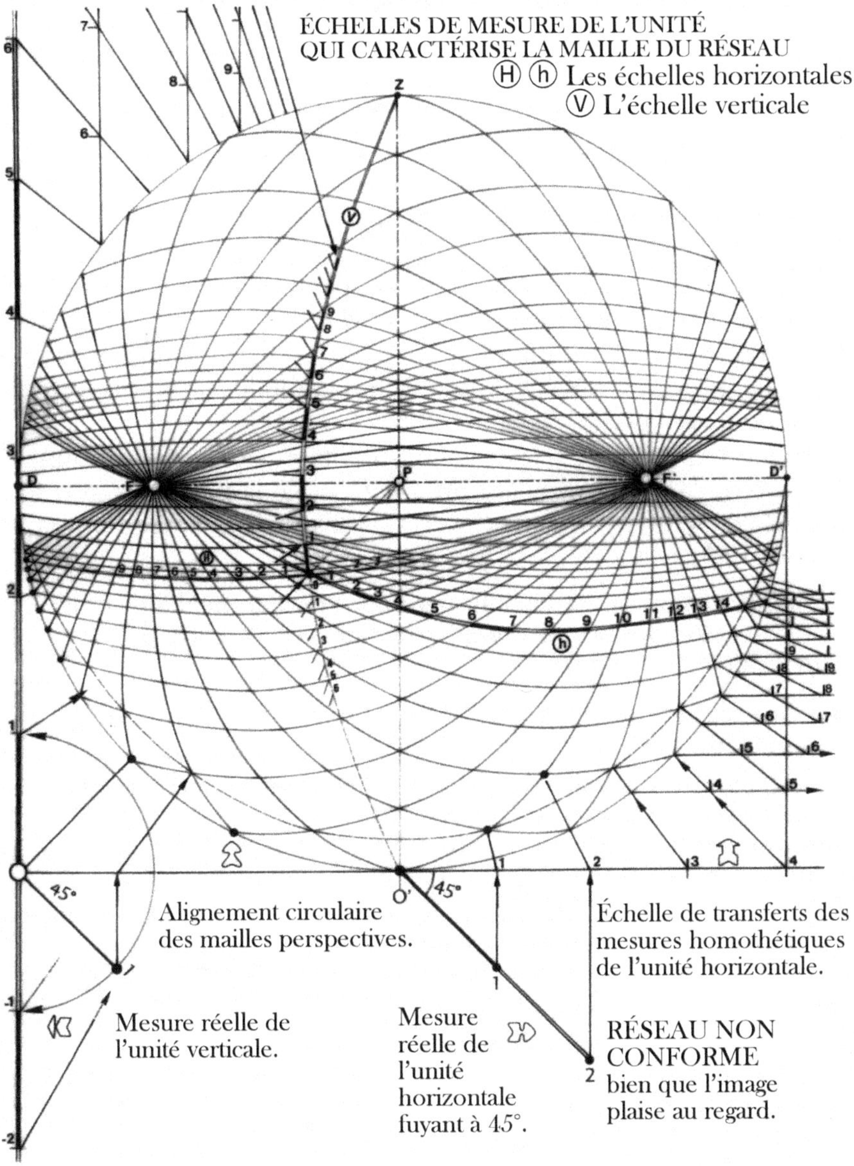

6 . LA VUE SUR L'ANGLE α° DIFFÉRENT DE 45°

1) Éloignement d'un point *M* en profondeur de champ

Considérons le point *M* comme le sommet du prochain carré à paraboliser Ⓐ.
Sa situation géométrique latérale se détermine au travers de sa projection orthogonale en *M'* que l'on orientera au point central de la projection *P*.
Ce point *M* rapporté en M_1 mesurant la grandeur géométrique $M'M_1$ de l'éloignement, projeté ensuite au point central de la projection *P*, occasionne sur la parabole de base (ou parabole de transfert) *O'D'Z'* de côté droit vertical, une intersection en M_2.
La droite issue de cette intersection, menée perpendiculairement à l'axe vertical, y précise en M_3, l'éloignement parabolique par rapport au pied *O'* du point de vue.
Le point *m* qui est la perspective du point *M*, résultera de l'intersection du tracé de la droite projetant *M'* en *P*, et de la parabole de côté droit horizontal dont le paramètre, ou largeur du rectangle circonscrit, mesure PM_3.

2) Parabolisation des droites horizontales perpendiculaires entre elles, fuyant selon des angles complémentaires de α° et de β° ($\alpha° = 60°, \beta° = 30°$)

Construire chacune des paraboles transformant chacune de ces droites, c'est Ⓑ : mesurer, par rapport à l'axe horizontal *DD'*, au point central de la projection, l'angle de $\beta° = 30°$ qui caractérise l'orientation de la fuyante à droite de l'écran.
La branche de l'angle occasionne avec la parabole de base, un point d'intersection en *f* qui, abaissé perpendiculairement à l'axe horizontal *DD'*, y précise en *F* le point de concours des droites transformées selon un angle de fuite horizontale de 30°.
La grandeur *FP* déterminée sur cet axe mesure la largeur du rectangle circonscrit à la demi-parabole transformant la droite fuyant à 30°, du pied *O'* du point de vue, à l'infini *F*.
La largeur F_1P du rectangle circonscrit à la parabole transformant l'autre droite, selon un angle complémentaire $\alpha° = 60°$, se définira selon un mécanisme de tracé, identique à celui qui précède.
L'ensemble de ces opérations aboutira à la construction de deux segments paraboliques perpendiculaires, en perspective, aux pieds *O'* du point de vue, aboutissant sur l'axe en deux points *F* et F_1 tributaires de leur angle respectif de fuite à ($\alpha° = 60°, \beta° = 30°$).

ÉLOIGNEMENT D'UN POINT (M) EN PROFONDEUR DE CHAMP (m) s'opère toujours sur la PARABOLE DE TRANSFERT O'D' Z ou O'DZ de CÔTÉ DROIT O'Z VERTICAL.

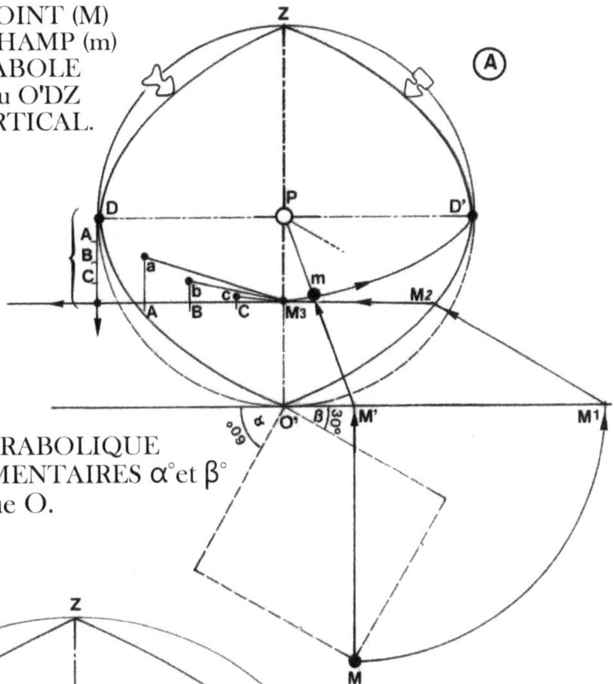

TRANSFORMATION PARABOLIQUE DES ANGLES COMPLÉMENTAIRES α°et β° au pied O' du point de vue O.
α°=60°et β°=30°

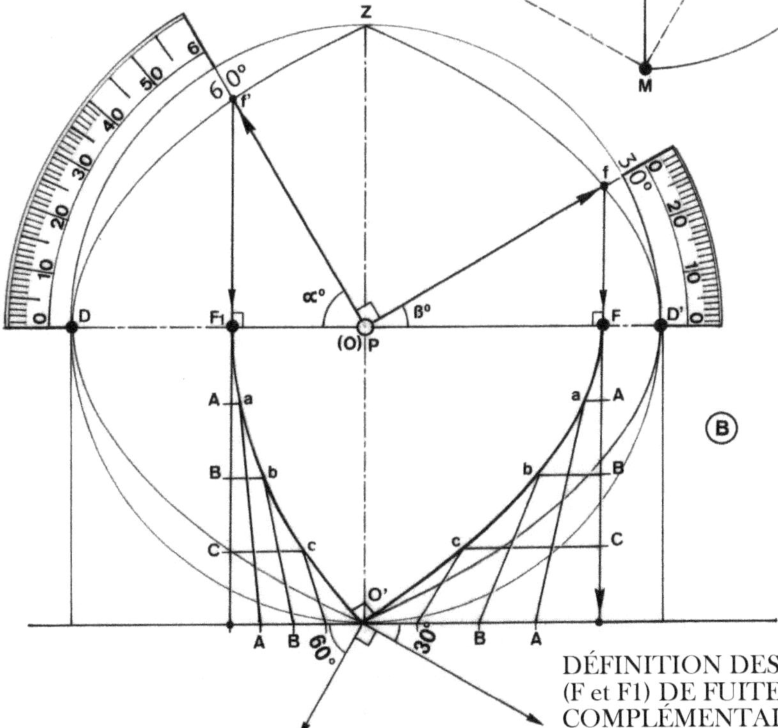

DÉFINITION DES POINTS (F et F1) DE FUITE COMPLÉMENTAIRES 30° et 60°.

3) Parabolisation d'un carré horizontal dont les côtés fuient deux à deux, selon des angles complémentaires $\alpha°=60°$ et $\beta°=30°$

Opérer cette transformation parabolique nécessite que l'on représente au pied *O'* du point de vue dont il est tangent par le sommet, le carré géométrique *ABCO'* dont les côtés perpendiculaires sont inclinés à 60° et 30° par rapport à l'horizontale tangente par *O'*, Ⓒ.

La détermination du sommet *b* le plus éloigné, ainsi que les côtés perpendiculaires en *O'* que transforment les paraboles passant par les points de fuite *F* et F_1, ont fait l'objet des études qui précèdent.

Définir le sommet *c*, extrémité du côté *O'c* fuyant à 30° en *F*, c'est d'abord, effectuer sa projection orthogonale en *C'* sur l'horizontale tangente par *O'*, puis l'orienter au point central de la projection *P*.

Le tracé occasionne sur la parabole passant par *F* (à $\beta°=30°$), une intersection : le sommet perspectif *c* du côté *O'c*.

La définition du sommet *A* s'effectue selon un processus analogue : sa représentation perspective *a* se situant sur la parabole passant par F_1, à $\alpha°=60°$ (parabole dont la largeur du rectangle qui lui est circonscrit mesure F_1P).

Les liaisons paraboliques du sommet *b* aux sommets *a* et *c*, complètent la transformation perspective parabolique *O'abc* du carré géométrique *O'ABC* vu sur l'angle, au pied *O'* du point de vue.

PARABOLISATION D'UN CARRÉ HORIZONTAL dont les côtés fuient selon des angles α°et β°complémentaires ;
α° = 60°et β°= 30° ; la Vue sur l'angle

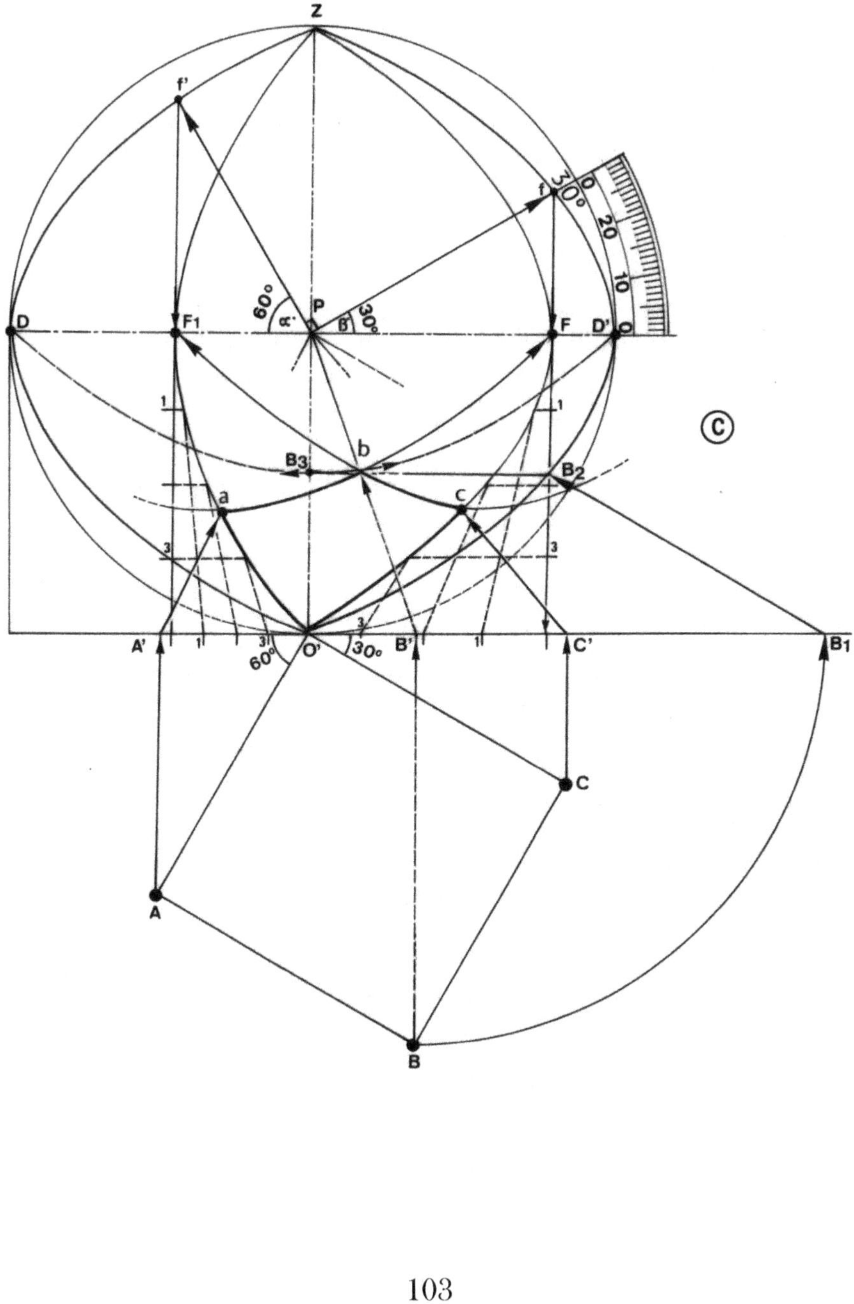

4) Le Réseau Perspectif Parabolique Normé (R.P.P.N) dans une vue sur l'angle différent de 45°, Ⓓ, Ⓔ

La parabolisation d'un réseau dont les deux systèmes de lignes de structure parallèles et perpendiculaires deux à deux, fuient à $\alpha° = 60°$ et $\beta° = 30°$, nécessite la multiplication de carrés dans les conditions analogues à celles préconisées, et relatives au carré de base dont le côté mesure l'unité de structure : le rayon du cercle de base de l'écran, Ⓒ.
Sa multiplication dans le champ, requiert que la projection orthogonale $O'C'$ (en relation avec les fuyantes à 30°), et celle $O'A'$ (relative aux fuyantes à 60°), soient réparties, chacune en ce qui la concerne, sur la tangente en O', puis, projetées au point central de la projection P.
Elles occasionnent respectivement, sur chacune des paraboles passant par F et F_1, des intersections qui, orientées selon les lignes paraboliques correspondantes, vers chacun de ces points, multiplient les mailles du réseau en profondeur de champ.

5) Microstructures Perspectives Paraboliques d'un réseau dans la vue sur l'angle différent de 45° - Mesures homothétiques

La construction simplifiée et recommandée d'un tel réseau nécessite l'inscription des diagonales puis des médianes des mailles, une première fois, puis le renouvellement de l'opération jusqu'à l'obtention de la microstructure désirée.
Il importe de réserver un intérêt particulier à la fréquence de la division, car, elle permettra de définir la mesure réelle de l'unité de la microstructure, en divisant par le nombre caractérisant cette fréquence, la mesure géométrique.

Exemple : Si le côté de base mesure 6 cm et si la division a été réitérée trois fois de suite, la mesure géométrique de l'unité de la microstructure sera de 6 : 3 = 2 cm.
La liaison successive des points d'intersection des diagonales d'une suite de carrés, aboutira au tracé d'une courbe qui est une section de parabole aboutissant au point F_1 ou F.
La réalisation de la microstructure résulte des projections orthogonales de l'unité de cette microstructure sur l'horizontale tangente par o', puis leurs projections perspectives respectives, au point central de la projection P.
Elles déterminent sur chacune des paraboles de base passant par les points de fuite F et F_1, une suite de points d'intersection qui représentent les unités perspectives fuyant les unes à 30°, les autres à 60°.

Les tracés paraboliques des deux systèmes de lignes parallèles et perpendiculaires deux à deux, liant ces points d'intersection, aux points de fuite F et F_1, composent la microstructure parabolique, dans une vue sur l'angle différent de 45°.

L'utilisation des mesures homothétiques rapportées sur les horizontales passant par les sommets tangents à chacune des paraboles principales $O'F$, $O'F_1$, permet de multiplier davantage les mailles de la microstructure.

RÉSEAU PERSPECTIF PARABOLIQUE NORMÉ
LA STRUCTURE
LA VUE SUR L'ANGLE DIFFÉRENT DE 45°, à 60° et 30°

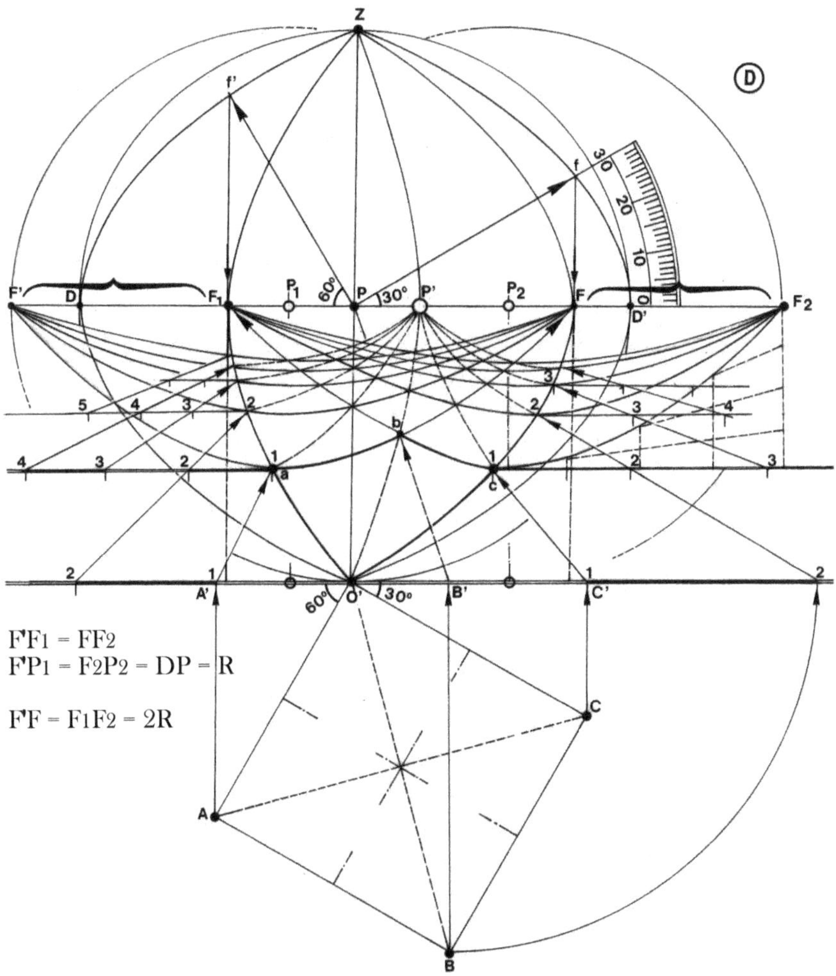

$F'F_1 = FF_2$
$F'P_1 = F_2P_2 = DP = R$

$F'F = F_1F_2 = 2R$

- Déroulement du processus, Ⓓ, Ⓔ :

1 . Mesurer en *P* les branches de l'angle à 30° et à 60° par rapport à l'axe horizontal *DD'*.

2 . Des intersections occasionnées sur la parabole de base verticale (parabole passant par *D* et *D'*), mener les perpendiculaires à l'axe.

Elles déterminent les points F_1 et *F* des fuyantes paraboliques perpendiculaires.

3 . Construire sur l'horizontale tangente en *O'*, le carré géométrique représentant la maille de côtés fuyant à 60° et à 30°.

4 . Paraboliser ce carré selon le processus récemment développé en Ⓒ.

5 . Répartir sur la tangente en *O'*, les grandeurs *O'A'* et *O'C'* résultant de la projection orthogonale des côtés *O'A* et *O'C* du carré.

6 . Les projeter en *P*.

Elles précisent les mesures successives sur les paraboles de base *O'DZ* et *O'D'Z*, des côtés 1, 2, 3 ... successifs, des carrés à transformer.

Éventuellement, utiliser la méthode de transfert des mesures homothétiques, pour poursuivre en profondeur de champ.

7 . Déterminer les points *F'* et F_2 qui sont les extrémités respectives des paraboles transformant les fuyantes perpendiculaires orientées en *F* et F_1.

Ils résultent de la mesure du rayon du cercle de base par rapport au point F_1, en ce qui concerne le point F_2, et au point *F* en ce qui concerne le point *F'* .

8 . Effectuer le tracé des paraboles transformant les fuyantes, soit en liant les points successifs propres à chacune de ces paraboles, soit en construisant chacune d'elles selon le mécanisme de tracé préconisé, et rappelé ici, en ce qui concerne celle passant par le point *1* sur *O'F*.

9 . Effectuer le tracé de la parabole transformant la diagonale fuyante du carré de base - parabole passant par la point *P'* de convergence de toutes les diagonales de même nature.

La parabolisation de cette diagonale et de celles passant par le sommet des mailles contribuera au contrôle de la justesse et de la rigueur des tracés.

RÉSEAU PERSPECTIF PARABOLIQUE NORMÉ
LA MICROSTRUCTURE

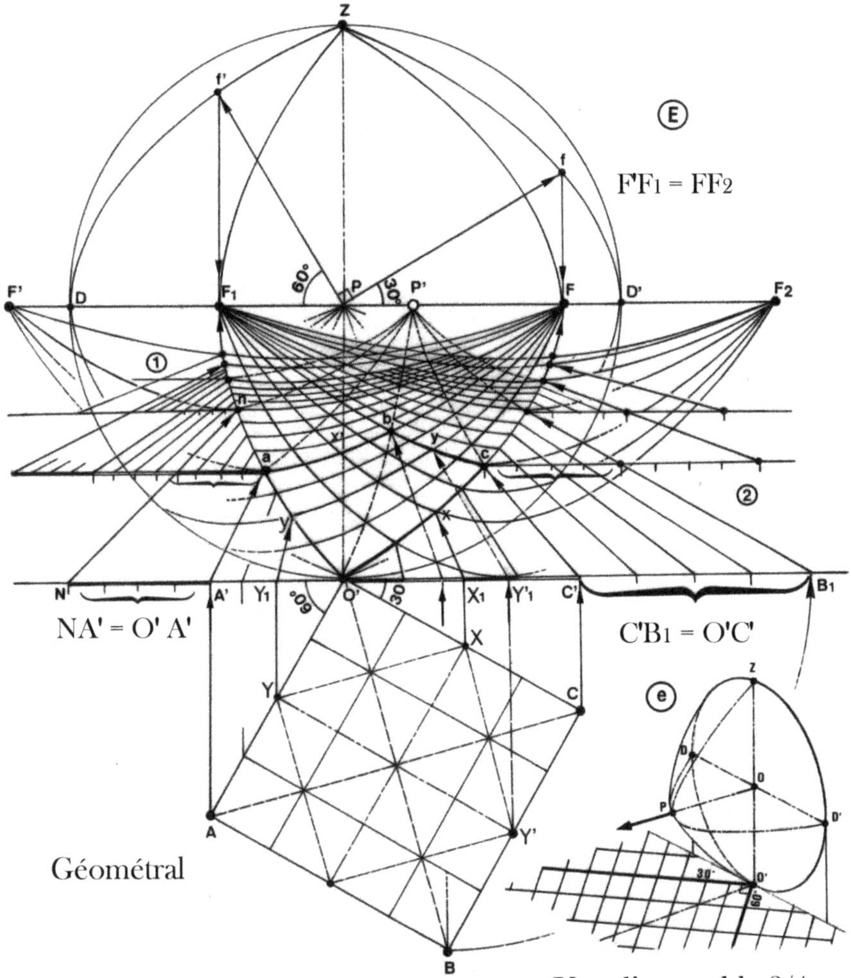

Vue d'ensemble 3/4

- LA VUE SUR L'ANGLE DIFFÉRENT DE 45°; à 60° et 30°.

- Échelle de transferts des mesures homothétiques se succédant en profondeur de champ ①②.

- Représentation schématique : Aide à la compréhension ⓔ.

MISE EN GARDE

RÉSEAU HÉTÉROGÈNE :
- Contresens relatif à la définition de l'éloignement, à tort, sur la parabole périphérique (DO'D') ;
- Non alignement des mailles.

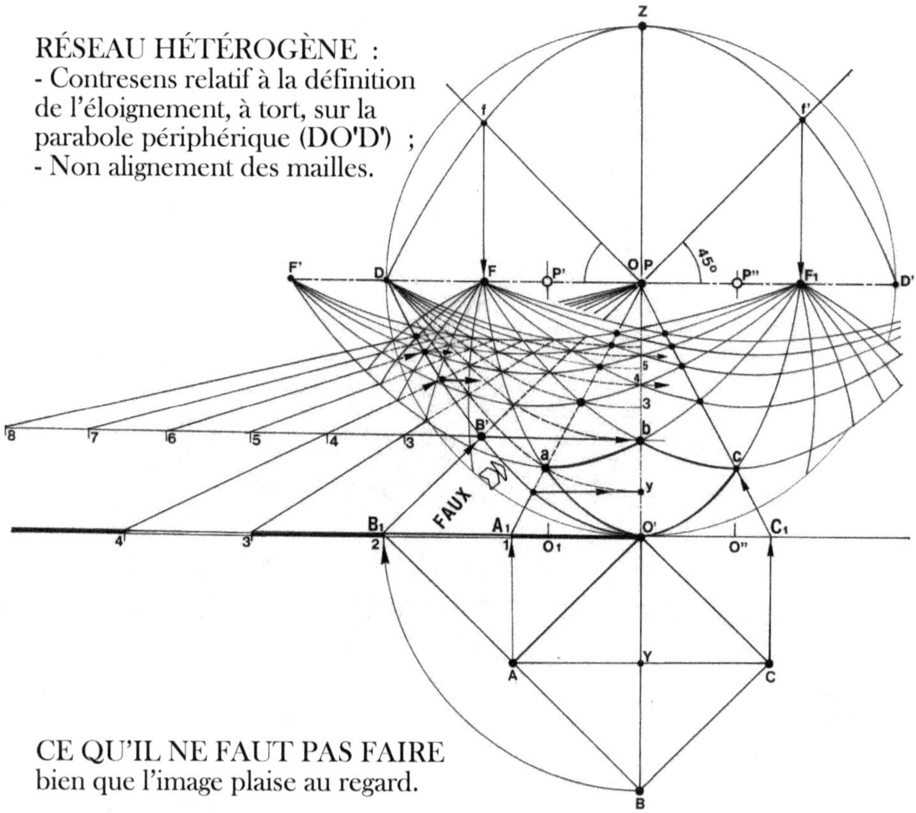

CE QU'IL NE FAUT PAS FAIRE
bien que l'image plaise au regard.

7 . PARABOLISATION DE DROITES ET DE RÉSEAUX DE LIGNES INCLINÉES DANS UNE VUE FRONTALE

1) Parabolisation d'une droite oblique inclinée à β° ($\beta° = 60°$), dans un plan vertical fuyant perpendiculairement à la base de l'écran Ⓐ, Ⓑ, ⓑ

- La figure Ⓐ présente, de part et d'autre de l'axe vertical *O* "Z, la parabolisation de deux droites, l'une à gauche ⓐ' inclinée à β°, l'autre à droite ⓐ" verticale, dans le but de mettre en lumière leurs relations et leurs distinctions.
- La figure ⓐ coordonnée à la figure Ⓐ représente dans une vue d'ensemble 3/4 dos, la droite inclinée à $\beta° = 60°$, dans un plan vertical frontal, de telle sorte qu'elle soit mieux appréhendée visuellement, par rapport à la droite verticale.
- La figure ⓑ coordonnée à la figure Ⓑ, représente dans une vue d'ensemble 3/4 dos, la droite inclinée à $\beta° = 60°$, selon un écart dont la grandeur diffère de celle du rayon du cercle de base (illustration de la page suivante).

PARABOLISATION D'UNE DROITE INCLINÉE A 60° (gZ')
ZZ' = PP' = O'O" ; ZP = Z'P'.

PARABOLISATION D'UNE DROITE VERTICALE (g'Z)

Ⓐ

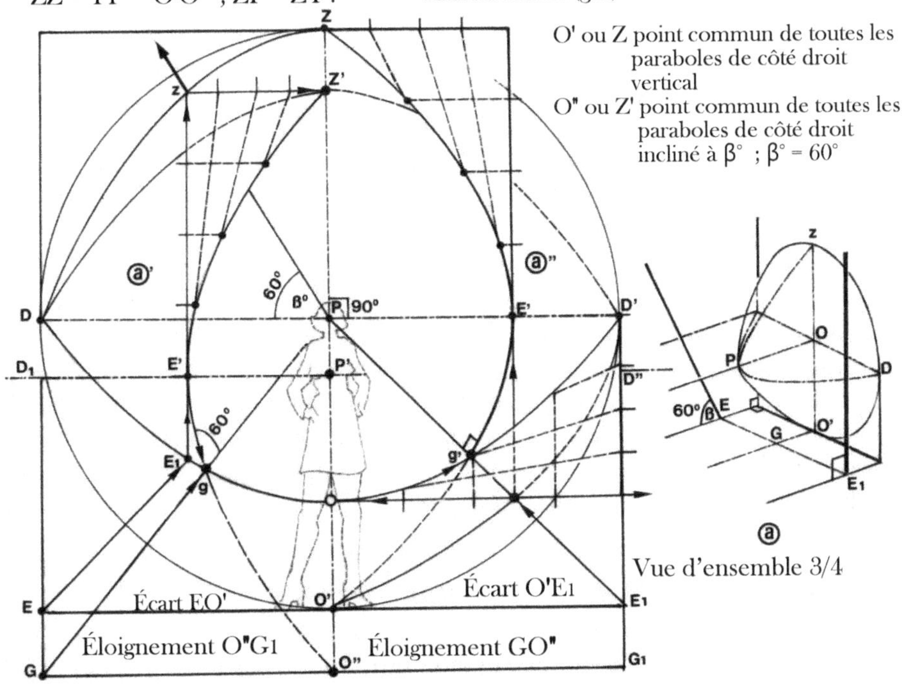

Opérer la parabolisation d'une droite inclinée à $\beta° = 60°$ dans une vue frontale, c'est Ⓐ, ⓐ :

1 . Mesurer géométriquement en *P*, l'ouverture de l'angle d'inclinaison de 60°, par rapport à l'axe horizontal *DD'*.

La branche de l'angle intercepte la parabole de base *DZD'* de côté droit horizontal, en un point qui, rapporté perpendiculairement sur l'axe vertical *O'Z*, détermine le point *Z'*, extrémité commune de toutes les paraboles transformant les droites de même nature (de même inclinaison de 60°, dans un plan frontal perpendiculaire au plan de base de l'écran).

Simultanément, l'écart entre ce point d'intersection et le point *Z'*, révèle la mesure de la largeur du rectangle qui circonscrit la parabole transformant cette droite ; la longueur du côté droit *Z'O"* mesurant le diamètre du cercle de base de l'écran.

2 . Construire point par point la parabole, selon les mécanismes de tracé préconisés et rappelés ici graphiquement.

3 . Mesurer géométriquement en *O"*, l'éloignement *O"G* de la droite.

4 . Orienter au point central *P* de la projection, le point *G*, précisant par une intersection avec la parabole, l'extrémité terrestre *g* de la droite inclinée transformée.

L'écart *O'E*, par rapport au pied *O'* du point de vue, mesure ici le rayon du cercle de base de l'écran ⓐ'.

Ce point *e* orienté au point *P*, intercepte en E_1 la parabole de côté droit horizontal passant par l'extrémité *g* (parabole transformant, d'un plan latéral à l'autre, l'éloignement dans le champ parabolique).

Le point E_1 élevé perpendiculairement à l'axe $D_1D"$ (axe passant par le point *P'* à mi-distance de *Z'* et *O"*), détermine en *E'*, l'écart latéral axial de la droite parabolisée.

Considérons l'écart géométrique *O'E* différent de la mesure du rayon, Ⓑ, ⓑ.

Le processus de parabolisation de l'écart reste le même.

Le point géométrique *E* sur la tangente en *O'*, projeté en *P*, intercepte la parabole de côté droit horizontal mesurant l'éloignement dans le champ *D'gD*, en un point E_1 qui, élevé perpendiculairement à l'axe *DD'*, y définit le point *E'* mesurant l'écart axial *PE'*, également largeur de la parabole *ZE'O'* de côté droit vertical, ramenant *E'* en *e'*, précisant l'écart parabolique de la droite transformée *Ze'O"*.

2) Parabolisation d'un segment de droite, incliné à β° ($\beta° = 60°$)

La segmentation de la droite infinie inclinée à $\beta° = 60°$, compte tenu de ses paramètre, nécessite, après que sa parabolisation ait été effectuée selon les processus précédents, Ⓒ :

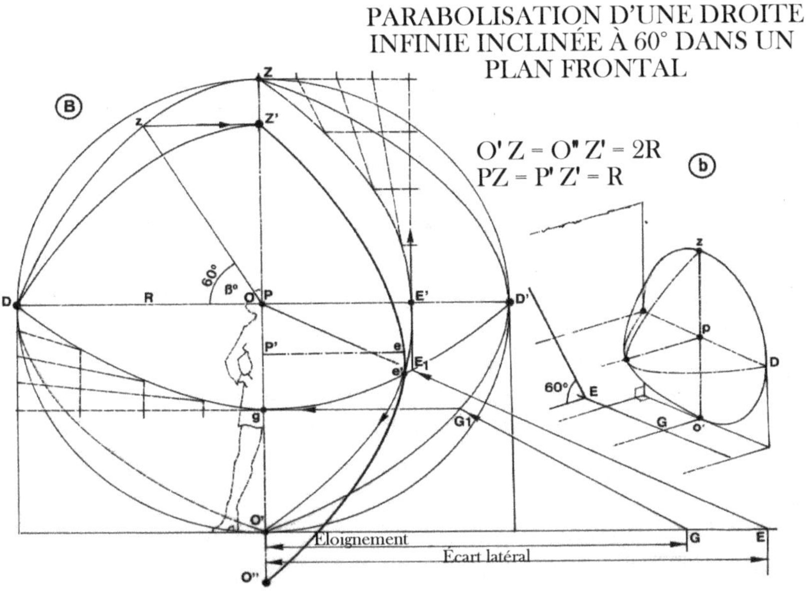

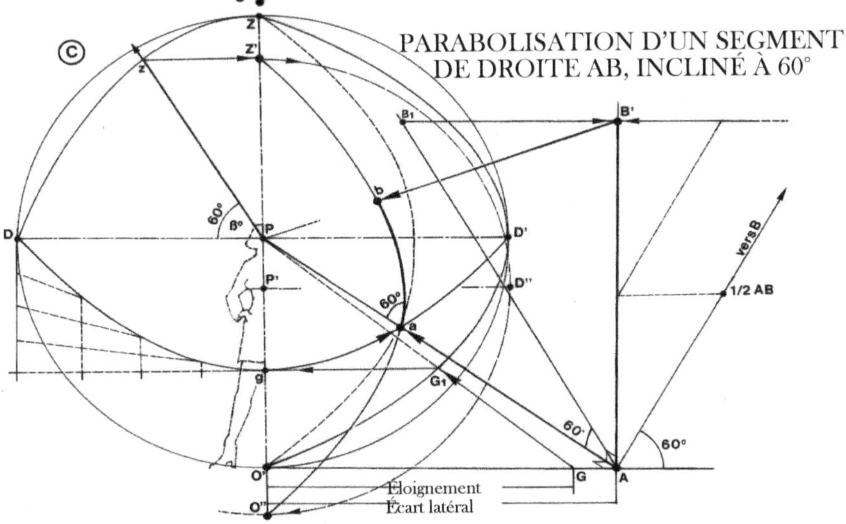

1 . La mesure géométrique du segment *AB* sur la droite inclinée selon le même angle, sur l'horizontale tangent en *O'*, dans le prolongement par *P*, du point *a* représentant son extrémité parabolique.

2 . La projection orthogonale du point *B* (extrémité du segment), en *B'*, sur la verticale élevée de l'extrémité géométrique *A* sur l'horizontale tangent en *O'*.
Ce point, orienté au point central de la projection *P*, précise la limite en *b* du segment, sur la parabole de côté droit vertical *Z'O"* transformant la droite infinie en *AZ'*. Le segment parabolique *ab* obtenu, représente le segment géométrique *AB* incliné sur l'horizontale tangente *O'* au pied du point de vue.
La surface de travail restreinte en largeur, la droite géométrique *AB* inclinée, a été sectionnée par moitié, et représentée par deux segments inclinés de même dimension, juxtaposés en hauteur, et selon le même angle d'inclinaison de 60°, aboutissant à la même projection orthogonale *AB'*.

3) Parabolisation de droites parallèles et équidistantes, inclinées dans un plan vertical frontal perpendiculaire à l'écran

- Prélude à la construction d'un réseau perspectif parabolique sur l'angle, dans une vision en plongée ou en contre-plongée :

Considérons ces droites, inclinées à $\beta° = 45°$.
La mesure de l'ouverture de l'angle au centre *P* de l'écran (point central de la projection), occasionne une intersection sur la parabole de base de côté droit horizontal.
Ce point d'intersection ramené perpendiculairement à l'axe vertical de l'écran, détermine en *Z'* l'extrémité commune des branches de toutes les paraboles inclinées selon la même ouverture angulaire.
Le côté droit commun de ces paraboles, mesurant évidemment le diamètre du cercle de base de l'écran *ZO'*, se transformera en *Z'O"*, (*ZO'* = *Z'O"*), et le point central de projection secondaire en *P'*, soit *1/2 Z'O"*.

. Effectuer l'équidistance des paraboles transformant ces droites inclinées, c'est Ⓓ :

1 . Tracer la verticale tangente en *D'*, sur laquelle seront répartis les points *A*, *B*, *C*, ... à intervalles réguliers.

2 . Orienter chacun de ces points au point *P'*.
Ils interceptent la parabole de base de côté droit horizontal, en des points homologues *A'*, *B'*, *C'*, ... qui, à la suite d'une projection orthogonale sur l'axe horizontal D_1, D_2, en *a'*, *b'*, *c'*, ... précisent l'équidistance axiale des droites, et simultanément, la largeur respective de chacun des rectangles qui circonscrivent les paraboles correspondantes.
Ces largeurs sont : *a'P'*, *b'P'*, *c'P'*, ...

3 . Construire chacun des rectangles circonscrivant les paraboles transformant les droites, selon la méthode préconisée rappelée graphiquement, en ce qui concerne la parabole de largeur *a'P'*.

4 . L'écart mesurant ici le rayon du cercle de base, la droite orientée de la mesure de l'écart (au point de tangence de l'horizontale tangente en *O'*, et de la tangente par *D'* mesurant les intervalles), vers le point *P*, définit les extrémités terrestres *a*, *b*, *c*, ... des droites parabolisées.

PARABOLISATION DE DROITES
OBLIQUES PARALLÈLES ÉQUIDISTANTES,
inclinées dans un plan perpendiculaire à l'écran.
Angle d'inclinaison β° = 45°.

Ⓓ

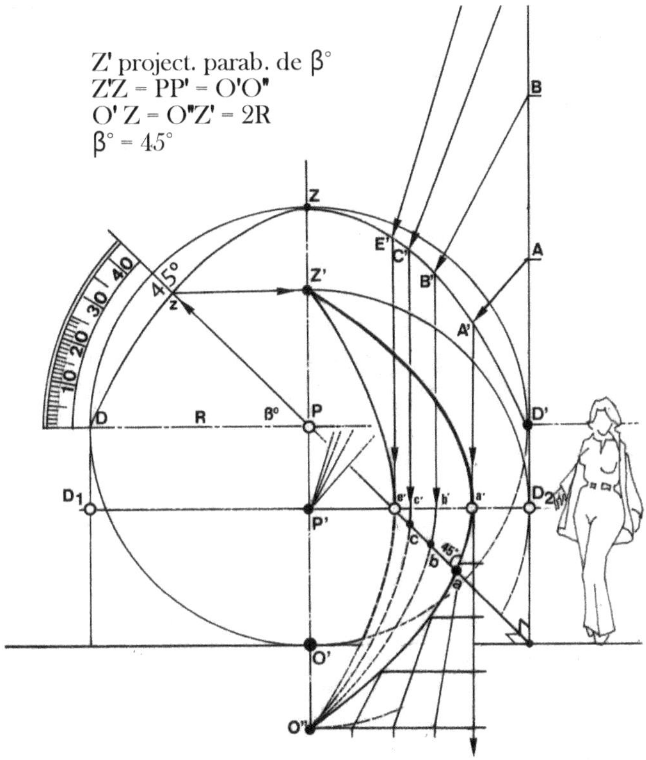

4) Parabolisation de droites infinies et de leurs segments, inclinés à β° (β °=60 °), équidistants, dans un plan frontal Ⓔ, ⓔ

La mise en œuvre de cette parabolisation présente cette dernière selon un dispositif différent de celui qui précède, notamment en ce qui concerne les droites infinies.

La droite géométrique inclinée à β °=60 °, par rapport à l'axe horizontal *DD'* du cercle de base de l'écran, est localisée en *D'*.
La branche de l'angle mesurant l'ouverture de l'inclinaison à 60° intercepte la parabole de base de côté droit horizontal *DD'*, en un point z qui, orienté perpendiculairement à l'axe vertical *ZO'* de l'écran, y détermine le point zénithal auxiliaire *Z'* commun à toutes les paraboles

transformant les droites parallèles, par conséquent inclinées selon le même angle.
La branche de l'angle complémentaire (90° - 60° = 30°), mesurée géométriquement au centre *P*, intercepte la parabole de côté droit VERTICAL *ZDO'* en un point *f* qui, orienté perpendiculairement à l'axe vertical *ZO'* de l'écran, détermine la largeur *FP* du rectangle circonscrit à la parabole de côté droit *DD'* horizontal, de transfert des mesures de l'équidistance.
Les intervalles géométriques entre les points *A, E, M*..., représentant les extrémités terrestres des segments parabolisés *Ab, ec, mn* ..., se mesurent sur la droite inclinée à 30° en *D'* par rapport à l'axe horizontal de l'écran. Cette droite des mesures de l'équidistance sera perpendiculaire en son extrémité *A(D')*, à une seconde, inclinée à 60° (l'angle complémentaire), mesurant chacun des segments équidistants AB_1, AC_1, AN_1, AV_1, ...
Chacun des points *A, E, M*, ... mesurant entre eux l'équidistance, projeté perpendiculairement en A_1, E_1, M_1 ... sur la verticale tangente par *D'*, puis orienté au point central de la projection *P*, localise, sur la parabole de transfert *DFD'* de côté droit horizontal, leur situation en *A', E', M'* ...
Ces points élevés verticalement sur l'axe horizontal *DD'*, précisent en *E", M", U"* ..., l'équidistance axiale des droites et de leur segment, et simultanément, la largeur respective *A"P, E"P, M"P*, des rectangles circonscrits aux paraboles qui les orienteront en *O'*.
La droite liant la projection orthogonale M_1 au point central de la projection *P* (droite glissant sur le plan des objets selon un écart géométrique mesurant $O'M_1$), interceptera les paraboles transformant les droites inclinées, en *e, m, u* ..., les extrémités terrestres de ces droites.
Or, le point de concours *Z'* de celles-ci est aussi l'extrémité commune des branches supérieures des paraboles qui les transforment, l'autre extrémité *O"*, évidemment commune, se situant à une distance de *Z'*, d'une grandeur mesurant le diamètre du cercle de base de l'écran.
Ainsi, le tracé de chacune des paraboles transformant chacune de ces droites inclinées infinies, passera-t-il par les deux extrémités *Z'* et *O"*, et chacune des extrémités terrestres *e, m, u*, ... considérée.
Définir chacune des autres extrémités propres à chacune de ces paraboles, c'est effectuer la projection orthogonale de l'extrémité géométrique *B* du segment *AB*, et, simultanément, les autres extrémités *C, N, V*, de même grandeur, qui se superposent, sur la tangente verticale par *D'*, en B_1 (C_1, N_1, V_1 ...).
On procède ainsi à la définition sur la parabole de côté droit horizontal *DZ'D'* transformant la droite infinie *AZ'* (à la limite du cercle de base de l'écran), par une intersection, le point *B'* et simultanément, les points *C', N', V'* ...

Vue d'ensemble 3/4

PARABOLISATION DE DROITES INCLINÉES ÉQUIDISTANTES DANS UN PLAN FRONTAL

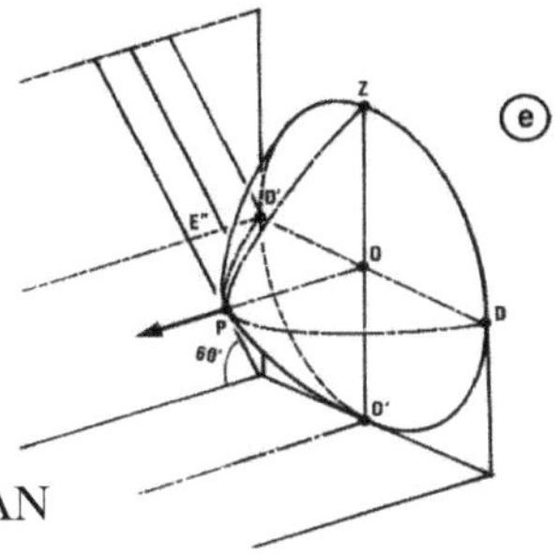

O"Z' = O' Z = F'F = 2R

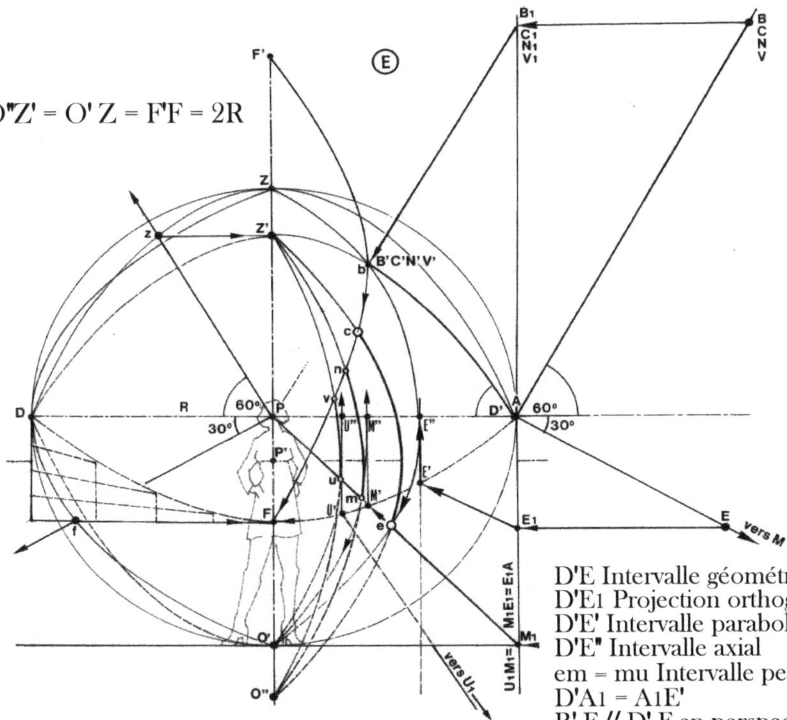

D'E Intervalle géométrique
D'E1 Projection orthogonale
D'E' Intervalle parabolique
D'E" Intervalle axial
em = mu Intervalle perspectif
D'A1 = A1E'
B' F // D' F en perspective inclinées à 30°
D' F⊥ab, ec, mn ... inclinées à 60°

La parabole de côté droit vertical *F'F* passant par ce point et ses homologues superposés, précise sur les droites infinies parabolisées passant par les extrémités terrestres *e*, *m*, *u* ..., les extrémités aériennes respectives *c*, *n*, *v*, ... des segments paraboliques *ec*, *mn*, *uv*, ... transformant les segments de droites rectilignes.
Le point *F'* est distant du point *F* d'une grandeur mesurant le diamètre *DD'* du cercle de base de l'écran parabolique.

A ce stade de la mise en œuvre, il est nécessaire d'attirer l'attention sur les points suivants :

- La fuyante *eP* sur laquelle s'alignent les extrémités terrestres *e*, *m*, *u*, des segments parabolisés, est rectiligne, parce que perpendiculaire au plan de base circulaire de l'écran. Elle s'inscrit donc dans le plan horizontal, ici au sol.

- Si les droites avaient été verticales, une fuyante rectiligne, ici *BP*, aurait suffit, selon le même processus, à déterminer les extrémités aériennes. Dans ces conditions, les droites paraboliques auraient été concourantes en *O'* et *Z* ; ce qui évidemment n'est pas ici le cas.

C'est ainsi que ces droites inclinées parabolisés, concourant en *Z'* et *O"*, seront segmentées par la même parabole limitative de côté droit vertical *FF'*.

- Si l'on devait une fois de plus segmenter l'ensemble de ces paraboles parallèles, selon une inclinaison de valeur angulaire commune (par conséquent de branches orientées en *O"* et *Z'*), les nouvelles lignes de segmentations paraboliques, seraient, elles aussi, d'extrémités *F* et *F'* communes.

8 . PARABOLISATION D'UN CARRÉ INCLINÉ À $\alpha°$ ($\alpha° = 30°$) DANS UN PLAN VERTICAL FRONTAL Ⓕ, Ⓖ

La parabolisation d'un carré incliné à $\alpha° = 30°$, peut s'opérer selon un dispositif analogue à celui qui précède. Il sera exposé à la suite de cette étude un autre processus. Il importe ici, Ⓕ :

- d'une part, de déterminer les deux paraboles transformant les droites perpendiculaires infinies, inclinées à 30° (*D'FD*) et à 60° (*D'Z'D*) ;

- d'autre part, de transformer les deux droites qui leur sont parallèles et perpendiculaires deux à deux. C'est-à-dire, les deux paraboles de côté droit VERTICAL, dont les extrémités des branches sont communes en *F* et *F'* pour l'une, *O"* et *Z'* pour l'autre ; sachant que la distance entre ces points *FF'* et *O"Z'* mesure le diamètre du cercle de base : *FF'* = *O" Z'* = *O'Z*.

Mécanisme détaillé des tracés :

1. Construire le carré géométrique *ABCE* incliné à 30° par rapport à l'axe horizontal du cercle de base de l'écran, de sommet *A* ajusté au point *D'* de ce cercle.

2 . Effectuer l'ouverture de cet angle et de l'angle qui lui est complémentaire (60°) au point central *P* de la projection.

- La branche de l'angle d'inclinaison de 30° intercepte la parabole de base de côté droit vertical *O'Z* en un point *f* qui, orienté perpendiculairement à l'axe vertical commun au côté droit, y précise le point *F* commun à toutes les paraboles transformant les droites de même inclinaison, et détermine simultanément, la largeur *FP* du rectangle circonscrit à la parabole.

- Les branches de l'angle complémentaire ($\beta° = 60°$), elles aussi, interceptent la parabole de base de côté droit vertical *O'Z*, en un autre point *z* qui, orienté dans les mêmes conditions (perpendiculairement à l'axe vertical commun au côté droit), y précise le point *Z'* commun à toutes les paraboles transformant les droites de même inclinaison, et détermine simultanément la largeur *Z'P* du rectangle circonscrit à la parabole.

PARABOLISATION D'UN CARRÉ INCLINÉ
DANS UN PLAN FRONTAL

tangent en *D'* au cercle de base de l'écran, le sommet *A* superposé à *D'*

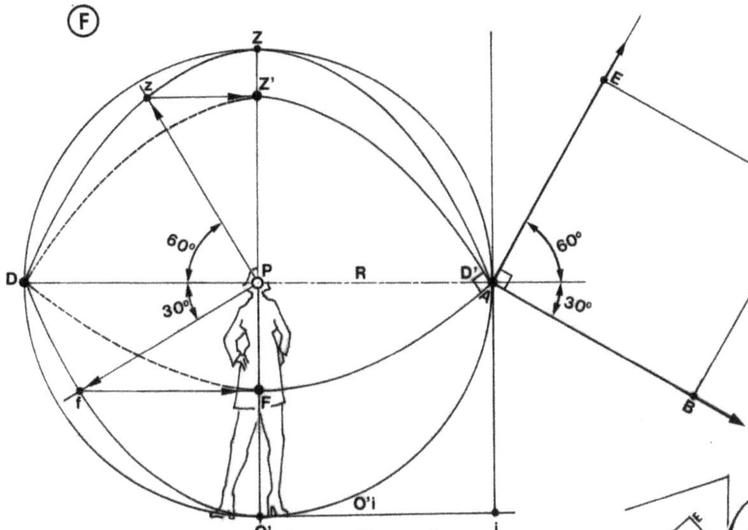

Intervalle ou écart du plan frontal

Vue d'ensemble 3/4 dos (g)

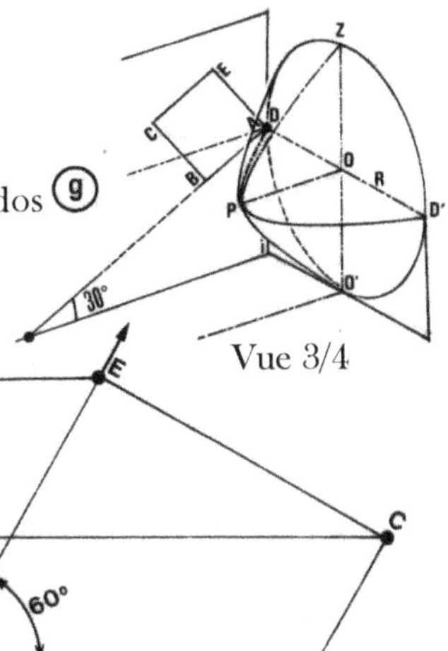

Vue 3/4

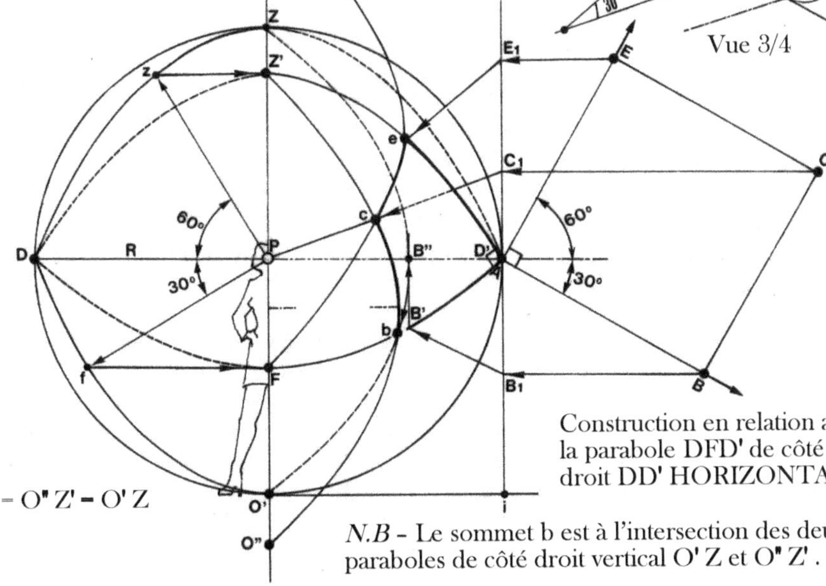

Construction en relation avec la parabole DFD' de côté droit DD' HORIZONTAL.

FF' = O" Z' = O' Z

N.B - Le sommet b est à l'intersection des deux paraboles de côté droit vertical O' Z et O" Z'.

3 . Procéder au tracé de chacune de ces paraboles, selon la méthode préconisée.

4 . Revenir au carré à transformer, incliné en *D'* Ⓖ, et effectuer la projection orthogonale du côté *AB* en AB_1, sur la tangente verticale par *D'*, puis orienter *B'* en *P*. Il résulte sur la parabole de côté droit HORIZONTAL *DFD'*, une intersection *B'* qui, menée perpendiculairement à l'axe *DD'*, précise la largeur du rectangle circonscrit à la parabole *O'B"Z*.
Celle-ci intercepte la parabole *DFD'* en un point *b* transformant le sommet *B* du carré, également extrémité du côté *Ab* parabolisé.

5 . Effectuer la projection orthogonale du côté géométrique adjacent *AE*, en AE_1, sur la tangente en *D'*, puis orienter E_1 en *P*. Son tracé intercepte la parabole *DZ'D'* en un point *e*, délimitant sur la droite infinie parabolisée *D'Z'*, le segment *Ae* transformant le côté *AE* incliné à $\beta° = 60°$.

6 . Construire la parabole de côté droit vertical *Z'O"* passant par le sommet *b*, parabole sur laquelle s'ajuste le côté parallèle *Ae*, donc l'extrémité commune en *Z'*. Il suffit ensuite, de déterminer l'autre extrémité *O"* de la branche de cette parabole dont le côté droit mesure le diamètre *O'Z* du cercle de base.

7 . Effectuer la projection orthogonale du quatrième sommet *C* en C_1, puis orienter C_1, au point central de la projection *P*. Il précise, par une intersection avec la parabole *O"Z'*, l'extrémité *c* du côté *bc* transformé.
Le côté *ec* transformé s'inscrit sur la parabole de côté droit vertical *FF'*, mesurant le diamètre *O'Z* du cercle de base.
Cette dernière étape révèle la parabolisation *Abce* du carré *ABCE*, dans une inclinaison à 30°, tangent au cercle de base de l'écran en *D'*.

N.B - La parabolisation d'un carré incliné dans les conditions exposées ci-dessus, équivaut à la parabolisation d'un carré horizontal dans une vue sur l'angle, dont les côtés sont orientés selon des angles complémentaires de 30° et de 60°.
Il suffit de faire pivoter la figure Ⓖ d'un quart de tour, pour mieux s'en rendre compte.

- Autre processus de la parabolisation d'un carré incliné à $\alpha° = 30°$ dans un plan vertical perpendiculaire au plan de base de l'écran Ⓗ, ⓗ, ⓗ1 :
Le carré, ici, n'est plus tangent au cercle de base de l'écran.
Il est distant de *D'* d'une grandeur mesurant *AD'* sur la tangente verticale par *D'* où il est représenté géométriquement en *ABCE*, selon l'inclinaison à 30°, du côté *AE* ; le côté adjacent *AE* étant évidemment incliné selon l'angle complémentaire de 60°.
Ces angles, mesurés au centre *P*, par rapport à l'axe horizontal, précisent, au travers de leur branche respective interceptant la parabole de base de côté droit vertical, les points *f* et *z*.

PARABOLISATION D'UN CARRÉ INCLINÉ À 30° DANS UN PLAN FRONTAL ⊥ À L'ÉCRAN EN D'

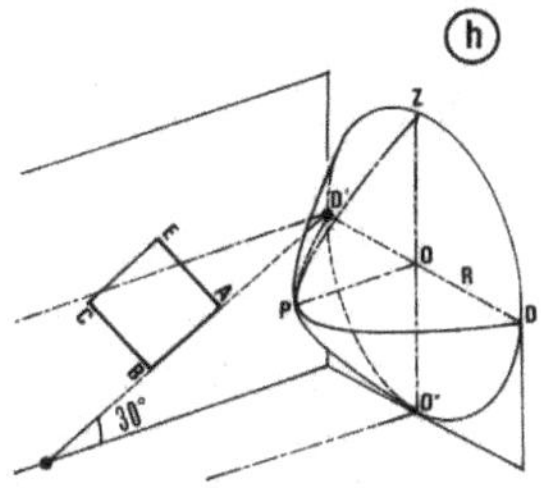

Vue d'ensemble 3/4

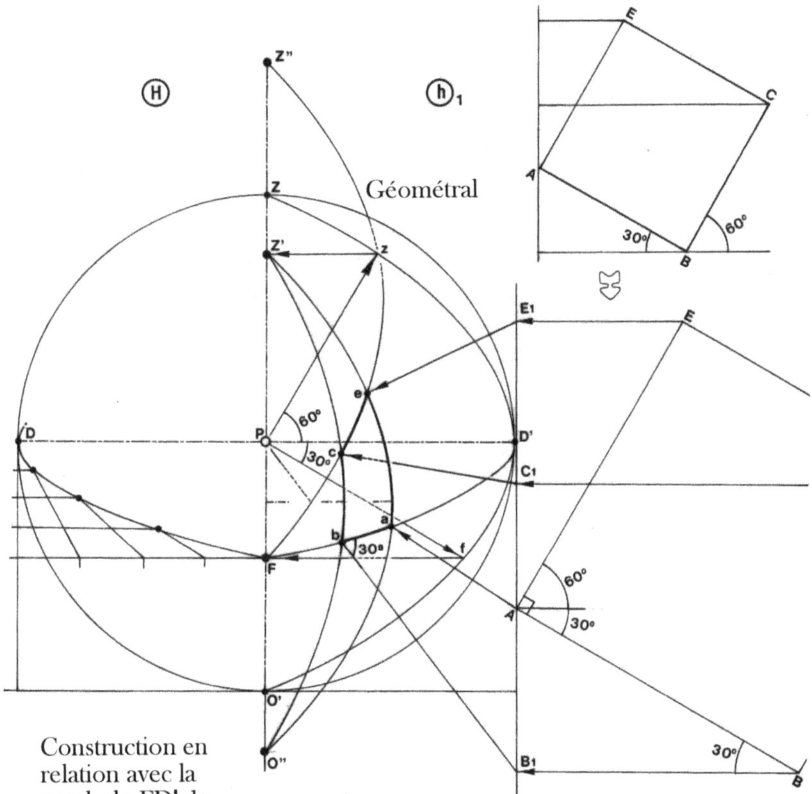

Construction en relation avec la parabole FD' de côté droit FP VERTICAL.

L'orientation orthogonale de chacun de ces points, sur l'axe vertical, précise respectivement les points *F* et *Z'* qui sont les extrémités respectives des branches des paraboles transformant les droites inclinées selon les angles de 30° et de 60°.

Il importe ensuite de :

1 . Définir chacune des autres extrémités *Z"* et *O"*, de chacune des branches des deux paraboles de côté droit commun à l'axe, sachant que ces dernières mesurent le diamètre du cercle de base. *FZ' = O"Z" = O'Z.*

2 . Construire chacune de ces paraboles transformant les droites infinies inclinées respectivement à 30° et à 60°.

3 . Effectuer les projections orthogonales, en B_1, C_1, E_1, de chacun des sommets *B*, *C*, *E* ; le sommet *A* étant déjà situé sur la tangente des projections.

4 . Orienter au point central de la projection *P*, chacun de ces points. On détermine ainsi, sur les paraboles de côté droit vertical *O"Z'* ; *a* et *e* sur la parabole parallèle, de côté droit vertical commun.
Ces sommets transformés délimitent les côtés *ab*, *bc*, *ce* et *ea* du carré *ABCE* incliné à *30°*.

N.B - La parabole *D'F* transformant le côté *ab* est de côté droit VERTICAL, puisque transformant une droite inclinée à 30°, contrairement à la parabole *DF'* du précédent processus, de côté droit *DD'*, HORIZONTAL (parabole de transfert de la mesure axiale *D'B"* de la projection orthogonale de *D'B*).

9 . PARABOLISATION D'UN RÉSEAU PERSPECTIF NORMÉ, INCLINÉ DANS UN PLAN VERTICAL FRONTAL (Perpendiculaire au plan de base de l'écran) Ⓐ, ⓐ

La parabolisation du réseau tel qu'il est caractérisé dans l'intitulé ci-dessus, s'opère dans des conditions analogues à celles relatives à la parabolisation d'un carré incliné dans le même plan.
Elle s'inscrit dans son prolongement, qu'il s'agisse du premier ou du second processus, et est comparable, en ce qui concerne les mécanismes des tracés, à la parabolisation d'un carré horizontal dans une vue sur l'angle à 30° et à 60°.
Il suffit, comme il a été signalé précédemment, de faire subir un quart de tour à droite à la figure Ⓐ, de telle sorte que la tangente en *D'* soit, non plus verticale, mais horizontale (le point de vue *O'* se substituant au point *D'*), pour en souligner l'évidence.

Opérer cette parabolisation, c'est, d'ores et déjà, effectuer le tracé géométrique en *D'*, des deux droites perpendiculaires inclinées à 30° et 60°, et y répartir les mesures successives du côté de la maille.
Les extrémités communes *O"*, *Z'*, d'une part, *F* et *F'*, d'autre part, des branches des paraboles, sur l'axe *O'Z*, ayant été précisées, et ces paraboles, construites selon les mécanismes de tracés, préconisés, il importe ensuite, d'opérer la projection orthogonale des mesures du côté de la maille, sur la tangente verticale par *D'*, puis, de les orienter au point central de la projection *P*, afin de les localiser sur les paraboles qui leur sont respectives, compte tenu de leur angle d'inclinaison, dans les conditions analogues à celles du carré précédemment parabolisé.
La limite du réseau, au sol, résulte du tracé de la droite orientée d'un point *E* (mesurant l'écart, *O'E*, sur la tangente horizontal par *O'*), au point de la projection *P*.
L'écart, ici, mesure, le rayon du cercle de base de l'écran.

RÉSEAU INCLINÉ DANS UN PLAN FRONTAL

Échelle des mesures des extrémités des segments équidistants inclinés.

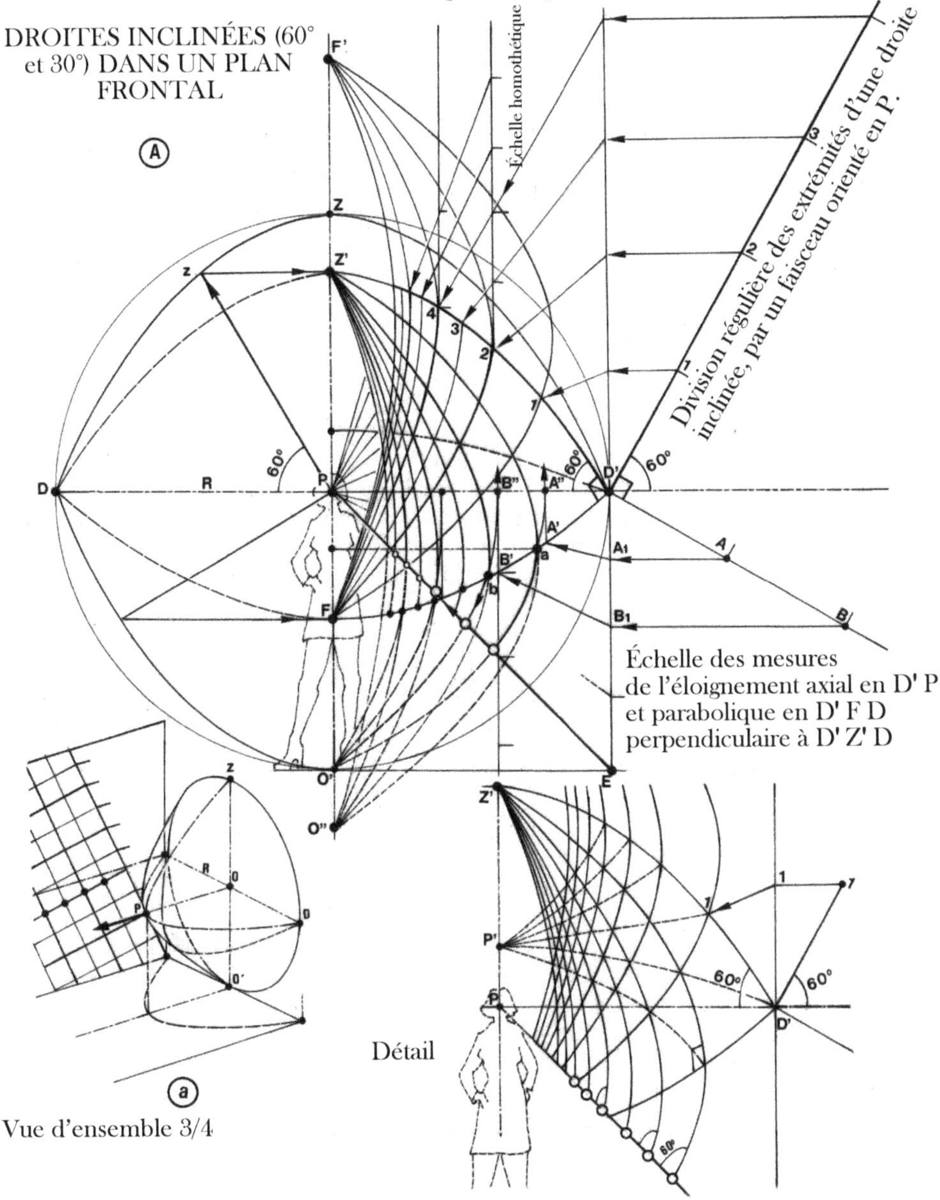

N.B - Pour procéder à la construction du réseau dans l'arrière plan, il a été nécessaire (comme cela a déjà été signalé), d'effectuer le tracé des échelles de transfert des mesures homothétiques, des projections orthogonales de l'unité mesurant le côté de la maille.

10 . PARABOLISATION DE DROITES ÉQUIDISTANTES DANS UN PLAN DE FRONT INCLINÉ À β°, ($\beta° = 60°$), Ⓐ, ⓐ

Construire ces paraboles selon les caractéristiques énoncées, correspond aussi, à la parabolisation des droites horizontales dans une vue frontale ; le pied *O'* du point de vue se superposant au point *D'* sur la verticale qui lui est tangente, après une rotation d'un quart de tour de la planche d'exécution des tracés.

Ces droites initialement verticales, c'est-à-dire transformées par des paraboles dont les extrémités des branches *O'* et *Z* communes, et le côté droit mesurant le diamètre du cercle de base, seront, à la suite de l'inclinaison, transformées par de nouvelles paraboles dont les extrémités *O"* et *Z'*, seront distantes l'une de l'autre, d'une grandeur mesurant le diamètre du cercle de base, et l'emplacement sur le côté de droite, *O'Z*, tributaire de l'ouverture de l'angle, ici de 60°.

Opérer la parabolisation de ces droites, compte tenu de la vue d'ensemble trois quart dos ⓐ, c'est Ⓐ :

1 . Mesurer au centre *P* du cercle de base, par rapport à son axe horizontal *DD'*, l'angle d'inclinaison de 60°. La branche de cet angle intercepte la parabole de base *D'ZD* de côté droit horizontal, en un point z qui, mené perpendiculairement à l'axe ajusté à ce côté droit, détermine le point *Z'*, l'une des deux extrémités communes des branches de toutes les paraboles transformant les droites inclinées selon le même angle.

2 . Préciser l'autre extrémité commune *O"* des branches de ces dernières, distante de *Z'* d'une grandeur mesurant le diamètre du cercle de base ; *O"Z'* = *O'Z* = *DD'*.

3 . Mesurer l'éloignement géométrique rapporté en *O'G* sur l'horizontale tangente par *O'*, et orienter le point *G* au point central de la projection *P*.

On définit sur la parabole de base *O'D'Z* de côté droit *O'Z* vertical, le point *G1* qui, ramené perpendiculairement à l'axe vertical, y précise l'éloignement axial en *g*, et simultanément, la largeur du rectangle circonscrit à la parabole mesurant l'éloignement *Pg*, de l'extrême gauche *D* à l'extrême droite *D'*.

4 . Mesurer de part et d'autre du pied *O'* du point de vue, sur l'horizontale qui lui est tangente, les grandeurs successives identiques de l'intervalle, égales chacune à la moitié du rayon du cercle de base.

5 . Les orienter successivement au point central de la projection *P*. Elles se transforment, par des intersections, sur la parabole *DgD'* de côté droit horizontal, délimitant l'éloignement, d'un point antipode *D*, à l'autre *D'*.

6 . Effectuer la projection orthogonale de chacun des points mesurant les intervalles réguliers, sur l'axe horizontal *DD'*.

On y définit les points délimitant la largeur, par rapport à *P*, de chacun des rectangles circonscrits à chacune des paraboles mesurant l'éloignement dans une vision inclinée.

7 . Procéder à la construction de chacune de ces paraboles transformant les droites verticales (donc pas encore inclinées), équidistantes.

8 . Réitérer l'opération en ce qui concerne la parabolisation des droites inclinées, en effectuant le tracé de chacune des paraboles ayant pour extrémités communes de leurs branches, les points *O"* et *Z'*. Le tracé de chacune des paraboles transformant l'inclinaison, passera par chacun des points d'intersection des paraboles transformant les droites verticales, avec la parabole *DGD"* transformant l'éloignement dans sa latéralité.

PARABOLISATION DE DROITES ÉQUIDISTANTES DANS UN PLAN DE FRONT INCLINÉ À 60°

Ⓐ

AA' + BB' = AB
AB1 projection de AB

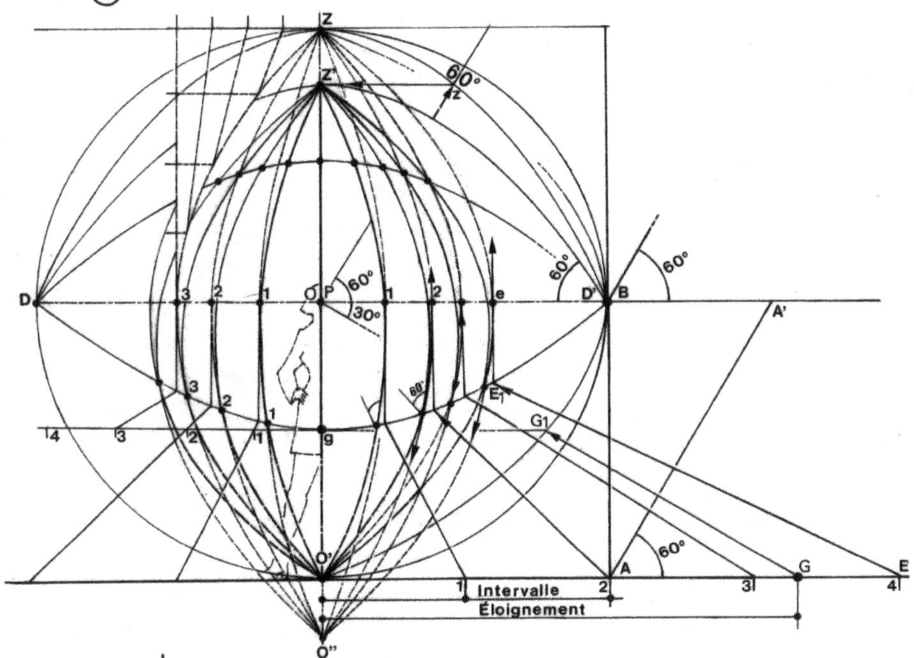

ⓐ

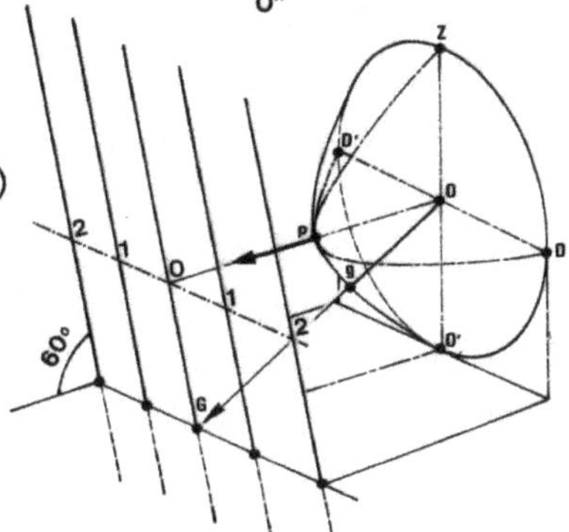

Vue d'ensemble 3/4

11 . PARABOLISATION D'UN RÉSEAU DE FRONT DANS UNPLAN INCLINÉ À β°, $\beta° = 60°$, Ⓑ, ⓑ

La parabolisation d'un réseau initialement de front, dans un plan incliné à 60°, prolonge l'étude qui précède, relative à l'équidistance des droites présentées dans des conditions analogues.

Cette parabolisation de droites horizontales parallèles entre elles, et perpendiculaires aux précédentes (toujours inscrites dans un plan incliné à 60°), nécessite que l'on poursuive selon le processus suivant Ⓑ :

1 . Délimiter sur l'horizontale tangente par *O'*, une grandeur *O'O* représentant l'écart géométrique latéral de l'échelle des hauteurs : droite verticale sur laquelle sont réparties les mesures géométriques régulières du côté de la maille. Cette verticale tangente, ici, en *D'* du fait de l'écart mesurant le rayon, pourrait être érigée ailleurs, toujours sur l'horizontale tangente en *O'*, dans le prolongement de la fuyante issue de *P*, passant par l'un des points de division de la parabole *DgD'*, de côté droit HORIZONTAL, transformant l'éloignement.
Cette fuyante précise la limite, dans le plan horizontal au sol (ou plan des objets), des lignes du réseau. En deçà, cette partie du réseau « en sous-sol », sera vue en transparence.

2 . Projeter chacun des points de division de l'échelle, au point central *P*. Le faisceau de lignes issues de ces points, transforme sur la parabole de côté droit *O'Z'* vertical, à l'intersection de la fuyante latéral *OP* et de la parabole *DgD'* transformant l'éloignement, les mesures paraboliques décroissantes des côtés verticaux de la maille.
Pour faciliter la construction des paraboles de côté droit vertical commun *O"Z'*, transformant le deuxième système de lignes du réseau, il serait judicieux de réitérer l'opération de l'autre côté de l'axe vertical de l'écran.
On obtiendrait ainsi une série de points symétriques qui, liés judicieusement, d'une part, par pairs, et d'autre part, aux points *D* et *D'* (extrémités communes des branches), contribuerait à finaliser la mise en œuvre du réseau.

PARABOLISATION D'UN RÉSEAU DE FRONT DANS UN PLAN INCLINÉ À 60°

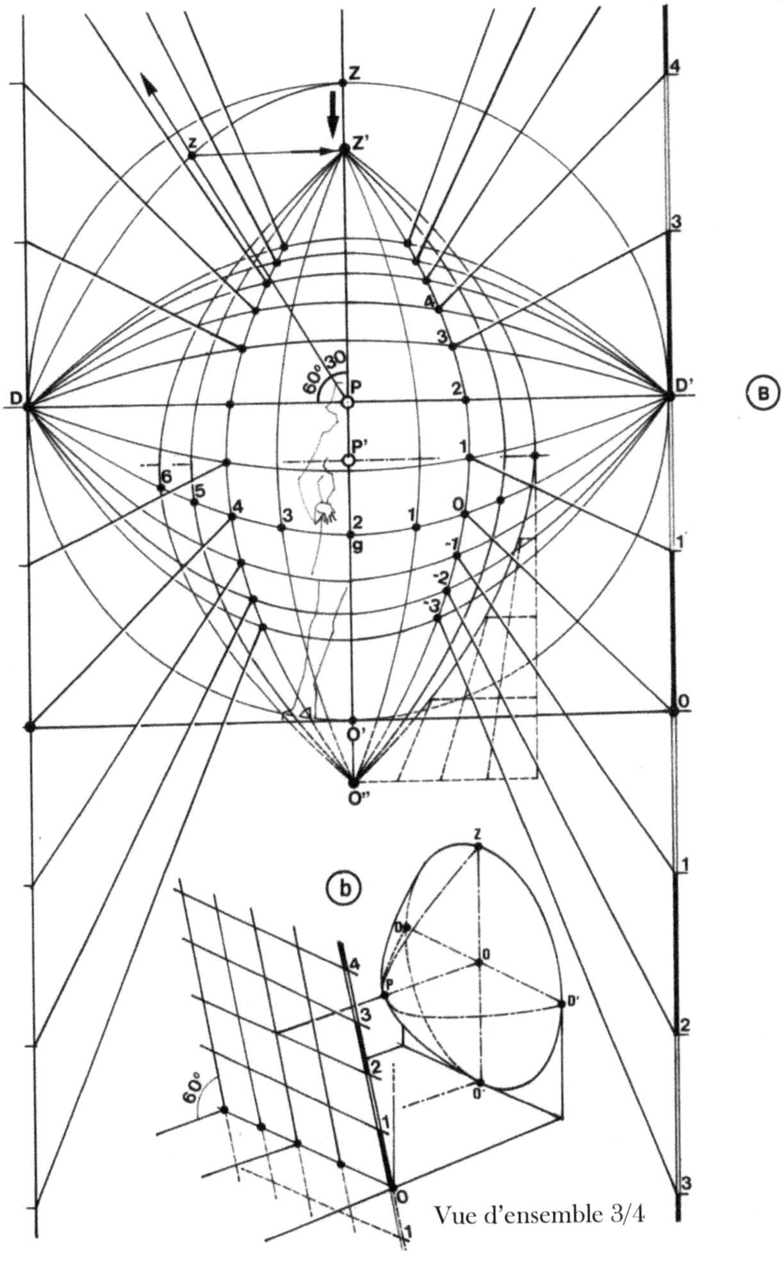

Vue d'ensemble 3/4

12 . PARABOLISATION DE DROITES HORIZONTALES INFINIES, ÉQUIDISTANTES DANS UN PLAN VERTICAL FUYANT À α°, (α° = 30°), Ⓐ, Ⓑ

Mettre en œuvre cette parabolisation selon les caractéristiques énoncées, c'est :

1 . Mesurer, au point central de la projection *P*, l'angle $\alpha° = 30°$ dont la branche intercepte en *f'* la parabole de base *ZD'O'* de côté droit vertical *ZO'*.

2 . Effectuer la projection orthogonale de ce point, sur l'axe horizontal *DD'*.

On définit ainsi le point *F'*, l'une des extrémités communes des branches des paraboles transformant les droites horizontales fuyant à 30°.

3 . Localiser l'autre extrémité *F* commune, des branches de ces paraboles, de telle sorte que sa distance de *F'* égale le diamètre du cercle de base de l'écran, soit : *FF'* = *DD'*.

4 . Mesurer sur la tangente horizontale en *O'*, l'écart *O'E* de la verticale sur laquelle seront transformées les mesures successives des intervalles, d'une part, en orientant le point *E* en *E'* sur la parabole de base de côté droit vertical *O'Z* ; d'autre part, en élevant perpendiculairement à l'axe horizontal *DD'*, ce point en *e* définissant la transformation axiale de l'écart, et simultanément, la largeur *eP* du rectangle circonscrit à la parabole transformant une échelle verticale des mesures de l'équidistance.

5 . Élever une tangente par *D* (extrémité commune des branches des paraboles transformant les droites horizontales de front), et y répartir les grandeurs régulières de l'intervalle ; celui-ci mesurant ici le rayon du cercle de base.

6 . Orienter chacun des points de division de la droite, au point central de la projection *P*. Ils se transforment sur la parabole *O'eZ* en des points qui, menés perpendiculairement à l'axe vertical *O'Z*, précisent les largeurs respectives des rectangles circonscrits aux paraboles transformant les droites horizontales de front, avant leur orientation à 30°, c'est-à-dire, dont les extrémités des branches sont communes en *D* et en *D'*.

7 . Construire chacune de ces paraboles, selon la méthode préconisée (renouvelée ici).

8 . Transformer chacune de ces droites horizontales de front, en droites horizontales fuyant à $\alpha° = 30°$, en construisant chacune de ces paraboles dont les extrémités communes s'inscrivent en *F* et en *F'*, et chacune des courbes passant par chacun des points équidistants transformés sur la parabole *O'eZ*.

PARABOLISATION DE DROITES HORIZONTALES ÉQUIDISTANTES DANS UN PLAN VERTICAL FUYANT À 30°

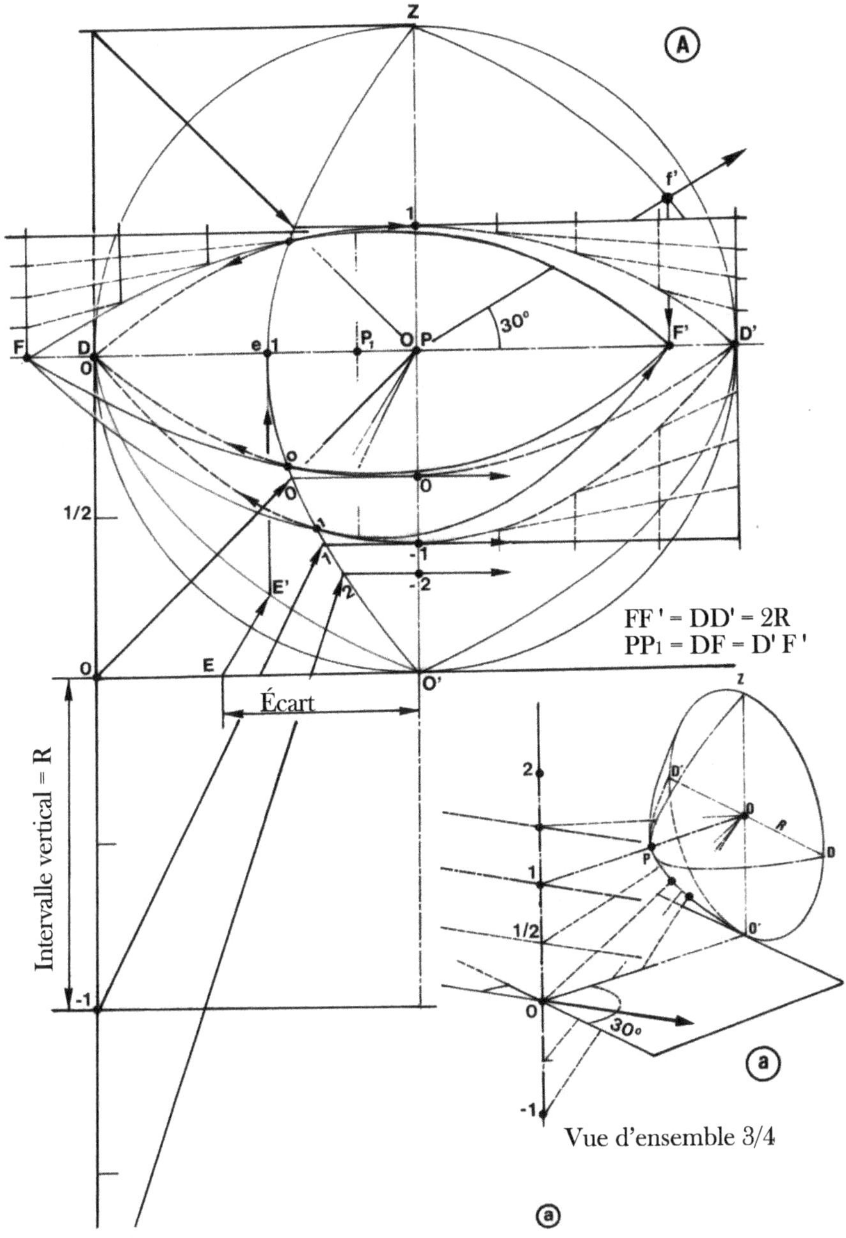

Une construction aisée nécessite que l'on réitère cette opération dans une symétrie dont l'axe se superpose au côté *FF'* horizontal.

La tangente horizontale sur laquelle seraient réparties les unités régulières, l'étant alors au point *Z* à l'opposé de *O'*.

On disposera ainsi de quatre points par lesquels passera chacune des paraboles verticales équidistantes : les deux extrémités *O'* et *Z* communes aux branches de toutes les paraboles, et les deux points d'intersection des fuyantes issues des points équidistants sur les tangentes, l'une sur la parabole limite terrestre, l'autre sur celle qui lui est symétrique.

Un autre processus, plus long, et évidemment plus fastidieux nécessitera que l'on définisse la largeur du rectangle circonscrit à chacune de ces paraboles verticales, compte tenu de leur écart respectif du point *P*, et de les construire point par point, selon la méthode préconisée.

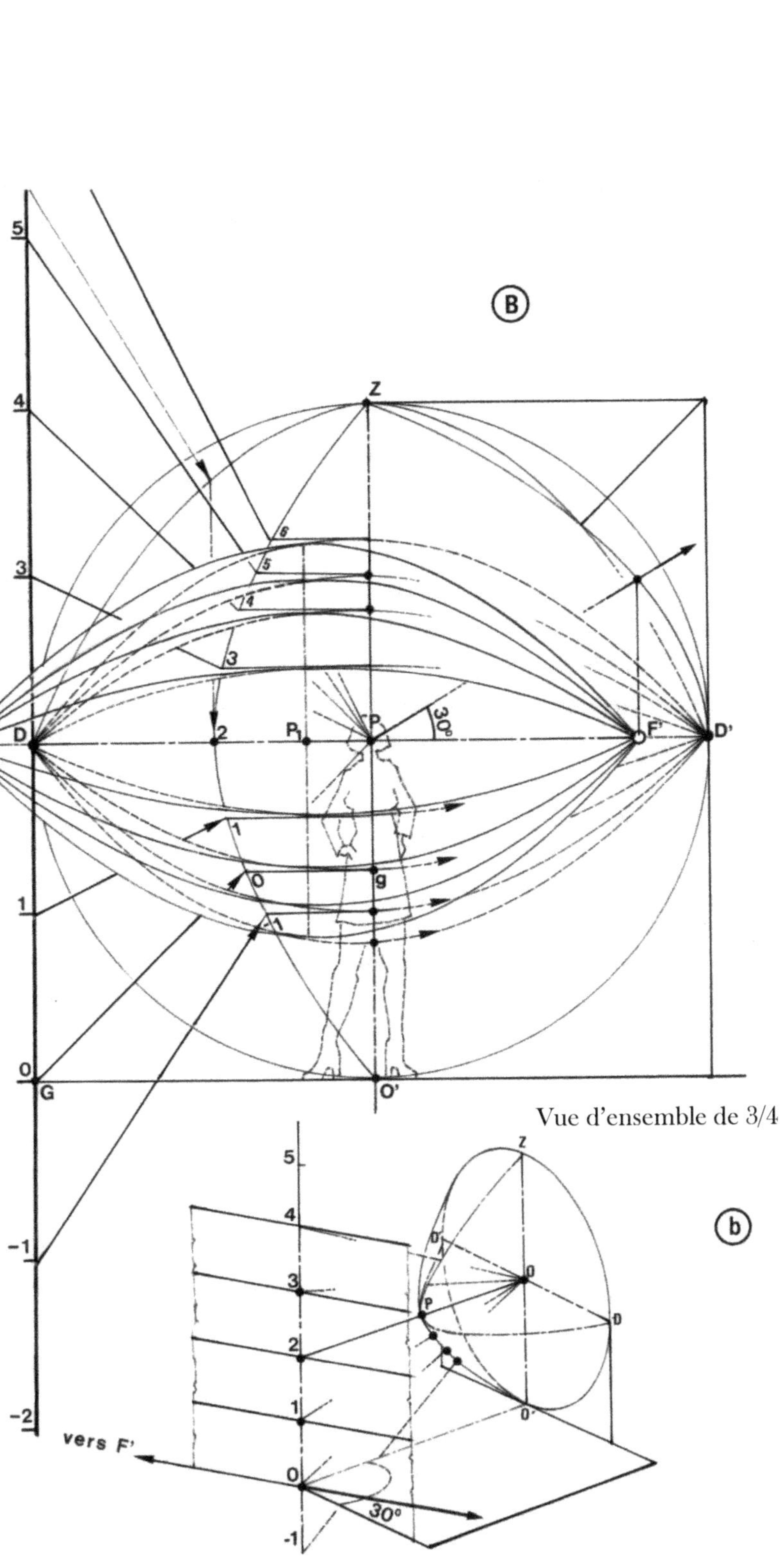

Vue d'ensemble de 3/4

13 . PARABOLISATION D'UN RÉSEAU VERTICAL FRONTAL DANS UN PLAN FUYANT À $\alpha°$, ($\alpha° = 30°$), ©

La parabolisation de ce réseau, qu'illustre la vue d'ensemble de 3/4 dos © résulte de la parabolisation des droites horizontales équidistantes dans un plan vertical fuyant à 30°, mise en corrélation avec la parabolisation de droites verticales équidistantes, selon le même intervalle, dans ce même plan.

La parabolisation des droites horizontales ayant fait l'objet de la mise en œuvre qui précède, il suffit d'opérer celle des droites verticales équidistantes qui leurs sont coordonnées.

La transformation de ces droites verticales est des plus familières et a fait l'objet, maintes fois, de mises en œuvre, au travers du rappel des mécanismes de leur tracé.

Compte tenu de cette particularité de l'équidistance, il importe de :

1 . Répartir sur l'horizontale tangente en *O'*, les points équidistants mesurant la grandeur de l'intervalle identique à celle des droites horizontales, et, évidemment, à la dimension des côtés des mailles du réseau.

2 . Orienter au point central de la projection *P*, chacun de ces points.

On détermine ainsi, sur la parabole de côté droit horizontal *FF'*, représentant la limite au sol du réseau, ces points transformant les intervalles parabolisant les côtés horizontaux des mailles.

PARABOLISATION D'UN RÉSEAU VERTICAL DANS UN PLAN FUYANT À 30°

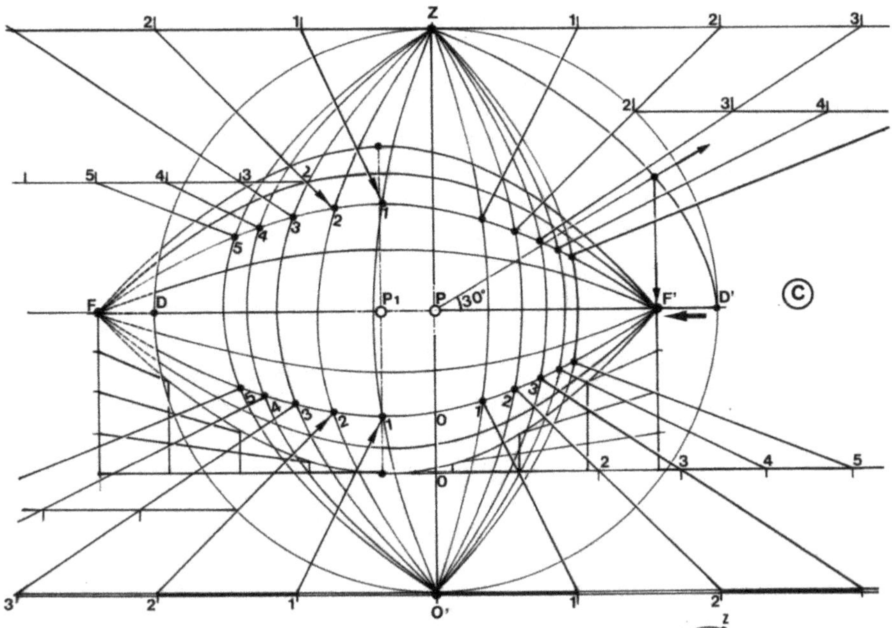

DD' = FF'
d'où
$PP_1 = FD = F'D'$

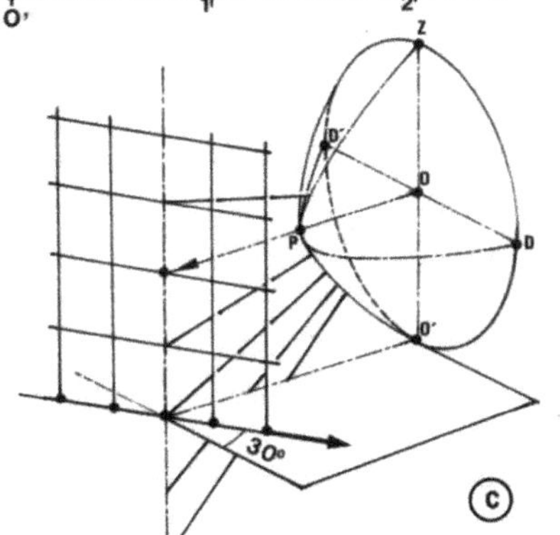

Vue d'ensemble 3/4

14. PARABOLISATION D'UNE DROITE INCLINÉE À $\alpha° = 30°$ DANS UN PLAN DE FRONT, ET DE SA DIVISION RÉGULIÈRE

1) Parabolisation d'une droite infinie inclinée à α°, ($\alpha° = 30°$)

Cette opération consiste à Ⓐ, Ⓑ :

1 . Mesurer au point central de la projection *P*, l'angle de 30° caractérisant l'inclinaison par rapport à l'axe horizontal *DD'* représentant le côté droit de la parabole transformatrice. Toutes les paraboles transformant les droites inclinées selon le même angle et dans le même plan, auront les extrémités de leurs branches communes en ces points.

2 . Délimiter sur la tangente horizontale par *O'*, l'éloignement *O'E* de la droite, puis l'orienter au point central de la projection *P*.
Il résulte du tracé, une intersection E_1 sur la parabole de *O'D'Z* qui, orientée perpendiculairement à l'axe *O'Z*, y précise sa transformation axiale *E'*.

3 . Effectuer le tracé de l'axe de la parabole, en menant une perpendiculaire à son côté droit *dd'*, en *P*, et y reporter, par un arc de cercle de centre *P*, le point *E'* en *e*.
On définit ainsi la largeur *eP* du rectangle circonscrit à la parabole transformant la droite inclinée.

4 . Opérer son tracé selon la méthode de construction par point, préconisée, et illustrée en Ⓑ.

PARABOLISATION D'UNE DROITE INCLINÉ À α° ; α° = 30° Ⓐ Ⓑ
dont l'extrémité est située sur l'axe,
en « a » Ⓒ.

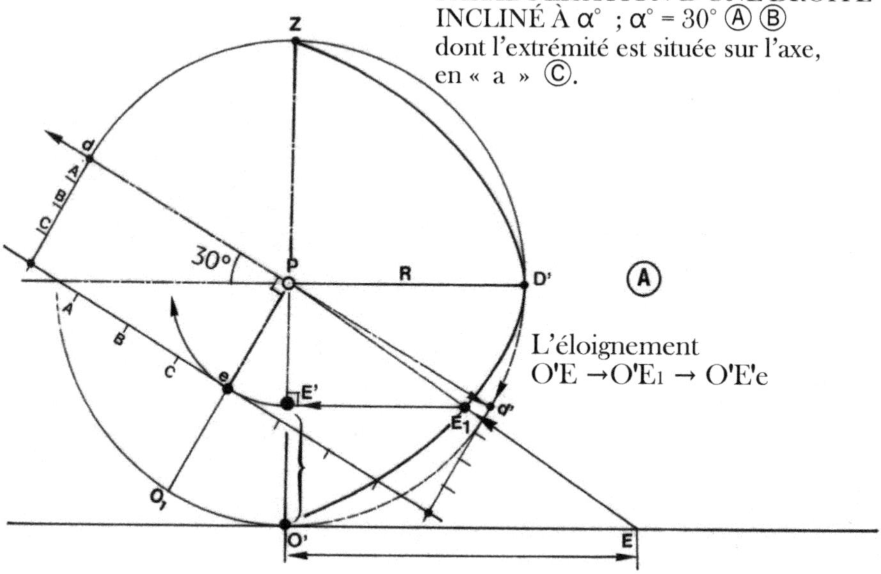

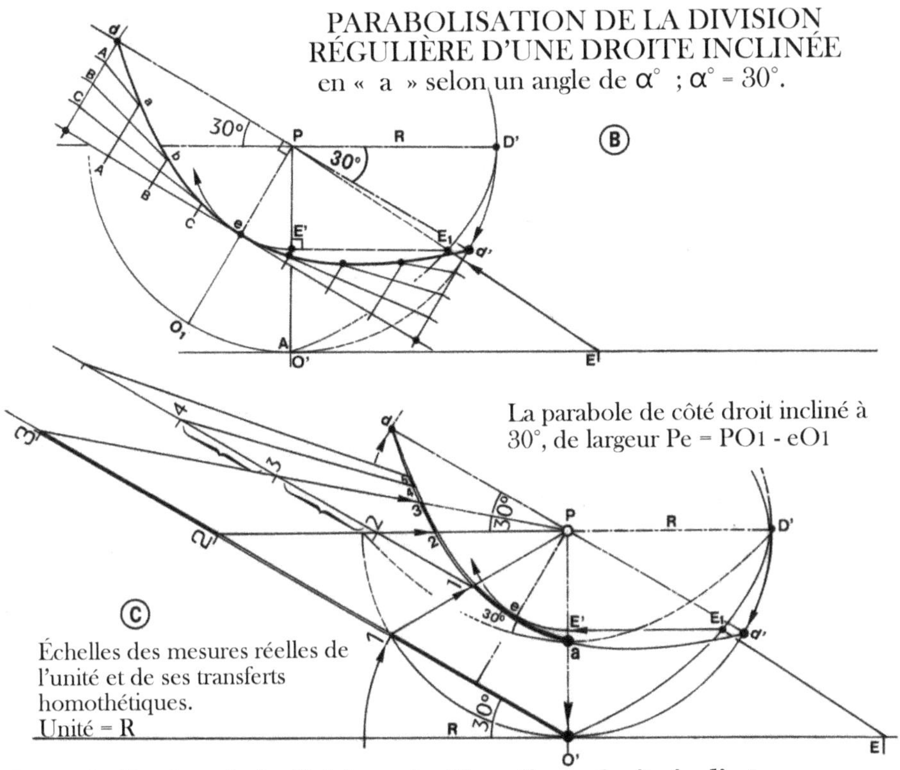

2) Parabolisation de la division régulière d'une droite inclinée à α°, (α° = 30°), Ⓐ, Ⓑ, Ⓒ

La transformation perspective parabolique de cette droite ayant été réalisée selon les mécanismes de tracé exposés ci-dessus, il importe de :

1 . Projeter l'extrémité terrestre de cette droite, du point central de la projection *P*, vers la tangente horizontale au pied *O'* du point de vue.

2 . Mener par ce point de projection coïncidant en *O'*, une droite inclinée à 30° sur laquelle seront réparties les mesures géométriques de l'unité.

3 . Orienter chacune de ces unités, au point central de la projection *P*.

On divise ainsi, régulièrement, par des intersections, la parabole *d'ad* transformant la droite inclinée.

Si l'espace de travail s'avère insuffisant pour poursuivre l'opération, il suffit d'effectuer le tracé d'une droite inclinée selon le même angle, en l'un des points d'intersection définis sur la parabole *d'ad*. Cette droite intercepte le précédent faisceau de droites orientées en *P*, en des points successifs dont chacun des intervalles mesure l'unité homothétique.

Ces unités rapportées, à la suite des précédentes, puis orientées au point central de la projection *P*, déterminent sur le segment de parabole *ad* transformant la droite, la suite des points équidistants.

PARABOLISATION DE LA DIVISION RÉGULIÈRE D'UNE DROITE INCLINÉE À α° AU-DESSUS ET EN DEÇÀ DU PLAN DES OBJETS ; α° = 30°

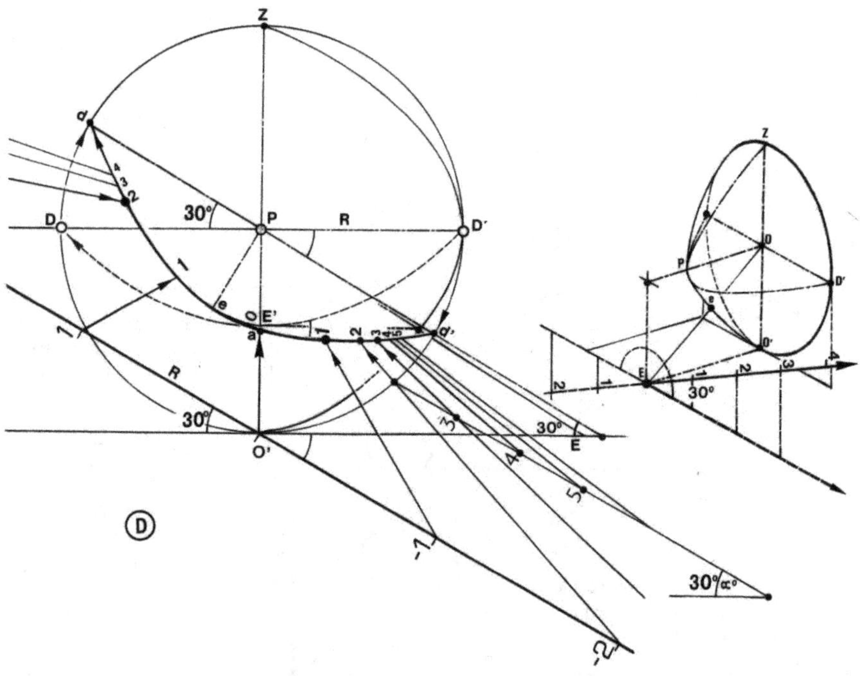

3) Parabolisation d'un segment de droite, incliné à α°, ($\alpha° = 30°$)

La parabole transformant la droite inclinée sur laquelle s'opère la segmentation ayant été construite, il importe de Ⓔ :

1 . Définir sur l'horizontale tangente en *O'*, le segment géométrique *AB*.

2 . L'incliner géométriquement à 30° en AB_1.

3 . Orienter ses extrémités *A* et B_1 au point central de la projection *P*. Ces tracés précisent, par des intersections sur la parabole transformant la droite infinie, les extrémités *a* et *b* du segment parabolique transformant le segment géométrique *AB*.

4) Parabolisation d'un carré incliné à α°, ($\alpha° = 30°$)

a) Les côtés fuyants du carré sont extérieurs à l'axe de l'écran Ⓔ, Ⓕ

Cette construction fait référence à la mise en œuvre de paraboles transformant les droites infinies équidistantes (récemment développées), mises en corrélation avec la définition du segment parabolique transformant le segment de droite géométrique.

PARABOLISATION D'UNE DROITE INCLINÉE À $\alpha°$;
$\alpha° = 30°$ dont l'extrémité « a » est extérieure à l'axe O' Z.

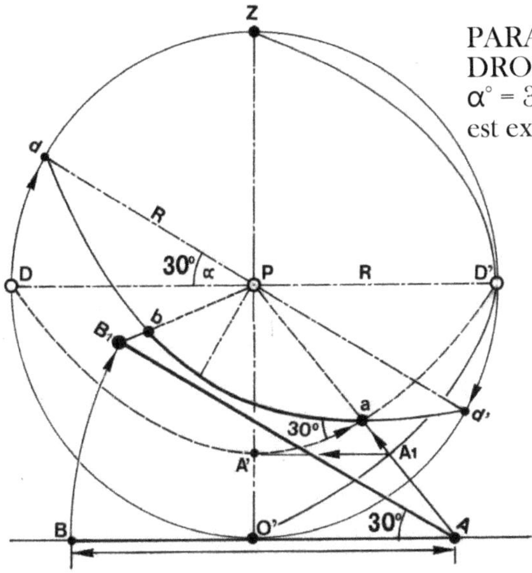

(E)

PARABOLISATION D'UN CARRÉ INCLINÉ À $\alpha°$ dans une VUE FRONTALE dont aucun des côtés n'est aligné sur l'axe O' Z .

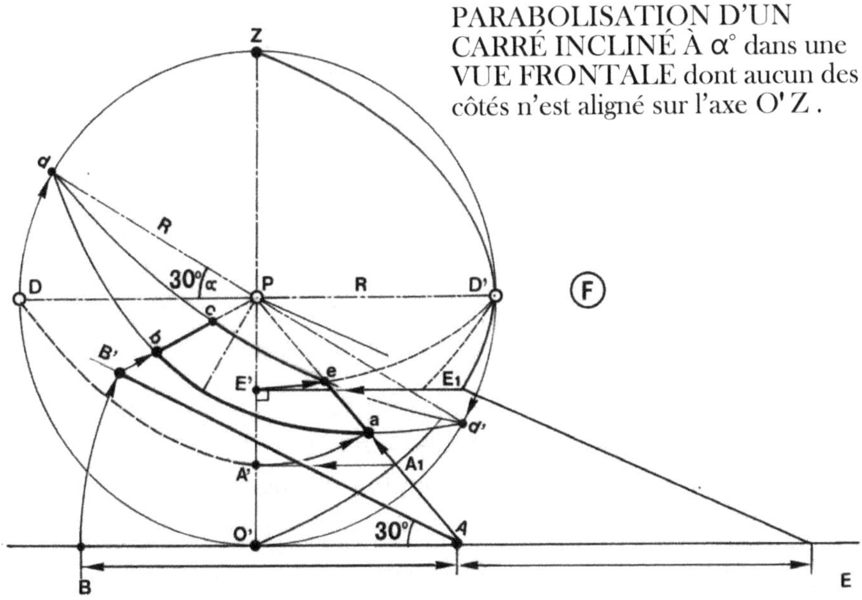

(F)

Il importe donc, une fois le segment parabolique *ab* du segment de droite *AB*, défini, de :

1 . Mesurer, de l'extrémité *A* sur la tangente horizontale, en *O'*, le côté géométrique *AE* fuyant, et d'orienter l'extrémité *E*, au point central de la projection *P*.

2 . Effectuer le tracé de la parabole de côté droit horizontal.
Cette parabole intercepte la fuyante *AP* en *e*, sommet perspectif du carré, et extrémité perspective du côté *ae*.
La construction de la parabole passant par le sommet *e*, intercepte la fuyante B_1P en *c*, le quatrième sommet du carré *abce* définitivement transformé.

b) Un des côtés fuyants du carré est aligné sur l'axe de l'écran Ⓖ

La transformation du carré dont l'un des côtés fuyants est aligné sur l'axe de l'écran est distant de *O'* d'une grandeur géométrique *O'E* = *O'A*.

Il importe de :

1 . Mesurer cet éloignement *O'A* sur l'horizontale tangente en *O'*, suivie d'une grandeur *AE* égale au côté du carré.

2 . Projeter au point *P*, les extrémités *A* et *E* de ce côté.
Elles occasionnent, chacune, sur la parabole de base de côté droit vertical, une intersection en A_1 et E_1 qui, orientée perpendiculairement à l'axe *O'P*, y détermine leur éloignement respectif *A'* et *E'*.

3 . Rapporter selon un arc de cercle de centre *P*, chacun de ces points sur l'axe perpendiculaire au côté droit incliné à 30° (*dd'*), en *A"* et *E"*.

4 . Effectuer le tracé de chacun des deux rectangles circonscrits aux futures paraboles, de largeur respective égale à *PA"* et *PE"*.

5 . Construire chacune de ces paraboles selon la méthode préconisée.
Elles précisent respectivement sur l'axe *O'P* superposé au côté, ses limites en *a* et *e*.
Le côté *AB* mesuré sur l'horizontale tangente en *O'* sera ensuite incliné en AB_1 selon une ouverture d'angle de 30°, avant que l'extrémité B_1 ne soit orientée au point central de la projection *P*, occasionnant une double intersection sur les paraboles, en *b* et *c*, localisant les deux autres sommets du carré *abce*, et simultanément, les limites de ses côtés.

5) Parabolisation de la division régulière d'une droite inclinée à α°, (α °=30°), dans une vue frontale, Ⓖ, Ⓗ

Cette construction s'apparente à celle qui précède.

Les côtés fuyants équidistants, alignés sur l'axe, seront d'abord mesurés sur l'horizontale tangente en *O'*, avant d'être projetés en *P*, occasionnant des intersections sur le cercle de base de l'écran.

Chacune de ces intersections, ramenée perpendiculairement à l'axe *O'P*, puis par un arc de cercle, sur la perpendiculaire à *dd'*, définit, chacune, les largeurs des rectangles circonscrits aux différentes paraboles.

Le faisceau des droites issues des points de division de la droite géométrique, inclinées et orientées au point central de la projection *P*, complète la construction du réseau ; la distance entre chacun de ces points, mesurant évidemment le côté du carré.

PARABOLISATION D'UN CARRÉ INCLINÉ À α° = 30° SUR L'UN DE SES CÔTÉS AJUSTÉ À L'AXE O'P DANS UNE VUE FRONTALE.

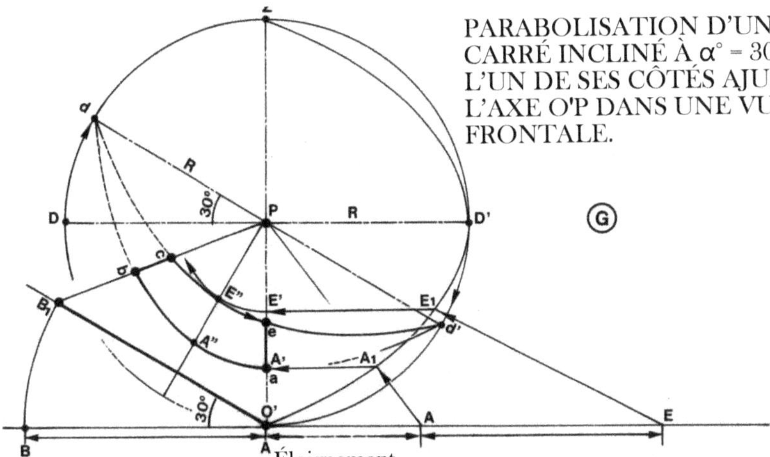

PARABOLISATION D'UN RÉSEAU DE MÊMES CARACTÉRISTIQUES (excepté l'éloignement mesurant ici l'unité R).

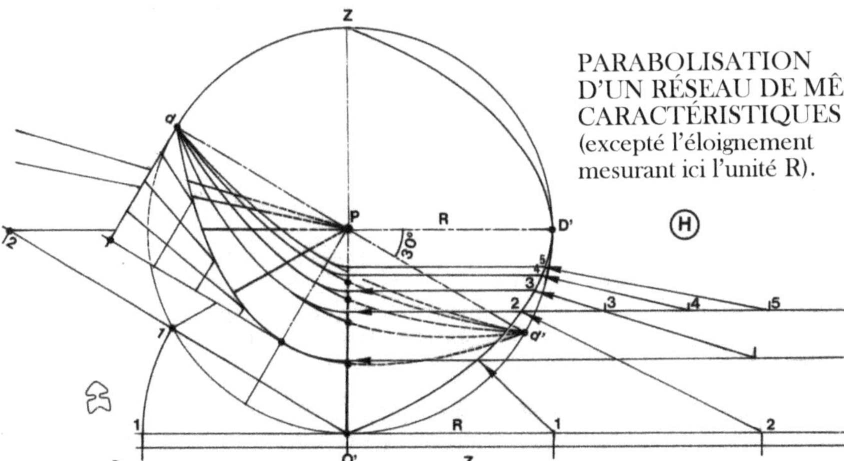

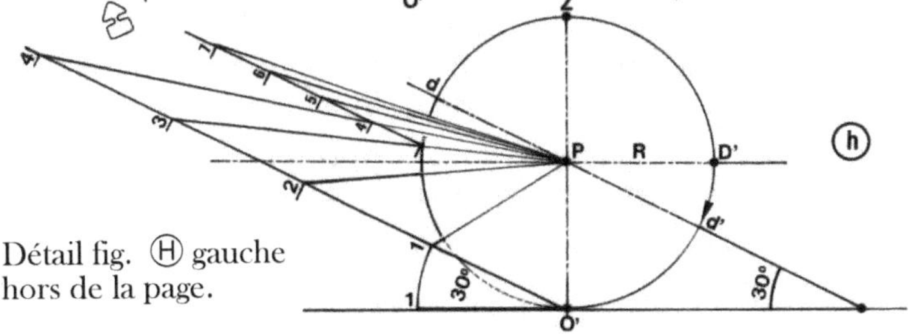

Détail fig. Ⓗ gauche hors de la page.

III • LES VUES INCLINÉES EN CONTRE - PLONGÉE ET EN PLONGÉE

1 . PARABOLISATION D'UNE DROITE VERTICALE DANS UNE VUE EN CONTRE - PLONGÉE À β°, ($\beta°=60°$)

La mise en œuvre de cette parabolisation serait comparable à celle que l'on effectuerait d'une droite inclinée dans une vision horizontale ⓐ'.

La parabolisation d'une droite verticale dans une vue inclinée en contre-plongée à 60° de l'axe horizontal *DD'* (ou à 30° de l'axe vertical *O'Z*), consiste à :

1 . Définir l'une des extrémités *Z'* de la branche de la parabole, d'une part, en mesurant l'ouverture de l'angle à 60°, au centre *P*, caractérisant l'inclinaison géométrique de l'axe de la vision en contre-plongée ; d'autre part, en orientant le point d'intersection *z* de la branche de l'angle et de la parabole de base de côté droit *DD'* horizontal, perpendiculairement à l'axe vertical *O'Z*.

2 . Préciser l'autre extrémité *O"* distant de *Z'* d'une grandeur mesurant *O'Z* égale au diamètre du cercle de base de l'écran.

3 . Mesurer sur la tangente horizontale en *O'*, la grandeur de l'écart *O'E* qui, projetée au point central de la projection *P*, intercepte la parabole transformant l'éloignement en E_1, puis, élever ce dernier perpendiculairement à *DD'*.
On y détermine le point *E'* précisant l'écart axial de la parabole transformant la droite initialement verticale dans la vision horizontale ; et mesurant simultanément la largeur *E'P* du rectangle qui lui est circonscrit.

4 . Opérer la transformation de cette droite verticale, selon les mécanismes de tracé préconisés.
Elle intercepte la parabole DP_1D' de côté droit horizontal, en un point *e* transformant l'écart *PE'* en P_1E_1.

5 . Réaliser le tracé de la parabole transformant la droite dans la vue en contre-plongée à 60°, dont les extrémités des branches se situent respectivement en *Z'* et *O"*, et un point de la courbe en *e*.

2 . PARABOLISATION D'UN CARRÉ VERTICAL SUR L'ANGLE DANS UNE VUE EN CONTRE - PLONGÉE Ⓑ, ⓑ

Paraboliser cette figure dans les conditions énoncées correspond à la parabolisation d'un carré incliné dans un plan vertical frontal, soit tangent en *D'* au cercle de base de l'écran, soit situé en un autre lieu.

3 . PARABOLISATION D'UN RÉSEAU PERSPECTIF PARABOLIQUE NORMÉ SUR L'ANGLE, DANS UNE VUE EN CONTRE - PLONGÉE À 60°, Ⓒ, ⓒ

Cette parabolisation correspond, elle aussi, à celle d'un réseau incliné à 60° dans un plan frontal d'une vision horizontale.

PARABOLISATION D'UNE DROITE VERTICALE DANS UNE VUE EN CONTRE - PLONGÉE À 60° DE DD' ET 30° DE O' Z

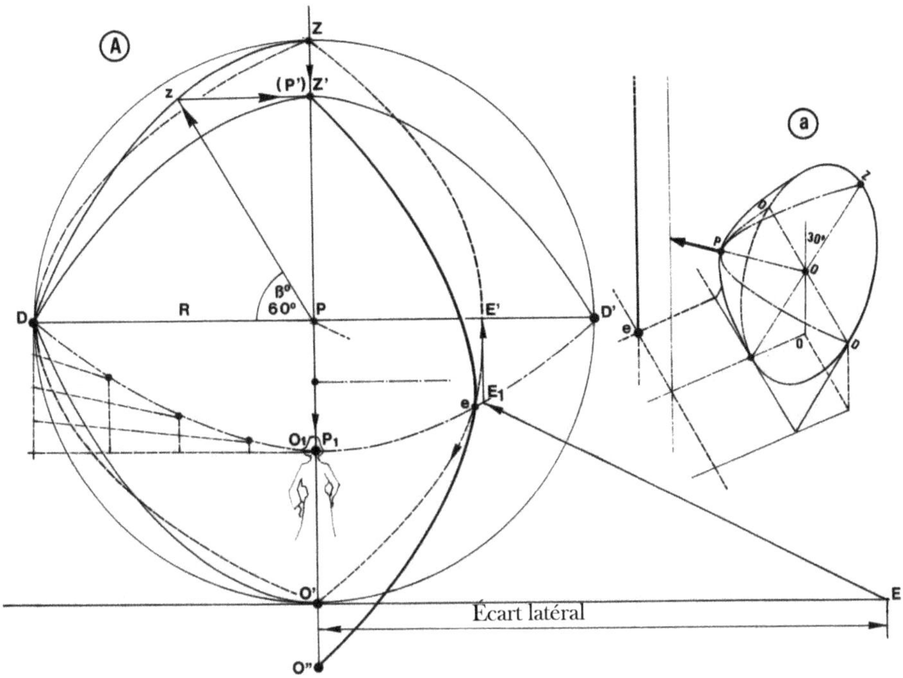

La parabolisation d'une droite VERTICALE dans une VISION INCLINÉE ⓐ équivaut à la parabolisation d'une droite INCLINÉE dans une VISION HORIZONTALE ⓐ'.

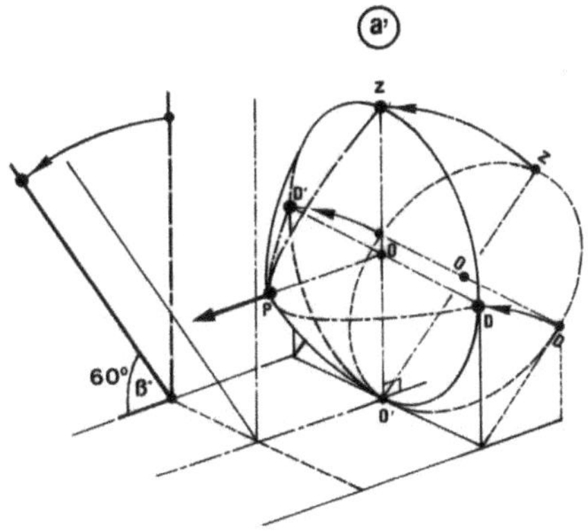

PARABOLISATION D'UN CARRÉ VERTICAL DANS UNE VUE EN CONTRE - PLONGÉE À 60°

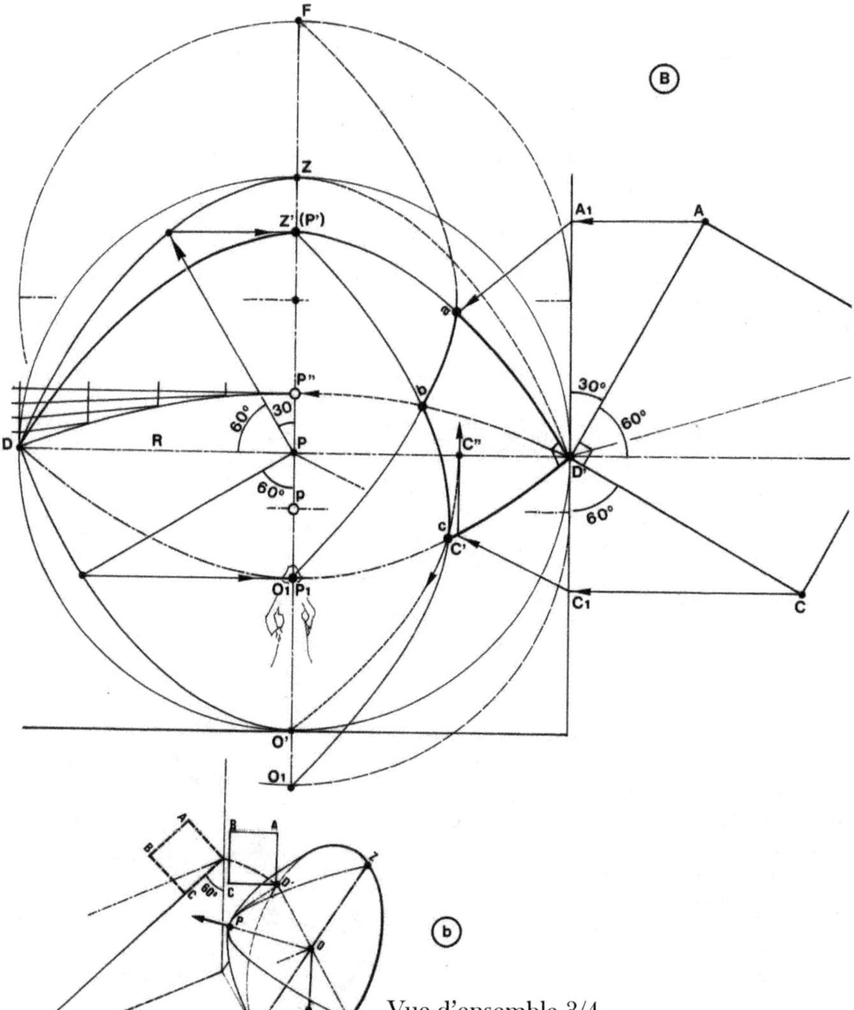

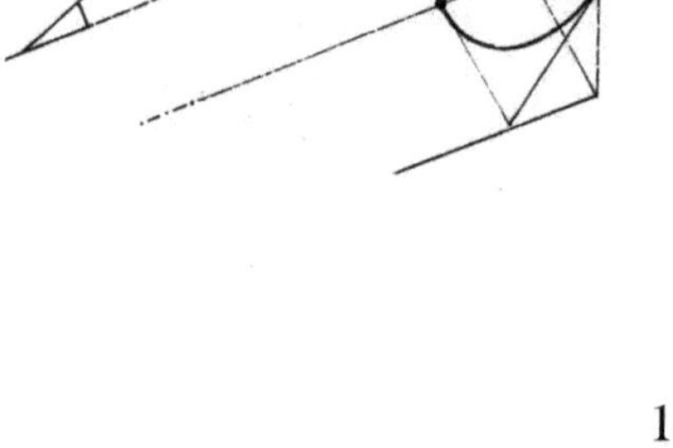

Vue d'ensemble 3/4

PARABOLISATION D'UN RÉSEAU VERTICAL FRONTAL DANS UNE VUE EN CONTRE - PLONGÉE À 60°

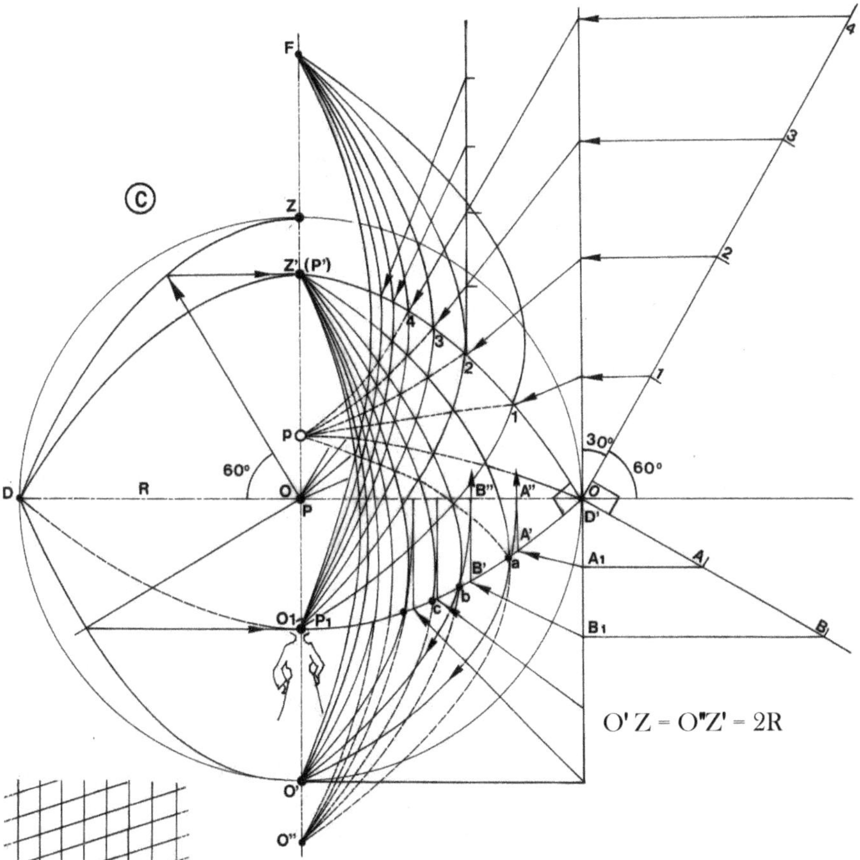

O' Z = O"Z' = 2R

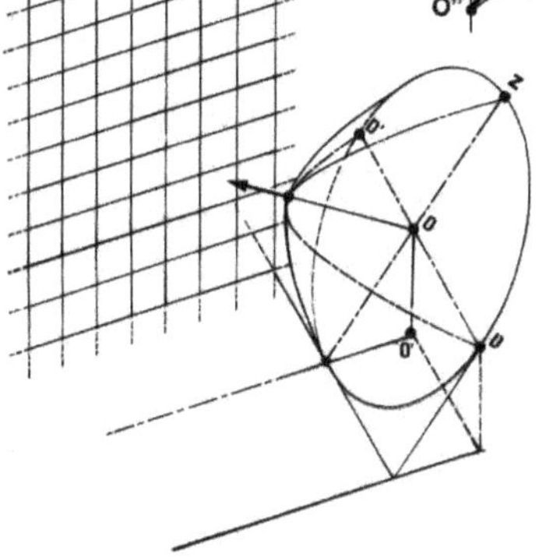

Vue d'ensemble 3/4

4 . PARABOLISATION D'UN RÉSEAU PERSPECTIF NORMÉ, SUR L'ANGLE, DANS UNE VUE EN CONTRE - PLONGÉE À 45°

Cette parabolisation s'opérera dans les conditions analogues à celles qui précèdent, ainsi qu'à celles relatives à la *Parabolisation d'un réseau horizontal sur l'angle, à 45°, dans une vision horizontale* (ξ 11d).

Les figures de profil et de face mises en corrélation Ⓐ, sont destinées à mettre en lumière les particularités de la parabolisation, contribuant à une meilleure compréhension des mécanismes de la construction.

Ainsi, l'orientation à 45° de l'axe de la vision en contre-plongée, représenté dans la vue de profil, intercepte l'écran parabolique en un point qui, mené horizontalement dans la vue de face, définit sur l'axe vertical le point *Z'*, extrémité commune des branches des paraboles transformant les droites selon cet aspect de la vision.
Le point *O"*, à l'opposé du point *Z'* exprimant l'autre extrémité commune des branches, se définit à une distance de *Z'* égale à *O'Z* mesurant le diamètre du cercle de base de l'écran.
Toutes les paraboles transformant le premier système de droites (initialement verticales dans une vision horizontale), seront de côté droit *O"Z'* commun et d'extrémités communes des branches, *O"* et *Z'*, dans une vision en contre-plongée à 45° Ⓑ, Ⓒ.

Dans la vue de profil Ⓐ, la branche de l'angle complémentaire à 45° en deçà de l'axe horizontal *OP*, intercepte l'écran parabolique en un point qui, mené horizontalement dans la vue de face, précise sur l'axe vertical *O'Z* l'un (O_1) des deux points représentant l'une des extrémités communes du deuxième système de paraboles transformant le deuxième système de lignes du réseau, perpendiculaire au premier.
La deuxième extrémité Z_1 commune à ce deuxième système de paraboles, se détermine à une distance de O_1 d'une grandeur égale à *O'Z*, mesurant le diamètre du cercle de base de l'écran.
Toutes les paraboles transformant ce deuxième système de lignes perpendiculaires aux premières, auront les extrémités de leurs branches, communes en O_1 et Z_1, Ⓑ, Ⓒ.

Le réseau transformé l'est, évidemment, dans les limites du cercle de base de l'écran Ⓒ.

RÉSEAU PERSPECTIF PARABOLIQUE DANS UNE VUE EN CONTRE-PLONGÉE.

La vue est sur l'angle à 45°.

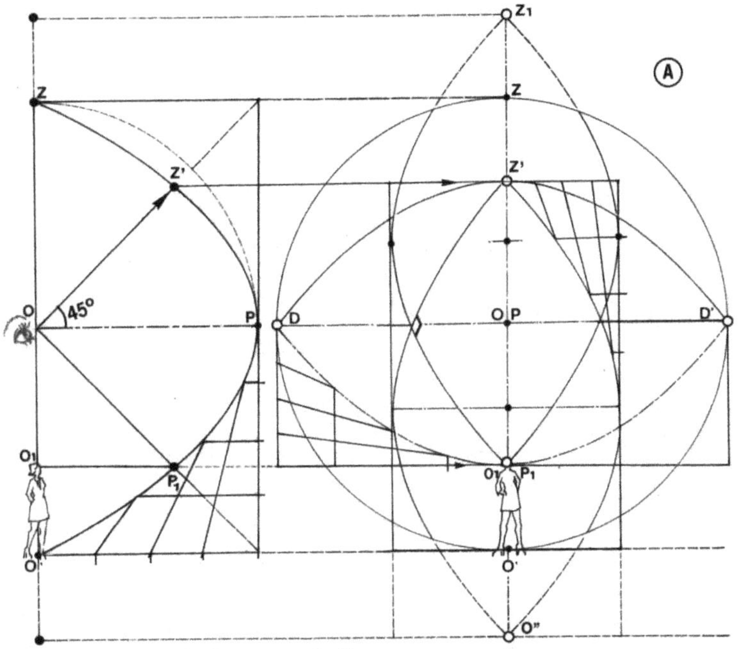

Composé de deux systèmes de lignes paraboliques orientées en P1 et z' à 45° sur l'axe vertical.

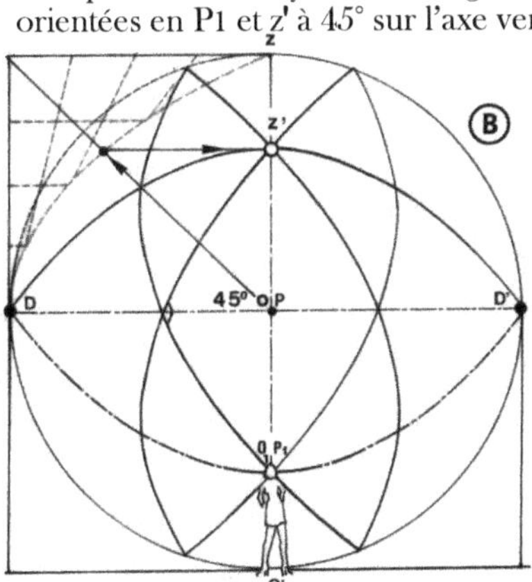

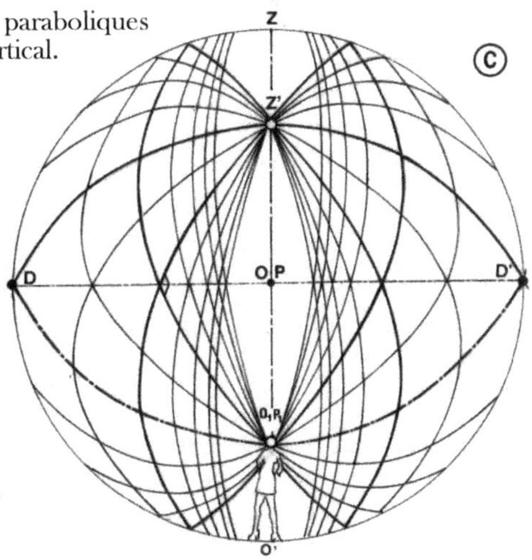

5 . PARABOLISATION D'UN RÉSEAU VERTICAL DE FRONT, DANS UNE VUE EN CONTRE - PLONGÉE À 60°

Cette parabolisation s'apparente à celle relative à la *Parabolisation d'un réseau vertical dans un plan fuyant à β°.*

Il suffirait de faire subir à la figure Ⓒ (ξ 13 Ⓒ), une rotation plane d'un quart de tour à gauche, pour révéler l'aspect du réseau caractérisé par l'intitulé ci-dessus.
Une nouvelle rotation d'un demi-tour, toujours dans le même sens, offrirait la vue en *plongée* de ce réseau.

Mettre en œuvre la parabolisation d'un réseau vertical de front dans une vue en *contre-plongée*, c'est Ⓐ :

1 . Déterminer sur l'axe vertical *O'Z*, le point *Z'* commun aux extrémités des branches des paraboles transformant l'un des deux systèmes de lignes parallèles, d'une part, en mesurant au centre *P* l'ouverture de l'angle de la vision en *contre-plongée*, d'autre part, en menant perpendiculairement à cet axe, le point d'intersection *z* de la branche de l'angle et de la parabole de base de l'écran.

2 . Préciser l'autre extrémité *O"* commune, des branches des paraboles transformant le système de lignes, distant de *Z'* d'une grandeur mesurant *O'Z* égale au diamètre du cercle de base de l'écran.

3 . Transformer le premier système de lignes horizontales équidistantes, par les paraboles dont les extrémités des branches s'inscrivent en *DD'*.

4 . Transformer le deuxième système de lignes inclinées à 60° et équidistantes selon une grandeur mesurant le côté de la maille, par des paraboles dont les extrémités des branches s'inscrivent en *O"* et *Z'*.
L'équidistance géométrique horizontale se mesure sur l'horizontale tangente en *O'* au pied du point de vue, alors que celle, verticale, se mesure sur une droite reposant sur la tangente en *O'*, au point d'intersection qu'elle forme avec la fuyante en *P*, tributaire de son écart par rapport à l'axe, au niveau *O*, par conséquent dans le plan des objets.

5 . De l'ensemble de ces points de division régulière issus de chacune de ces droites, orienter en *P* les faisceaux respectifs des droites qui se transforment sur les paraboles correspondantes, contribuant ainsi, à la finalisation de la construction du réseau.

PARABOLISATION D'UN RÉSEAU VERTICAL DE FRONT, DANS UNE VUE EN CONTRE-PLONGÉE À 30° DE PZ ET 60° DE PD'

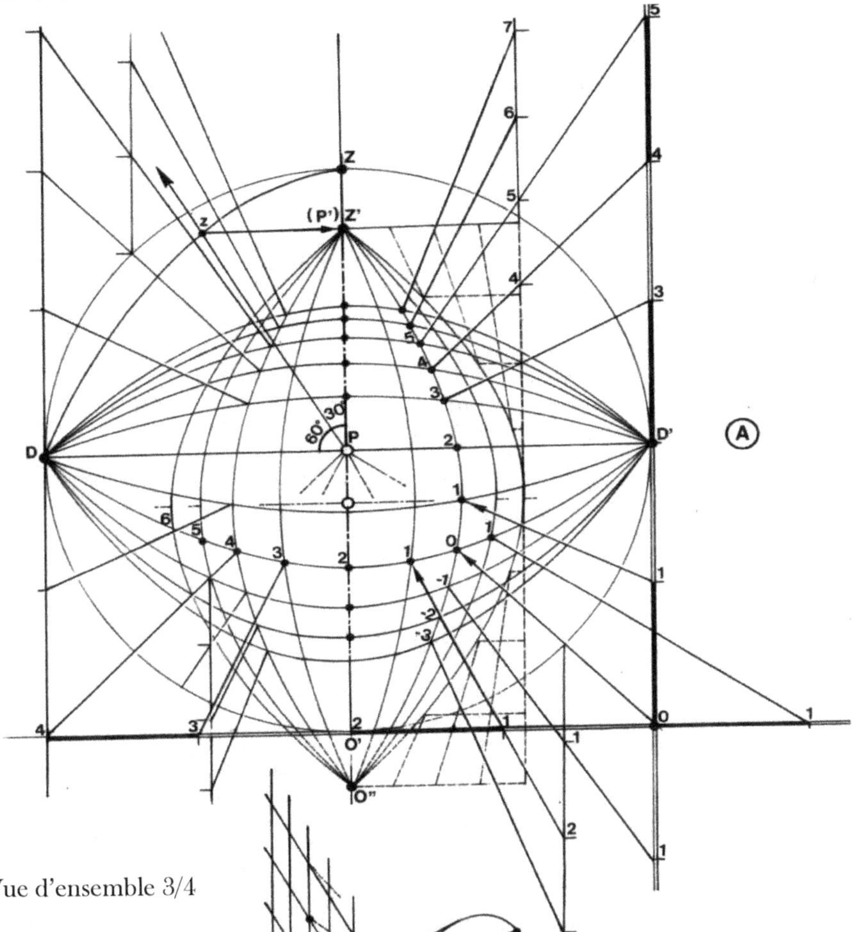

Vue d'ensemble 3/4

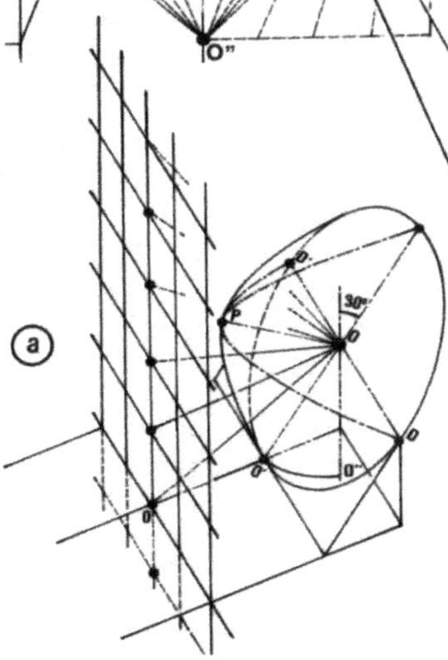

La mise en corrélation de la vue de profil et de la vue de face, ci-dessous Ⓑ, est destinée à favoriser la compréhension des mécanismes qui génèrent la parabolisation d'un réseau vertical de front, dans une vision inclinée en *contre-plongée,* ici selon un angle de 45°.
Dans la vue de profil, la mesure de l'angle de la vision en *contre-plongée* à 45°, intercepte l'écran parabolique en un point qui, mené horizontalement dans la vue de face, précise son axe vertical *O'Z*, le point *Z'*, extrémité commune des branches des paraboles transformant les droites verticales en droites inclinées à 45°.
La seconde extrémité commune *O"* des branches de ces paraboles de côté droit vertical, se détermine de *Z'* d'une grandeur *O'Z* mesurant le diamètre du cercle de base. Les extrémités des paraboles transformant les droites horizontales, s'inscrivent sur les points *d* et *d'* situés sur le nouvel axe horizontal passant par le nouveau point central auxiliaire P_1, inscrit à mi-distance des points *O"* et *Z'*.

PARABOLISATION D'UN RÉSEAU VERTICAL DE FRONT
DANS UNE VUE INCLINÉE EN CONTRE-PLONGÉE À 45°

Ⓑ

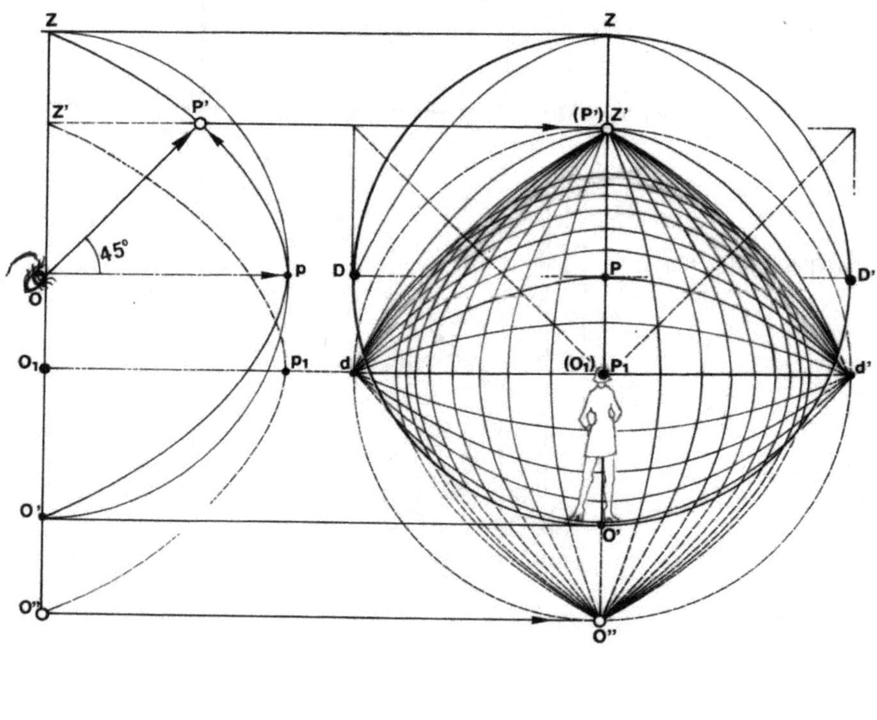

IV • LES VUES VERTICALES ZÉNITHALES ET NADIRALES

PARABOLISATION DE RÉSEAUX COMPLÉMENTAIRES FRONTAUX ET DE FRONT DANS UNE VUE VERTICALE ZÉNITHALE $O.Z$ ET NADIRALE $O.N$.

La mise en œuvre de cette parabolisation Ⓐ, Ⓑ, est totalement identique à celle de la « parabolisation d'un réseau horizontal » dans une double vue frontale et de front, selon une vision horizontale Ⓒ, antérieurement développée dans les ξ 10. d, f, figure Ⓐ et ξ 8, figure Ⓕ.

Le point central de la projection P, qui était le point de convergence des droites horizontales perpendiculaires à l'écran, deviendra le point zénithal Z de convergence des droites verticales, dans une vision verticale orientée vers le haut, ou nadirale N, dans une vision verticale contraire.

Les rotations planes successives que l'on ferait subir au réseau, correspondraient aux déplacements, de l'angle de vue de l'observateur évoluant autour du champ parabolique de 360°.

PARABOLISATION DE RÉSEAUX FRONTAUX
DANS UNE VUE VERTICALE ZÉNITHALE *O.Z* OU NADIRALE *O.N*

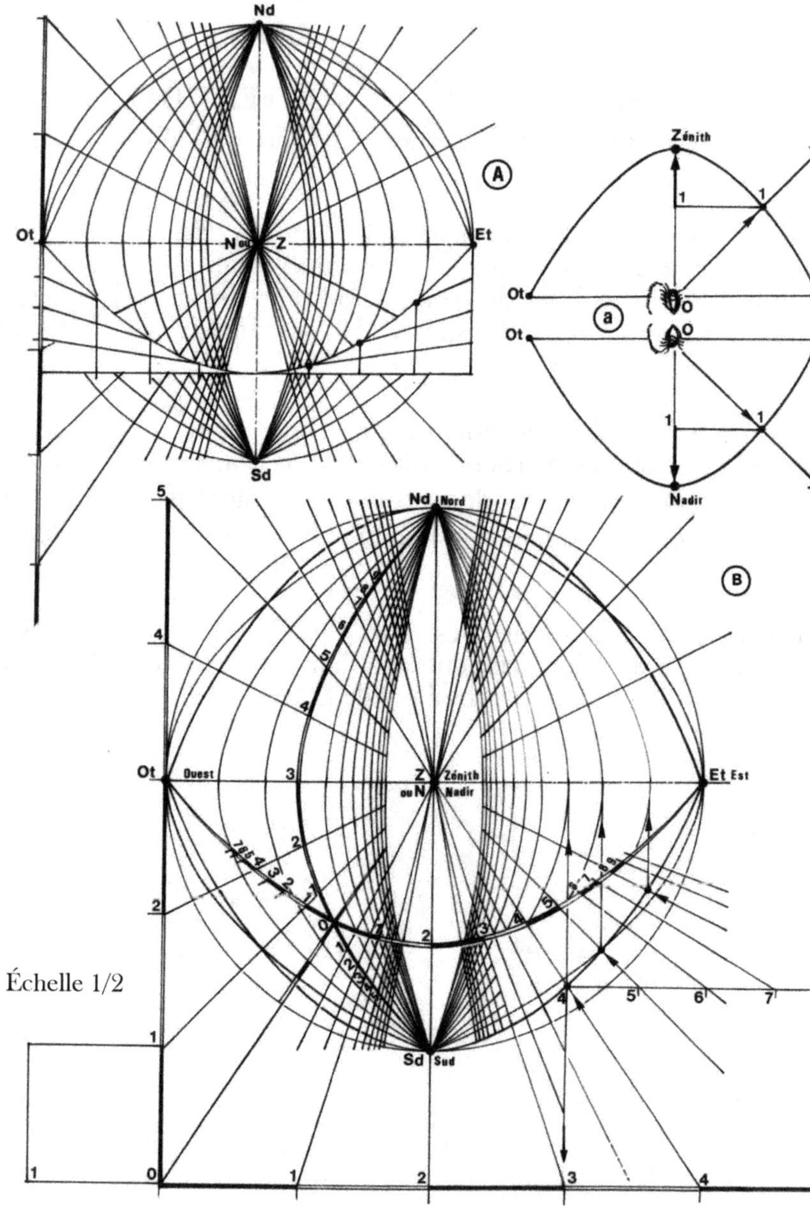

Ces réseaux sont identiques à celui qui résulte de la vue horizontale d'un réseau horizontal frontal.

L'unité géométrique (0_1, 0_2,...) doit être transférée sur la parabole de base de côté droit horizontal, et non sur le cercle de base. Réseau NON APPROPRIÉ pour l'urbanisme.

RÉSEAU PERSPECTIF PARABO-SPHÉRIQUE dans la VUE EN CONTRE-PLONGÉE ZÉNITHALE O.Z NON CONFORME
La vue est frontale composée de deux systèmes de lignes paraboliques :
- l'un, perpendiculaire à l'écran, rectiligne, orienté au zénith Z,
- l'autre, parallèle à l'écran, curviligne, orienté aux pôles Nd et Sd.

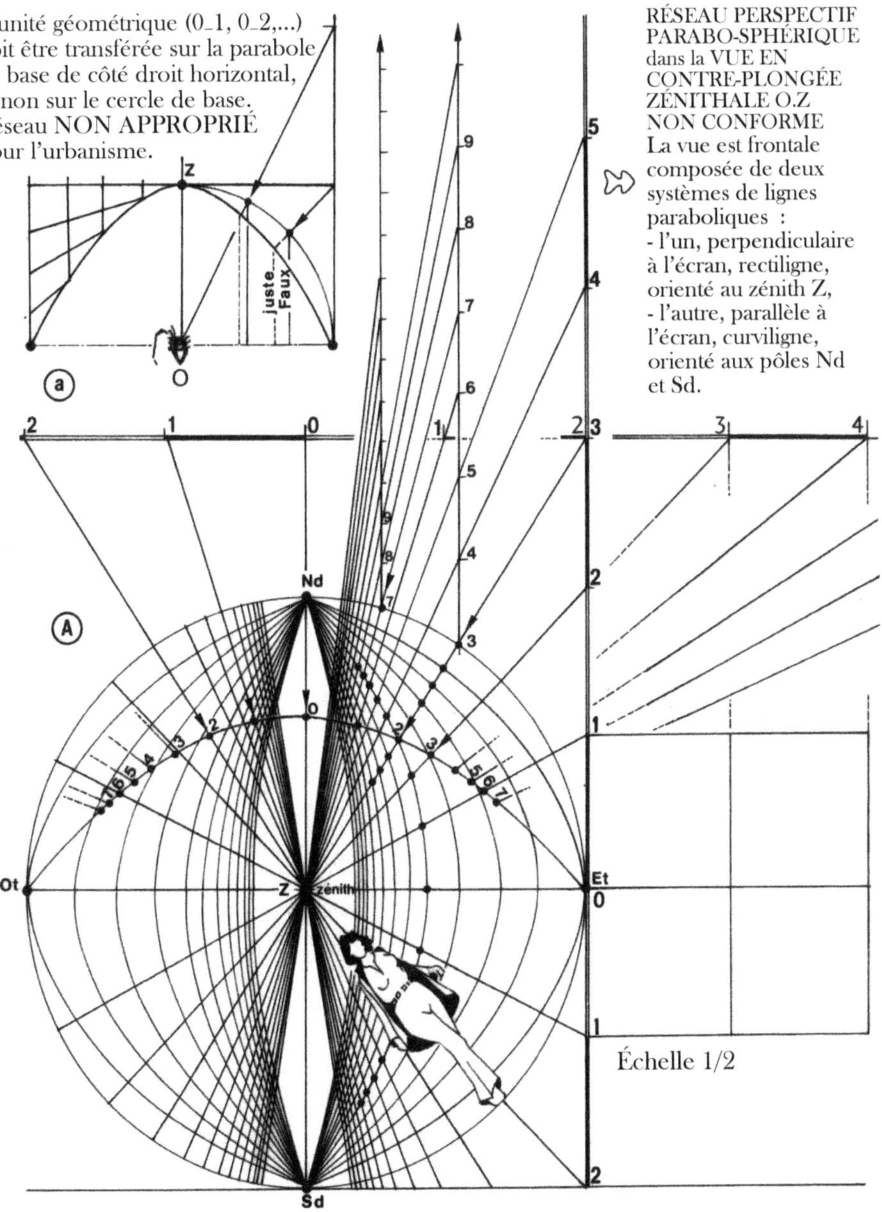

Échelle 1/2

DEUXIÈME PARTIE

MÉTHODE D'EXPLOITATION RATIONNELLE DES RÉSEAUX PERSPECTIFS PARABOLIQUES NORMÉS - R.P.P.N

Les Réseaux Perspectifs Paraboliques Normés, quels que soient les aspects de la vision :

- Horizontale, *de Front*, *Frontale*, ou *sur l'angle*,
- Verticale, Zénithale ou Nadirale,
- Inclinée, en *plongée* ou en *contre-plongée*,

ont pour fonction, de faciliter les mécanismes de tracés, sans devoir en permanence, recourir à la construction ponctuelle des paraboles nécessaires aux transformations des droites, ceci, selon des processus innovants de rapidité et de rigueur de mise en œuvre.

I • LE R.P.P.N
LE RÉSEAU VERTICAL

La vision DE FRONT n'offre qu'un réseau : le réseau vertical.
Le réseau horizontal ne trouvera sa raison d'être qu'au travers de la vision FRONTALE.

1 . PARABOLISATION D'UN SEGMENT DE DROITE Ⓐ

Si le segment d'une parabole *gF* transformant un segment de droite, s'ajuste sur l'une ou l'autre des lignes de structure horizontales ou verticales du réseau, il suffit, après avoir localisé l'une de ses extrémités *g* sur cette ligne, de compter le nombre d'unités qui caractérisent sa longueur, pour déterminer sa seconde extrémité *f*, et effectuer directement son tracé à l'aide du trace-courbes appelé *pistolet* ou *perroquet* du fait de son aspect général.

Si dans un autre cas de figure le segment de parabole *mn* s'inscrit à mi-distance de deux de ces lignes parallèles, il s'avérera nécessaire d'effectuer, d'une part, le tracé des diagonales de chacune des mailles carrées situées dans le prolongement proche des extrémités, et éventuellement de celles s'alignant sur son futur tracé (suivant l'importance de la longueur du segment), d'autre part, de lier successivement les points d'intersection des diagonales, à *main levée* puis au trace-courbes.

Si encore, le tracé du segment s'imposait entre les lignes qui précèdent, il suffirait alors d'exécuter son tracé en s'appuyant sur ces dernières considérées comme guides, à *main levée*, puis aux instruments, à moins de réitérer l'opération ci-dessus, si l'écart entre ces lignes s'avérait encore trop important.

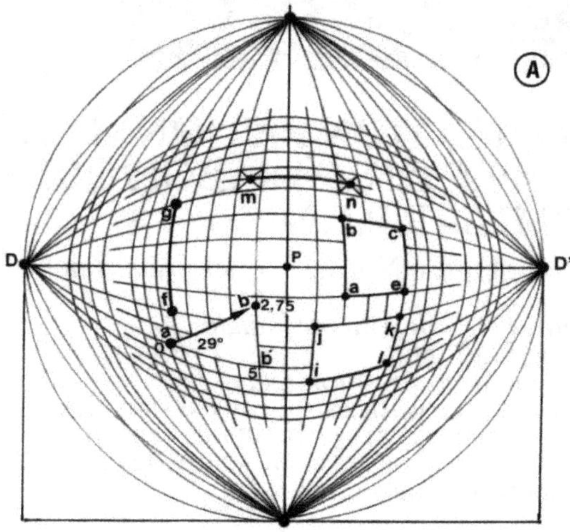

de Front Ⓐ
frontal horizontal Ⓑ Ⓒ

Le segment de droite fg et mn
Le carré abce
Le rectangle ijkl
L'angle â = β° ;
de la droite ab - β° = 29°
Le triangle rectangle bb'a

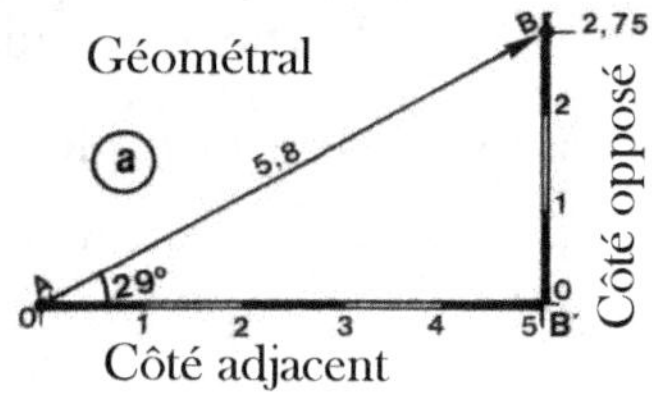

2 . PARABOLISATION D'UN CARRÉ (*abce*) OU D'UN RECTANGLE (*ijkl*) Ⓐ

La transformation de ces figures s'opère dans les conditions analogues à celles relatives aux tracés de l'un ou l'autre des segments paraboliques comparables à l'un ou l'autre des côtés du carré, ou à la longueur et à la largeur du rectangle.

3 . PARABOLISATION DE L'ANGLE ET DU TRIANGLE

La parabolisation de ces figures, qu'il s'agisse de la vision de Front ou Frontale, s'opère selon le même processus. La vision horizontale frontale offrant des situations bien plus nombreuses, les mécanismes de leur construction préalablement réalisés (ici un segment *AB* mesurant *5,8 unités* dont l'ouverture de l'angle d'inclinaison de 29° en *A*), engendrent un côté adjacent de *5 unités* et un opposé de *2,75 unités.*

PARABOLISATION DU CERCLE VERTICAL
DANS UNE VUE FRONTALE, se succédant sur les axes

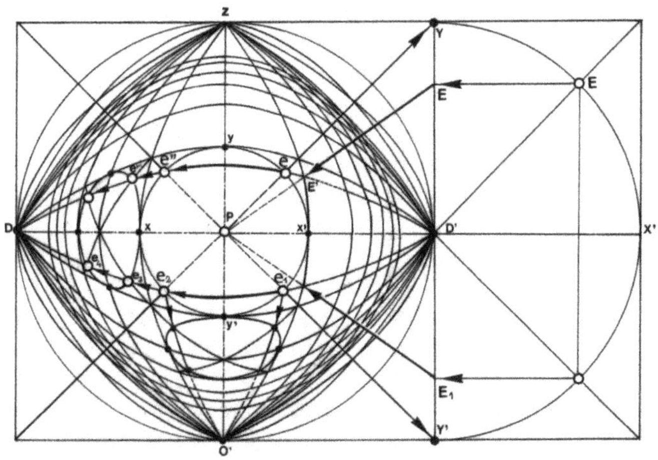

Ⓐ

4 . PARABOLISATION DU CERCLE VERTICAL

Trois cas de figure sont à envisager.

1) Le centre du cercle à paraboliser est commun au centre *P* du cercle de base de l'écran

Les deux cercles sont donc dans des plans parallèles. Le cercle à paraboliser sera donc à l'identique du cercle géométrique qui le caractérise et se construira, évidemment, à l'aide du compas, quel que soit son diamètre.

- Parabolisation de cercles verticaux de front, concentriques au cercle de base et équidistants (cas peu courant, de construction simple).

Il importe, d'une part, de répartir sur l'horizontale tangente en *O'*, les grandeurs successives de l'intervalle ; d'autre part, de mener perpendiculairement à l'axe vertical *O'P'*, les points d'intersection obtenus sur la parabole de base de l'écran, de côté droit vertical.

On y détermine la mesure des rayons des cercles à transformer à l'aide du compas. Les cercles parabolisés sont d'aspect identique aux cercles géométriques.

2) Le cercle à paraboliser est de centre inscrit sur l'un ou l'autre des axes du cercle de base de l'écran Ⓐ

La transformation nécessite :

a) D'une part, le prolongement de deux des côtés parallèles du carré transformé circonscrit au futur cercle, vers l'horizontale tangente au cercle de base en *O'*, d'autre part, le tracé géométrique du demi-cercle correspondant, muni de ses diagonales.

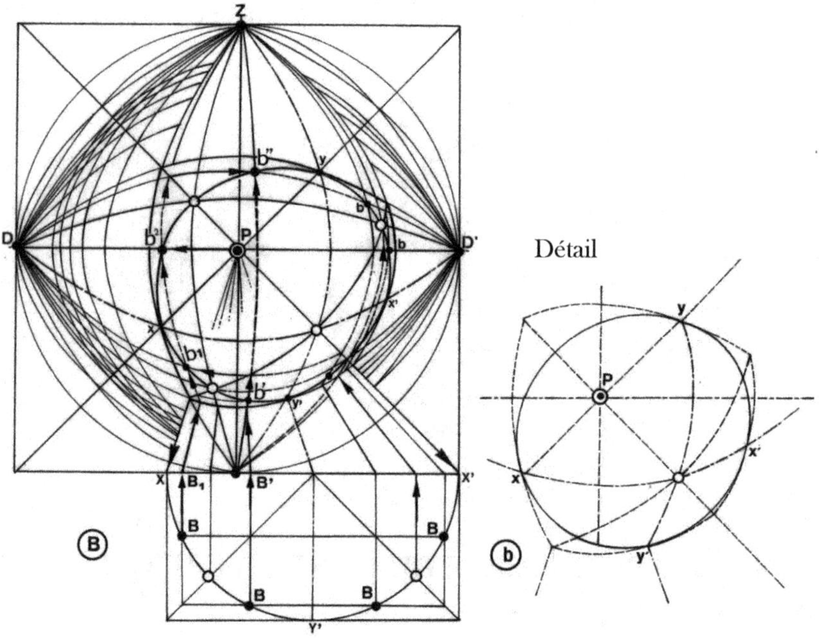

b) L'orientation des points d'intersection des demi-diagonales et du demi-cercle, perpendiculairement à la tangente, puis leur projection au point central *P*.

On détermine sur les diagonales curvilignes (paraboliques) du carré circonscrit au cercle à paraboliser, des points d'intersection qui, liés successivement, matérialiseront le tracé de la transformation d'une ellipse parabolisant le cercle.

3) Le cercle à paraboliser est situé en un lieu quelconque du réseau Ⓑ

Les mécanismes de sa construction seront comparables à ceux qui précèdent. Si les points d'intersection s'avéraient insuffisants à la précision du tracé, il serait alors nécessaire de compléter la mise en œuvre par la recherche d'autres *points paramétrés* par les médianes et les diagonales : huit points symétriques par l'un ou l'autre de ces éléments, en opérant comme suit :

a) Localiser sur le demi-cercle géométrique correspondant, un point *B* quelconque et les points qui lui sont symétriques par les médianes et les diagonales, en B_1, *B'* ... sur la tangente au cercle de base.

b) Les orienter ensuite vers le point *P*, sur le côté du carré circonscrit au cercle.

c) Les élever, selon les courbes paraboliques issues des lignes-guides du réseau, vers les diagonales de ce carré.

Le tracé organisé de ces intersections, dans les conditions similaires à celles du cercle géométral, permettent de définir huit points complémentaires contribuant à affiner la précision de la transformation parabolique du cercle.

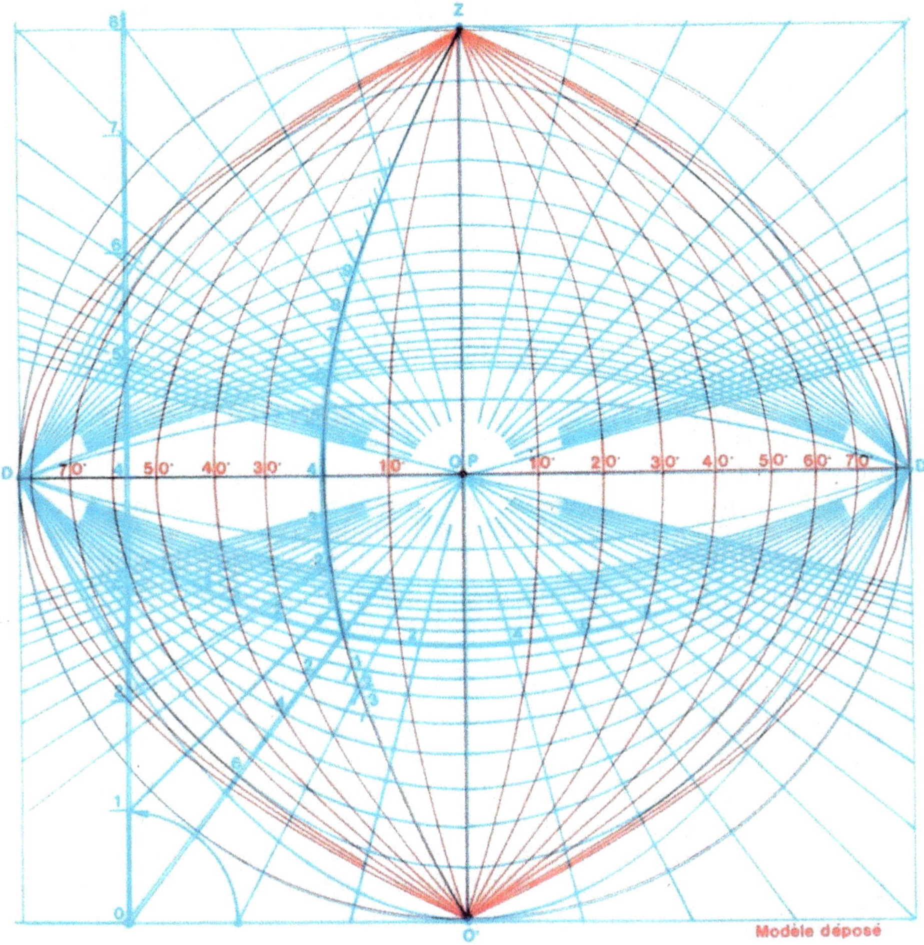

PARABOLISATION D'UN RÉSEAU HORIZONTAL FRONTAL
PERPENDICULAIRE À L'ÉCRAN,
COORDONNÉ À UN RÉSEAU-GUIDE VERTICAL DE FRONT.

C'est aussi la PARABOLISATION DE RÉSEAUX COMPLÉMENTAIRES FRONTAUX ET DE FRONT DANS UNE VUE VERTICALE ZÉNITHALE OU NADIRALE.

II • LE R.P.P.N - DANS UNE VISION HORIZONTALE FRONTALE

Le réseau horizontal frontal, comme tous les autres réseaux, doit, d'une part, disposer d'une *Echelle des hauteurs* et de deux *Échelles des mesures horizontales*, l'une fuyant, ici, au point central de la projection *P*, l'autre sur une parabole de côté droit *DD'* horizontal ; d'autre part, d'un réseau de parallèles verticales servant de *guides* aux tracés, dont le cercle de base est ajusté à celui de l'écran.

Les opérations de construction des échelles ont été exposées au ξ 10, d figures Ⓐ et Ⓑ, et celles du *réseau de lignes paraboliques guides* au ξ 6 figures Ⓑ et Ⓒ. Ici, les lignes sont horizontales.

Une simple rotation plane d'un quart de tour, suffirait pour les rendre exploitables dans leur verticalité.

1 . PARABOLISATION D'UN SEGMENT DE DROITE, VERTICAL Ⓑ

Le segment de droite, vertical, à paraboliser Ⓐ, peut s'inscrire dans le plan de l'échelle des hauteurs, et être élevé d'un point situé sur l'une ou l'autre des échelles horizontales, fuyante ou de front.

Il peut également se dresser en un autre lieu quelconque du réseau.

. Considérons le segment de droite inscrit dans le plan de l'échelle situé sur l'une ou l'autre des échelles horizontales.

Il suffit de Ⓐ :

1 . Localiser l'une des extrémités *M* sur l'échelle considérée (ici *DOD'*), par rapport à sa distance (*6 unités* de l'origine *O* des échelles), et d'y élever la courbe parabolique épousant la ligne parabolique-guide, verticale, la plus proche (également de *6 unités*).

2 . Mesurer sa grandeur à l'échelle des hauteurs, et d'effectuer son transfert parabolique sur la droite transformée issus du point *M*, en se référant à la ligne-guide horizontale la plus proche.

On y détermine, par une intersection, l'autre extrémité *N* de ce segment *MN* parabolisé.

Considérons un segment *ce* élevé en un autre lieu du réseau.

Il importe de :

1 . Localiser une extrémité *c* par rapport aux deux échelles horizontales (à *3 unités* de l'une et *4 unités* de l'autre), et d'effectuer le tracé de la parabole passant par le point *C*, en s'appuyant sur la ligne-guide verticale la plus proche.

2 . Revenir à l'échelle des hauteurs du réseau, et y mesurer la grandeur (*5 unités*) du segment *OE*, *puis l'orienter au point central P de la projection.*

On détermine sur la parabole élevée de l'extrémité *C* par une intersection en *E*, l'autre extrémité du segment *CE*.

3 . Rapporter, par un arc de parabole horizontal, suivant la ligne-guide la plus proche, cette extrémité *E* sur la verticale élevée de *c*.

On y précise l'extrémité correspondante *e* du segment *ce*.

PARABOLISATION D'UN SEGMENT DE DROITE VERTICAL

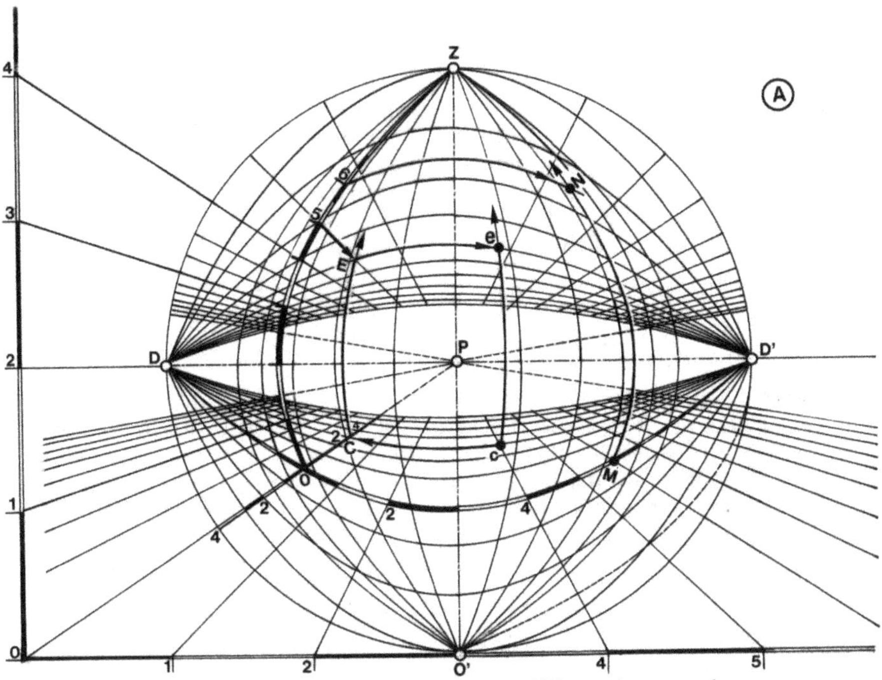

Dans le plan des échelles : EC et MN - Hors de ces plans : ce.

2 . PARABOLISATION D'UN SEGMENT DE DROITE HORIZONTAL DE FRONT Ⓑ

Le segment de droite, horizontal de front, se mesure et se transforme directement sur le réseau, soit en s'ajustant à l'une ou l'autre de ses lignes de structure, *fg*, soit en s'inscrivant entre elles, *mn*, compte tenu des coordonnées et des paramètres qui le caractérisent.

Lorsque le segment s'inscrit entre deux de ces lignes (*mn*), il suffit, pour approcher au mieux la précision du tracé de la courbe, de réduire l'intervalle qui les sépare, d'abord de moitié, en effectuant le tracé des diagonales des mailles carrées sur lesquelles il s'étend et se prolonge, puis en liant successivement, le centre d'une maille, à l'autre.

L'opération sera réitérée ensuite, si le nouvel intervalle s'avérait encore trop grand, pour obtenir la rigueur nécessaire.

Le tracé du segment parabolique transformant le segment de droite, s'effectuera ensuite à *main levée* puis à l'aide d'un trace-courbes.

3 . PARABOLISATION D'UN SEGMENT DE DROITE HORIZONTAL ORIENTÉ À $\beta°=29°$ DU PLAN DE BASE DE L'ÉCRAN

Cette construction sollicite également et simultanément celle relative à la *Parabolisation d'un angle dans un plan horizontal* ©.

La mise en œuvre de cette parabolisation, implique sa représentation géométrique préalable en annexe du réseau, évitant ainsi l'utilisation de la table des rapports trigonométriques, et les calculs qui en résultent.

Ainsi, l'on remarque que, pour une ouverture d'angle de $\beta°=29°$, un segment de droite *AB* de *5,75 unités*, engendre un côté adjacent *AB'* de *5 unités* et un côté opposé *BB'* = *2,75 unités*.

Il reste donc à localiser l'extrémité *a* du segment, également sommet de l'angle, et d'effectuer la mesure du côté adjacent *ab'* sur la parabole horizontale passant par cette extrémité ; puis l'extrémité *b*, à une distance de *b'* mesurant le côté opposé.

La liaison curviligne parabolique de ces extrémités nécessite la présence d'au moins un point intermédiaire *n* (ou plusieurs *n*, *g* ... dans le cas d'un segment de grandeur importante).

Il sera donc indispensable de situer ce point *n* sur le segment géométral *AB* et de déterminer sa situation *N* sur le côté adjacent (*AN* = *3 unités*), et *N'* sur le côté opposé (*B'N'* = *1,70 unités*).

L'opération, réitérée sur le réseau, définit le point *n* par lequel passera le tracé parabolique du segment *ab*.

La rigueur du tracé pourrait éventuellement être confirmée au travers du processus suivant :

1 . Mesurer l'angle de 29° au centre du cercle de base de l'écran.

2 . Abaisser en *F'*, perpendiculairement à l'axe *DD'*, le point d'intersection de la branche de l'angle et de la parabole de base de côté droit vertical *O'Z*.

Ce point *F'* représente l'extrémité de la branche de la parabole ayant subi la segmentation. Le point *F*, extrémité de l'autre branche, se définit à une distance de *F'* mesurant *DD'* le diamètre du cercle de base de l'écran.

Le prolongement de chacune des extrémités *a* et *b* du segment parabolique, vers chacun des points *F* et *F'*, complète le tracé de la parabole, affinant éventuellement celui de son segment.

4 . PARABOLISATION D'UN CARRÉ OU D'UN RECTANGLE AJUSTÉ AUX LIGNES DU RÉSEAU

Les mécanismes du tracé de ces figures s'avèrent relativement simples Ⓑ.

Il suffit en effet, une fois l'un des sommets (*a* ou *j*) localisé, de compter le nombre d'unités issues des mailles, pour les reporter à la suite de ce sommet, définissant le côté *ae* du carré ou la longueur *jk* du rectangle.

La construction des autres côtés de l'un, de l'autre longueur et des largeurs de l'autre, s'opérera dans les conditions similaires, transformant définitivement le carré *abce* et le rectangle *ijkl*.

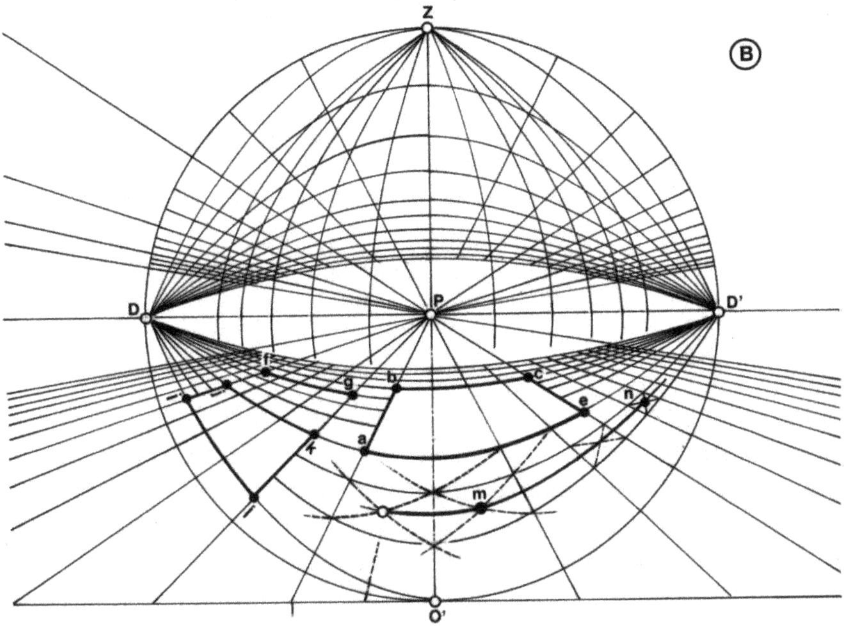
B
Z
D
P
D'
f
g
b
c
e
n
a
k
l
m
O'

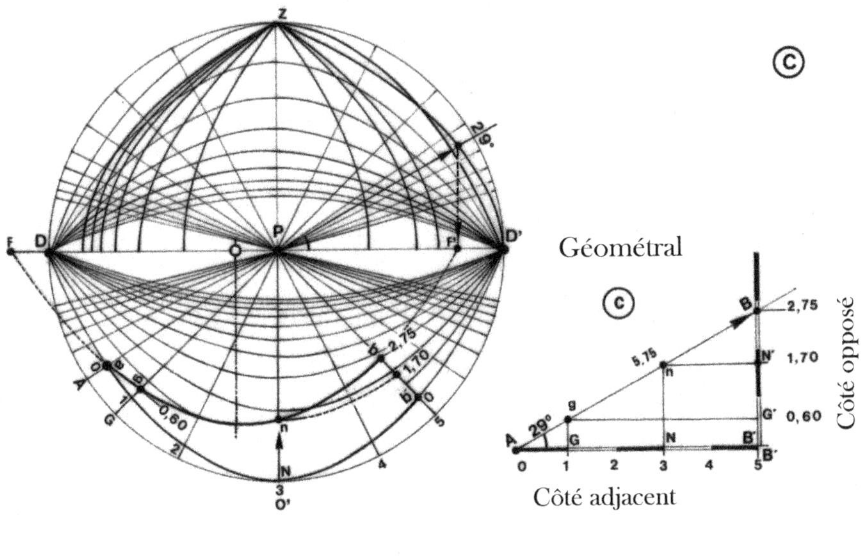
C
Z
F
D
P
F'
D'
29°
2,75
1,70
0,60
A
G
n
N
3
O'
Géométral
C
B
2,75
5,75
n
N'
1,70
g
G'
0,60
A
29°
G
N
B'
0
1
2
3
4
5
Côté adjacent
Côté opposé

5 . PARABOLISATION D'UN TRIANGLE VERTICAL DANS UN PLAN DE FRONT Ⓓ

Cette mise en œuvre traite également et simultanément de celle relative à la parabolisation d'un angle de β°, ($\beta° = 29°$) caractérisant l'inclinaison d'un segment de droite.

La parabolisation d'une ouverture angulaire pourrait s'opérer selon l'un ou l'autre des dispositifs suivants :
- Par l'intermédiaire de la table des rapports trigonométriques (sin. cos. tang).
- Compte tenu des informations résultant d'un géométral, relatives à la mesure de la droite inclinée, de cet angle d'inclinaison, des grandeurs de chacun des côtés adjacents et opposés. C'est ce second dispositif, plus aisé dans la mise en œuvre, qui sera privilégié.

Considérons la figure géométrique d'un triangle dont l'angle aigu en *A* mesure 29° et le côté *AB* ou segment, incliné selon cet angle, de *4,6 unités.*
Le côté *AB'* ou côté adjacent qui en résulte, mesurera donc *4 unités* et le côté opposé *BB'* de l'angle droit : *2,25 unités.*

Sa parabolisation nécessite :

1 . La localisation du sommet *a* de l'angle sur le réseau, ici ajusté au sommet de l'une de ses mailles.

2 . Le tracé du côté adjacent *ab'* sur la ligne parabolique horizontale du réseau, passant par le sommet *a*.

3 . La définition du côté opposé *bb'* parallèle ou ajusté à la ligne-guide la plus proche des lignes paraboliques verticales.

La définition de l'extrémité *b* du côté opposé, également extrémité du segment parabolique incliné, pourrait s'obtenir selon l'une ou l'autre des méthodes suivantes :

1 . Orienter, du point central *P*, vers la tangente horizontale en *O'*, l'extrémité *b'* du côté opposé - On y précise le point *B'* à l'origine *O* de l'échelle des hauteurs, sur laquelle sont alignées et numérotées les mesures successives de l'unité.

2 . Repérer sur cette échelle, la hauteur de *2,25 unités* du côté opposé *BB'* et l'orienter au point central *P* de la projection.

On situe, par une intersection sur la parabole élevée de *b'*, l'extrémité *b* du côté incliné à 29°. Le tracé de ce segment s'inscrira sur la parabole passant par les extrémités *a* et *b* de son côté droit incliné selon le même angle.
Une deuxième méthode mettra à profit, outre la présence des lignes-guides paraboliques verticales, l'échelle des hauteurs préalablement construite à l'intérieur du réseau.
Il importera alors de délimiter la hauteur du côté opposé *bb'* par l'intermédiaire de cette échelle interne, dans les conditions analogues à celles relatives à la *Parabolisation d'un segment vertical*, récemment exposées.

TRANSFORMATION D'UN TRIANGLE RECTANGLE ab'b,
DANS UN PLAN VERTICAL FRONTAL

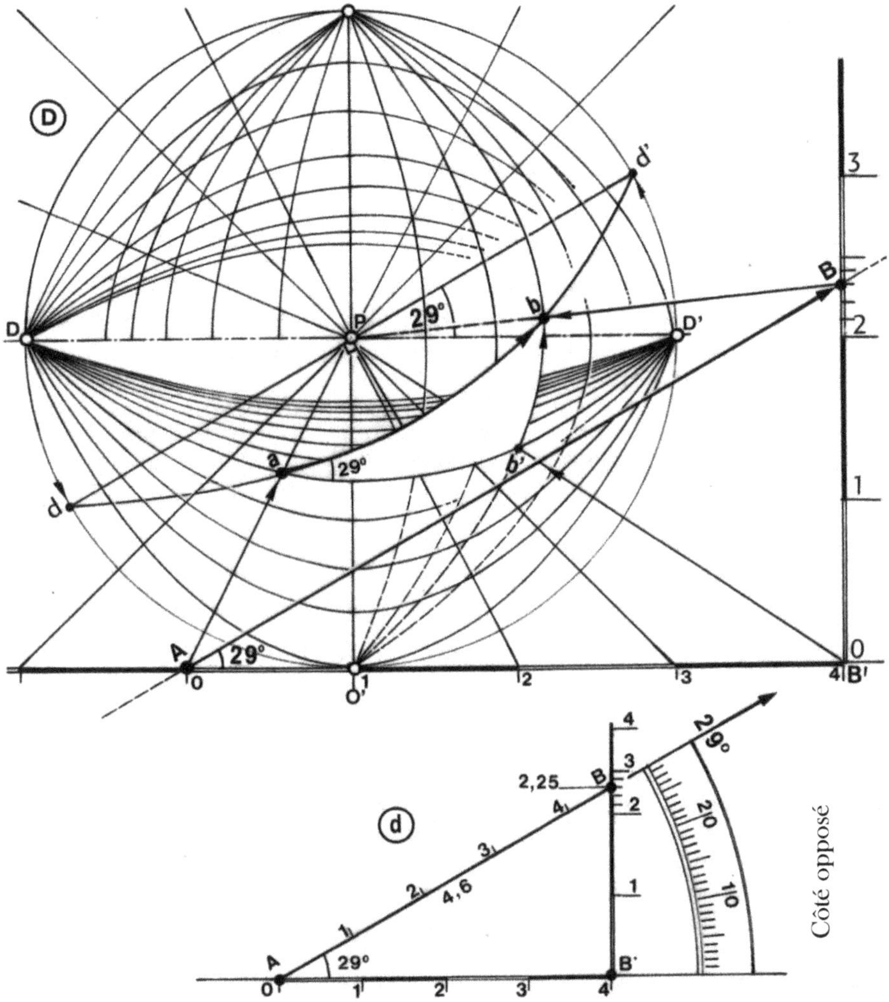

Côté adjacent

N.B - Dans l'exemple qui illustre la figure Ⓓ, ⓓ, le choix d'une grandeur décimale du segment et l'ouverture d'angle, peu courante, le sont à dessein, dans le but de faire la démonstration que le dispositif équivaut dans tous les cas de figure, se soumettant à toutes les caractéristiques particulières sans aucune difficulté.

6 . PARABOLISATION D'UN TRIANGLE VERTICAL, DANS UN PLAN PERPENDICULAIRE AU PLAN DE BASE DE L'ÉCRAN

Cette mise en œuvre évoque également et simultanément celle relative à la parabolisation d'un angle de $\beta°$, ($\beta° = 29°$) caractérisant l'inclinaison d'un segment de droite, ici de l'arrière plan, vers le premier Ⓔ.

Opérer la transformation parabolique de ce triangle (ou d'un angle à 29°), c'est :

1 . Réaliser sa vue géométrale ⓔ, un segment de droite ab = *6,75 unités* incliné à $\beta°$, ($\beta° = 29°$), dont le côté adjacent mesure *6 unités*, et le côté opposé *3,4 unités*.

2 . Localiser l'extrémité terrestre a du segment, en fonction de ses coordonnées (l'éloignement de *6 unités* et l'écart latéral de droite de *2 unités* par rapport à l'axe vertical du cercle de base de l'écran).

3 . Préciser le tracé du segment ab' sur la droite orientée du point central de la projection P, par l'extrémité a, aboutissant en B' sur la tangente horizontale en O'. La grandeur $O'B'$ représente les deux unités géométriques transformant l'écart parabolique.

4 . Élever du point B', une échelle géométrique des mesures verticales (ou échelle des hauteurs) : droite sur laquelle sont réparties les mesures de l'unité $O'B'$, et y préciser la mesure (*3,4 unités*) du côté opposé, qui sera ensuite orientée au point central de la projection P.

On détermine sur la parabole de côté droit vertical $O'Z$ passant par l'extrémité b' du côté adjacent, le point b : l'autre extrémité du segment de droite, incliné à 29°.

Rappelons que le tracé de cette parabole s'effectue suivant la ligne-guide parabolique verticale la plus proche.

Il s'avère bien souvent que les quatre points connus de la parabole sur laquelle s'ajuste le segment (ses extrémités a et b et les extrémités d et d' des branches), ne soient pas suffisants pour aboutir à une précision irréprochable.

Aussi, la définition d'un ou de deux points intermédiaires situés sur le segment, s'imposera-t-elle au cours de la construction.

Il sera alors indispensable de revenir au dessin géométral, de situer l'un (n) et l'autre (m) de ces points, et de définir leur situation respective sur le côté adjacent, en N et M, et sur le côté opposé en N' et M'.

Ces points reportés directement sur le réseau en N et M, puis sur l'échelle des hauteurs en N' et M' d'où ils seront orientés en P, préciseront sur les paraboles verticales élevées de N et M, les points correspondants n et m, contribuant à la rigueur du tracé du segment parabolique alignant successivement les points $a. m. n. b.$

Un autre dispositif mettra à contribution une échelle des hauteurs interne, dressée à l'intersection des mailles du réseau horizontal auquel elle est coordonnée. Il importera alors, concernant les mesures verticales, de définir sur cette échelle, la situation des points intermédiaires N' et M' et de les transformer sur la parabole de côté droit vertical passant par bb'. Orientés ensuite au point central P, ils préciseront, par des intersections sur les verticales paraboliques élevées de N et M, sur le côté adjacent, les points n et m par chacun desquels passe le tracé du segment parabolique.

TRANSFORMATION D'UN ANGLE DE β° DANS UN PLAN VERTICAL
FUYANT PERPENDICULAIRE À L'ÉCRAN, β° = 29°.
LE TRIANGLE RECTANGLE VERTICAL ab'b

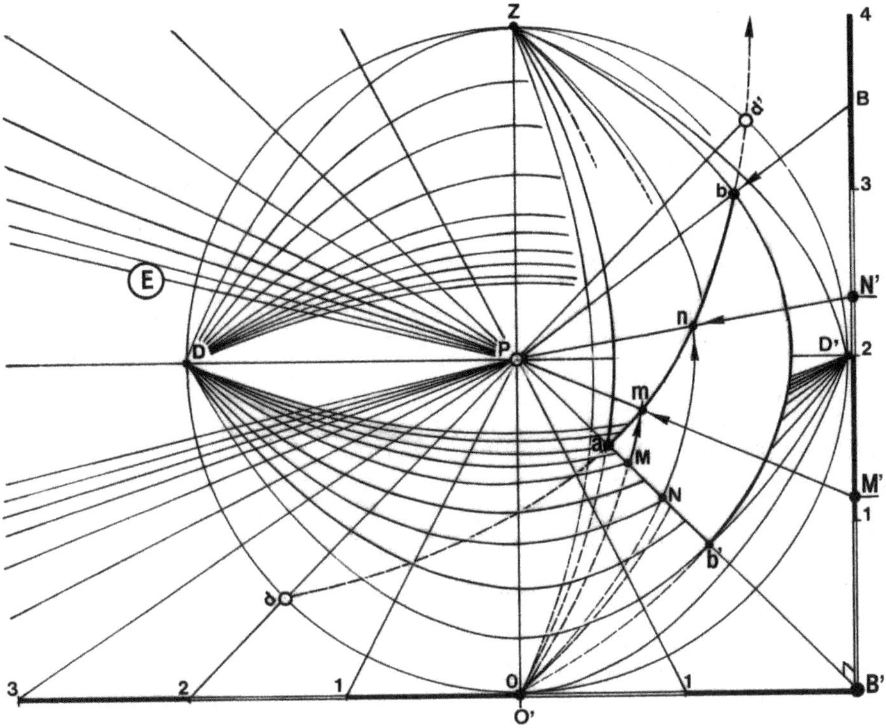

Géométral

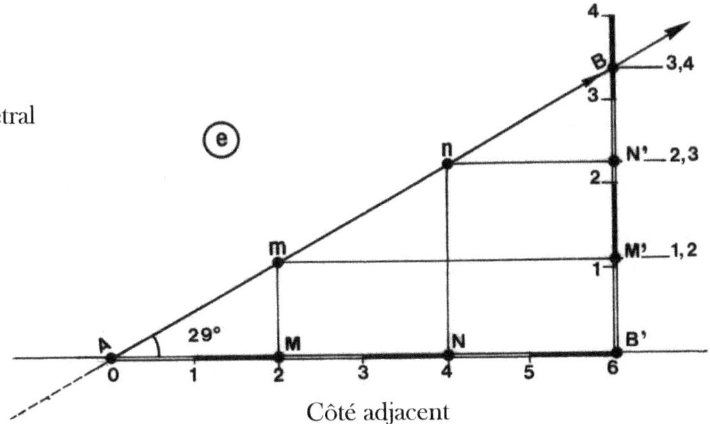

Côté opposé

Côté adjacent

7 . PARABOLISATION DE CARRÉS DE CÔTÉS INCLINÉS À 30° ET 60° INSCRITS DANS DES PLANS VERTICAUX FRONTAUX Ⓕ

Deux cas de figures seront envisagés.

Les deux carrés à transformer, identiques en ce qui concerne la mesure des côtés, seront d'inclinaisons complémentaires en regard de l'écran. Ainsi, l'inclinaison effectuée à droite de l'axe vertical, à 60° en direction de la base circulaire de l'écran, le sera à 30° à gauche de cet axe. Les mécanismes de la construction, dans les deux situations, seront identiques.

Considérons le carré à paraboliser dans le plan de droite du réseau, incliné selon une ouverture d'angle de 60°, en direction du premier plan (vers l'écran).

Opérer sa transformation, c'est, compte tenu du géométral correspondant ⓕ :

1 . Paraboliser le carré vertical horizontal *KLMN* perpendiculaire au plan de base de l'écran (de côtés fuyant en *P*), circonscrit au carré incliné.

2 . Repérer sur le côté horizontal *KN* ajusté au réseau, le sommet *e* et la projection orthogonale *b'* du sommet opposé *b* du carré incliné, compte tenu des mesures extraites du géométral.

3 . Déterminer sur les paraboles de côté droit *O'Z* vertical, *KL* et *KM* transformant les côtés du carré circonscrit, les hauteurs respectives des sommets *c* et *a* du carré à paraboliser, selon la méthode préconisée relative à la transformation d'un segment de droite, vertical :

- Prolonger le côté horizontal au sol *KN*, vers l'horizontal tangente en *O'*.
- Y élever une échelle des mesures verticales sur laquelle seront reportées les grandeurs mesurant le côté géométrique de la maille. Ce côté mesure sur l'horizontale tangente en *O'*, l'intervalle compris entre deux droites concourant en *P*.
- Y préciser la hauteur du sommet *B*, et celle du sommet *A*, avant de les orienter au point central de la projection *P*.

On définit les transformations paraboliques respectives de ses sommets, *c* sur *KL*, *a* sur *MN*, qui, liés aux autres sommets *b* et *e* déterminent le carré incliné à 60°, objet de la parabolisation.

Remarque :
Les côtés du carré, inclinés à 60° et 30°, transformés *à droite* de l'écran, s'inscrivent sur les paraboles communes deux à deux, dont les extrémités respectives des branches se situent sur l'axe vertical *O'Z* en F_1, en ce qui concerne les côtés inclinés à 60°, vers le premier plan et en *Z'* pour ceux inclinés selon l'angle complémentaire de 30°.

Les côtés du carré, inclinés à 30° et 60°, transformés *à gauche* de l'écran, s'inscrivent sur les paraboles communes deux à deux, dont les extrémités respectives des branches, se situent sur l'axe vertical *O'Z* en *F*, en ce qui concerne les côtés inclinés à 30° vers le premier plan et en *Z'* pour ceux inclinés selon l'angle complémentaire de 60°.

TRANSFORMATION DE DROITES INCLINÉES DANS DES CARRÉS VERTICAUX FRONTAUX - Angles d'inclinaison à 30° et 60°.

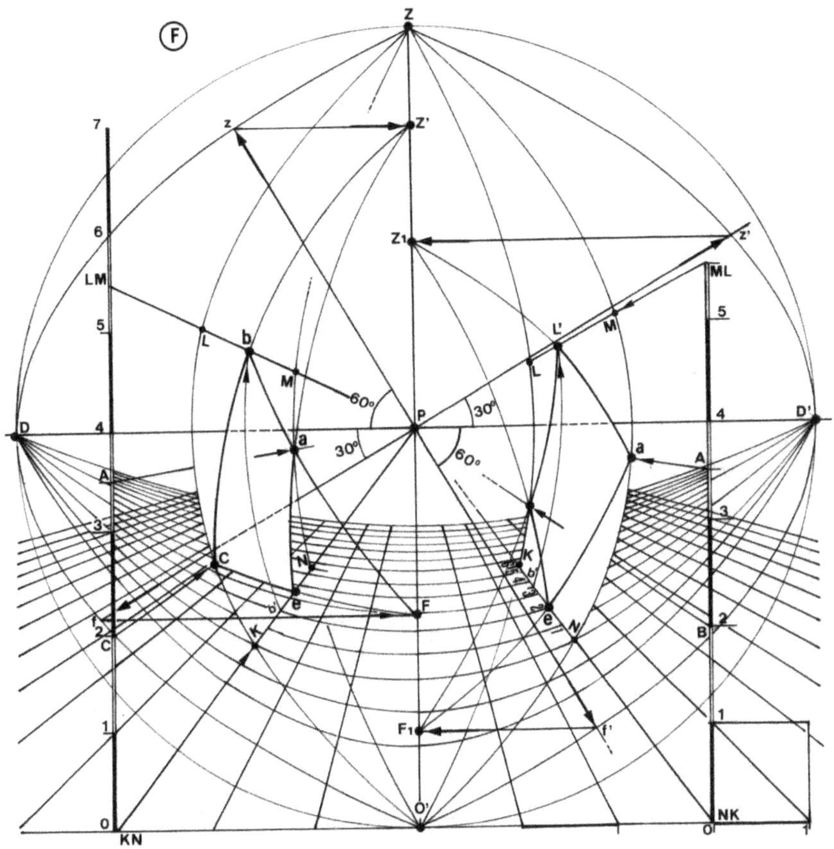

PARABOLISATION DE CARRÉS INCLINÉS À 30° ET 60°, INSCRITS DANS DES CARRÉS VERTICAUX FRONTAUX.

O' et Z : Points de concours des verticales parabolisées
P : Point de concours des horizontales parabolisées
Z' et F : Point de concours des droites inclinées à 60° et 30°
Z1 et F1 : Points de concours des droites inclinées à 30° et 60°

(f)

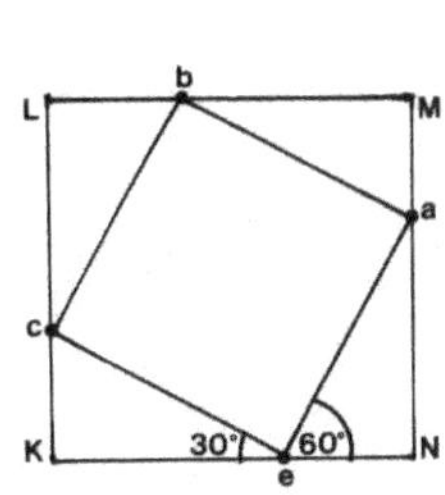

Géométral

8 . PARABOLISATION D'UN CARRÉ VERTICAL FRONTAL ET D'UN CARRÉ VERTICAL DE FRONT

1) Parabolisation d'un carré vertical frontal Ⓐ

Le carré vertical frontal est le carré dont deux côtés sont concourant en *P* ; les deux autres, perpendiculaires aux précédents, s'inscrivant sur deux paraboles de côté droit vertical commun, dont les extrémités communes des branches se situent en *O'* et *Z*.

Procéder à la parabolisation du carré vertical de front, c'est :

1 . Effectuer directement sur les lignes du réseau, le tracé d'un des côtés horizontaux *nk*, mesurant ici *3 unités*.

2 . Élever, de chacune des extrémités, *n* et *k*, les paraboles de côté droit vertical, en se référant aux lignes guides les plus proches.

3 . Prolonger vers l'horizontale tangente en *O'* (ou à défaut, sur la parallèle mesurant l'unité homothétique), le côté *nk*.

4 . Élever, du point d'intersection, une droite verticale sur laquelle l'on reporte, par un arc de cercle, la mesure du côté horizontal adjacent, intervalle compris entre la fuyante par *nk* en *P* et celle qui lui est la plus proche.

5 . Y reporter la mesure du côté *NM*, commune à celle du côté *KL*, puis l'orienter au point central de la projection *P*.
Il résulte sur chacune des paraboles, élevée de chacune des extrémités du côté *nk*, une intersection *m* puis *l*, limitant la hauteur des côtés *nm* et *kl*, et définissant simultanément le quatrième côté *ml*.
Cette parabolisation pourrait également s'effectuer par l'intermédiaire d'une échelle des mesures verticales, élevée à l'intérieur du réseau, selon la méthode préconisée relative à la *Parabolisation d'un segment de droite, vertical.*

2) Parabolisation d'un carré vertical de front Ⓑ

Le carré vertical de front est le carré inscrit dans le plan parallèle à la base circulaire de l'écran. C'est, en d'autres termes, le carré transformé dont les côtés deux à deux, s'inscrivent sur les paraboles dont les extrémités des branches sont communes en *O'* et *Z'* en ce qui concerne les verticales, en *D* et *D'*, pour les horizontales.
Les procédures de sa parabolisation seront identiques à celles qui précèdent, compte tenu des particularités des côtés horizontaux transformés par des paraboles dont les extrémités des branches sont communes en *D* et *D'*.

9 . PARABOLISATION D'UN PARALLÉLÉPIPÈDE RECTANGLE © ET D'UN CUBE Ⓓ

Paraboliser un parallélépipède rectangle ou un cube consiste à délimiter directement sur le réseau, la base rectangulaire ou carrée de l'un ou l'autre, d'élever ensuite, chacune des faces verticales, de chacun des côtés de cette base, selon la mesure de la hauteur de l'une ou l'autre des figures, dans les conditions identiques à celles exposées précédemment.

PARABOLISATION DU CARRÉ
horizontal frontal a'b'c'e'
vertical frontal mnkl
vertical de front abce

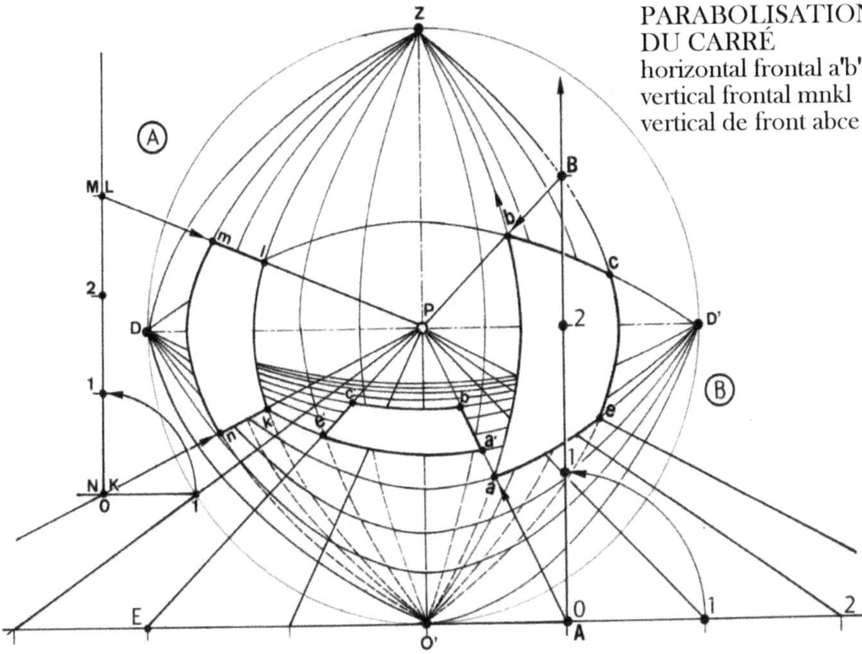

PARALLÉLÉPIPÈDE RECTANGLE frontal ©

CUBE frontal ⓓ

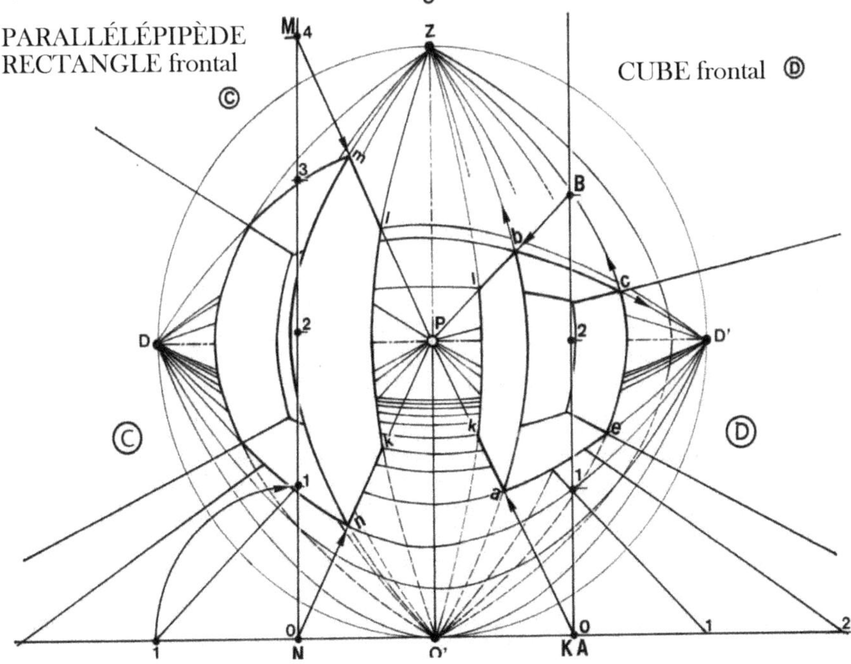

10 . PARABOLISATION D'UNE PYRAMIDE RÉGULIÈRE OU PYRAMIDE DROITE, À BASE CARRÉE, ET SIMULTANÉMENT D'UN TRIANGLE AIGU, Ⓔ, ⓔ, Ⓔ1 ou Ⓔ2

Opérer la parabolisation de cette pyramide, c'est Ⓔ1 :

1 . Délimiter directement sur le réseau horizontal, compte tenu de ses mailles, le carré de base *KLMN* dont le côté mesure, ici, *6 unités.*

2 . Localiser son centre *O*, puis transformer l'axe vertical de la pyramide, en y élevant la parabole correspondante, tout en se référant à la ligne-guide parabolique la plus proche.

3 . Mener, du point central de la projection *P*, vers l'horizontale tangente en *O'*, au point d'intersection causé sur la tangente, une verticale comparable au géométral de l'axe de la pyramide, sur laquelle se mesure la hauteur (*8 unités*) de son sommet *S*.

4 . Orienter au point central de la projection *P*, ce sommet.

Il résulte, sur l'axe parabolique de la pyramide, une intersection en *S'*, sa transformation.

Les lignes paraboliques liant chacun des sommets *K*, *L*, *M*, *N*, du carré de base, au sommet *S'*, transforment les arêtes de la pyramide.

La construction de ces arêtes, pour être réalisée avec rigueur, nécessite la définition d'au moins un troisième point, et même, ici, un quatrième, situées entre le sommet de la base et le sommet de la pyramide de chacune d'entre elles.

Considérons un de ces points *v*, situé sur l'arête *NS'*.

Il importe de le localiser en *v* sur le géométral ⓔ, dans la vue en élévation (ou vue de face), mise en corrélation avec la vue en plan *V* (ou vue de dessus) ; et de préciser les trois autres points correspondants *r*, *t*, *u* sur les trois autres arêtes *KS'*, *LS'*, *MS'* . L'on dispose alors, de la hauteur *Vv*, *Rr*, *Tt*, *Uu*, commune de ces points intermédiaires et de leur projection en plan, à l'origine d'un carré *VRTU* concentrique au carré de base *KLMN*.

Il suffit alors :

1 . D'effectuer la transformation de ce carré, compte tenu de la mesure de son côté extrait de la vue en plan.

2 . D'élever, de chacun de ses sommets *V*, *R*, *T*, *U*, le tracé des verticales paraboliques, suivant les lignes-guides les plus proches, préconstruites.

3 . De mesurer à l'échelle des hauteurs, celle de chacun des points intermédiaires (indispensables à la précision du tracé de chacune des quatre courbes paraboliques), qui, orientée vers chacune des verticales élevées des sommets du carré horizontal, définit chacun des points respectifs correspondants. La définition d'un quatrième point (deuxième point intermédiaire entre le sommet *S'* de la pyramide et le sommet du carré de base), pourrait s'obtenir dans des conditions analogues, contribuant à la précision du tracé de la courbe parabolique transformant chacune des arêtes de la pyramide.

Ces points ici sont *e*, *a*, *b*, *c*.

PARABOLISATION DE LA PYRAMIDE DANS UNE VUE FRONTALE
et simultanément des triangles aigus.

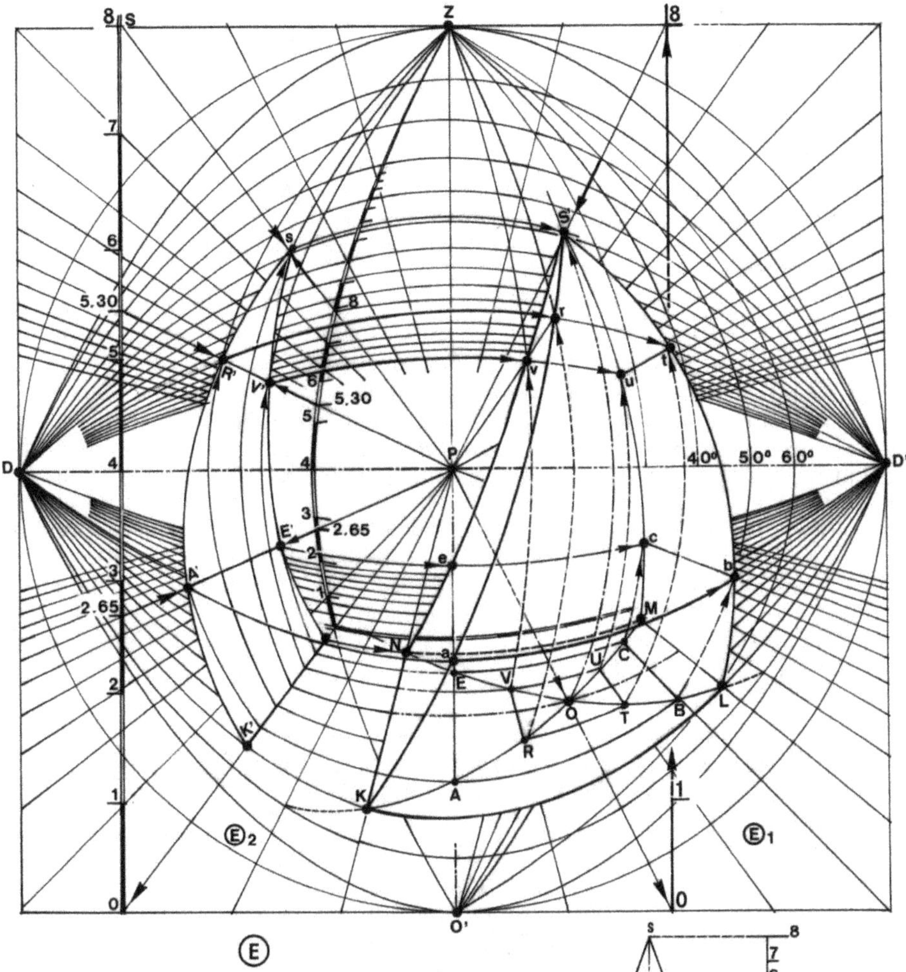

Ⓔ

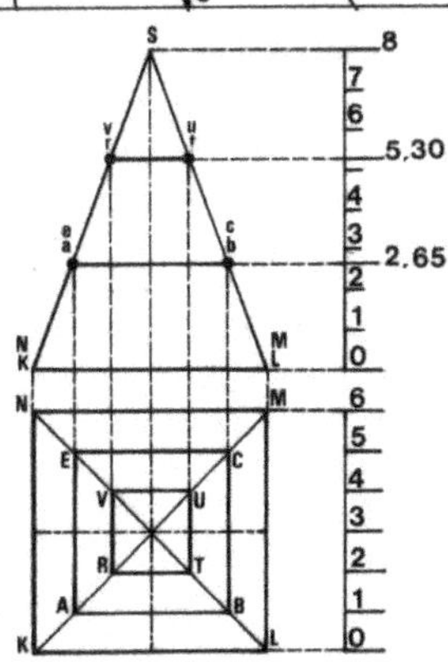

Figure Ⓔ2. La parabolisation de cette pyramide pourrait s'opérer à l'aide de l'échelle des hauteurs, préconstruite ; auquel cas, il suffirait de mettre en corrélation sur le réseau, la vue en plan et celle en élévation, préalablement transformées, puis, suivant un tracé ⓔ organisé, mettre en correspondance chacun des points de la vue en plan, à chacun des points de la vue en élévation.

11 . PARABOLISATION DU CERCLE HORIZONTAL D'AXE COMMUN À L'AXE DE L'ÉCRAN, SELON SES HUIT POINTS REMARQUABLES Ⓐ

Mettre en œuvre la parabolisation de ce cercle, c'est :

1 . Délimiter directement sur le réseau, le carré circonscrit, puis prolonger les deux côtés fuyant, du point *P*, vers l'horizontale tangente en *O'*.
Ils y déterminent la mesure géométrique de son côté, également diamètre du cercle inscrit.

2 . Effectuer le tracé de ce demi-cercle de centre ajusté à *O'*, inscrit dans son demi carré, muni de ses médianes et de ses diagonales.

3 . Matérialiser les diagonales du carré parabolisé, par la liaison curviligne successive des diagonales des mailles carrées, de chacun de ces sommets, vers chacun des sommets opposés.

4 . Préciser le tracé de la médiane de front *x'x* et de la médiane fuyante *y'y*.

5 . Mener perpendiculairement à l'horizontale tangente en *O'*, les points d'intersection *Eg* et *Ed* du cercle et des diagonales du carré circonscrit, en E_1 et *E'*, puis les orienter au point central de la projection *P*.
Ils définissent respectivement, sur les diagonales parabolisées, leurs points transformés en e_1, e_2, en ce qui concerne *Eg* ; *e'* et *e"*, en ce qui concerne *Ed*.
La liaison curviligne ordonnée de chacun des points de tangence, à chacun des points d'intersection suivants, détermine le tracé du cercle parabolisé.
Généralement, on ne dispose comme surface de travail, que celle relative à la représentation du réseau ; auquel cas, la construction du cercle géométrique ne s'effectuerait plus sur l'horizontale tangente en *O'*, mais sur le côté frontal *nm* transformé. La projection orthogonale des points d'intersection du cercle et des diagonales du carré circonscrit, s'effectuerait alors sur ce côté parabolisé, duquel ils seront ensuite orientés, du point *P*, vers les diagonales où elles se transformeront.

12. PARABOLISATION DU CERCLE HORIZONTAL EXCENTRÉ, SELON SES HUIT POINTS REMARQUABLES ET HUIT POINTS QUELCONQUES Ⓑ

Les conditions de mise en œuvre, selon les huit points remarquables, sont identiques à celles qui précèdent, à une exception près : le carré parabolisé circonscrit au cercle à transformer, sera d'axe *yy'* fuyant, décalé par rapport à l'axe de l'écran. Le cercle géométrique aura donc pour centre, le point d'intersection de l'axe fuyant et de l'horizontale tangente par *O'*.
Bien souvent, les huit points remarquables s'avèrent insuffisants pour parvenir à une parabolisation irréprochable du cercle, surtout si son diamètre est important. Aussi, il s'avérera indispensable de déterminer un point quelconque *B* sur le cercle géométrique, et les sept autres points qui lui sont symétriques et alternés par les médianes et les diagonales, avant de les mener perpendiculairement en B_1, B_2, ... sur l'horizontale tangente en *O'*, et de les orienter enfin au point central de la projection *P*. Chacun de ces points précisera sur les diagonales transformées, des points paramétriques (ou de repère) qui, menés horizontalement vers l'autre fuyante, localiseront, par une intersection, chacun de ses points quelconque b_1, b_2 ... transposés et ainsi de suite b_3, b_4, *b'*, *b"*, contribuant à affiner le tracé de la parabolisation du cercle.

PARABOLISATION DU CERCLE HORIZONTAL

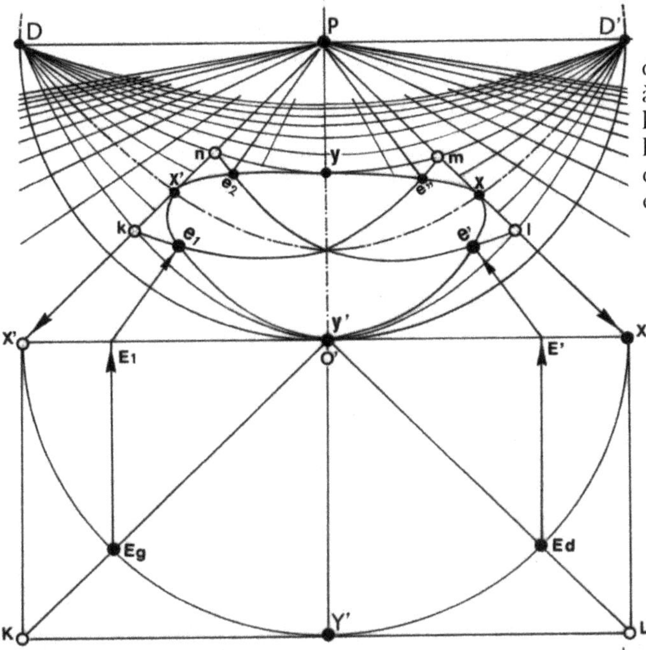

d'axe commun à l'axe de l'écran, par les huit points d'intersection et de tangence

(A)

hors de l'axe, par les huit points remarquables ci-dessus et huit points quelconques symétriques

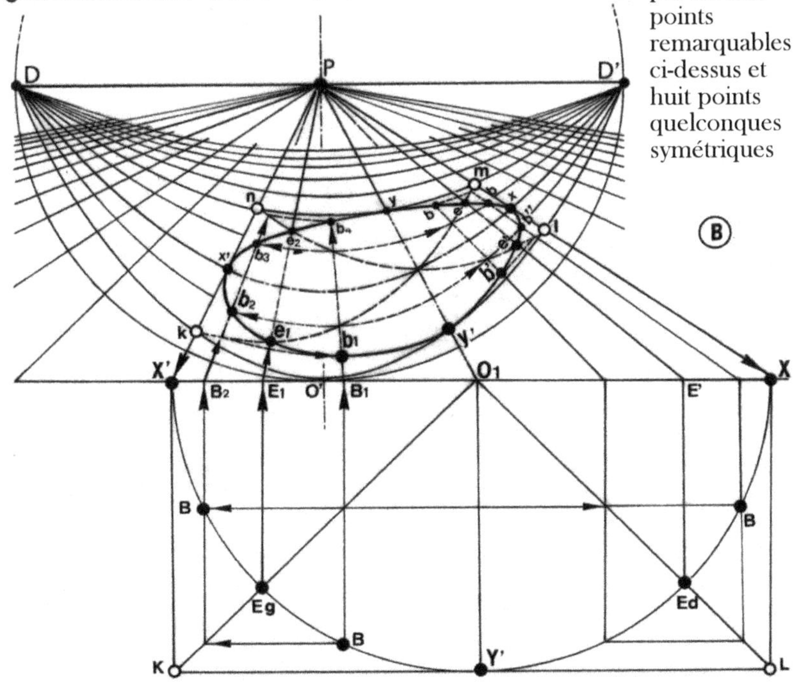

(B)

13 . PARABOLISATION DE CERCLES HORIZONTAUX CONCENTRIQUES Ⓐ

Le processus de parabolisation des cercles horizontaux concentriques, prolonge celui concernant le cercle horizontal récemment étudié.
Le cercle à paraboliser sera représenté géométriquement au centre du cercle précédent.
Les diagonales du carré circonscrit au grand cercle étant communes aux diagonales du carré circonscrit au cercle plus petit, les points d'intersection de ce dernier avec les diagonales, ainsi que les points quelconques, seront déterminés dans les conditions analogues à celles récemment évoqués.

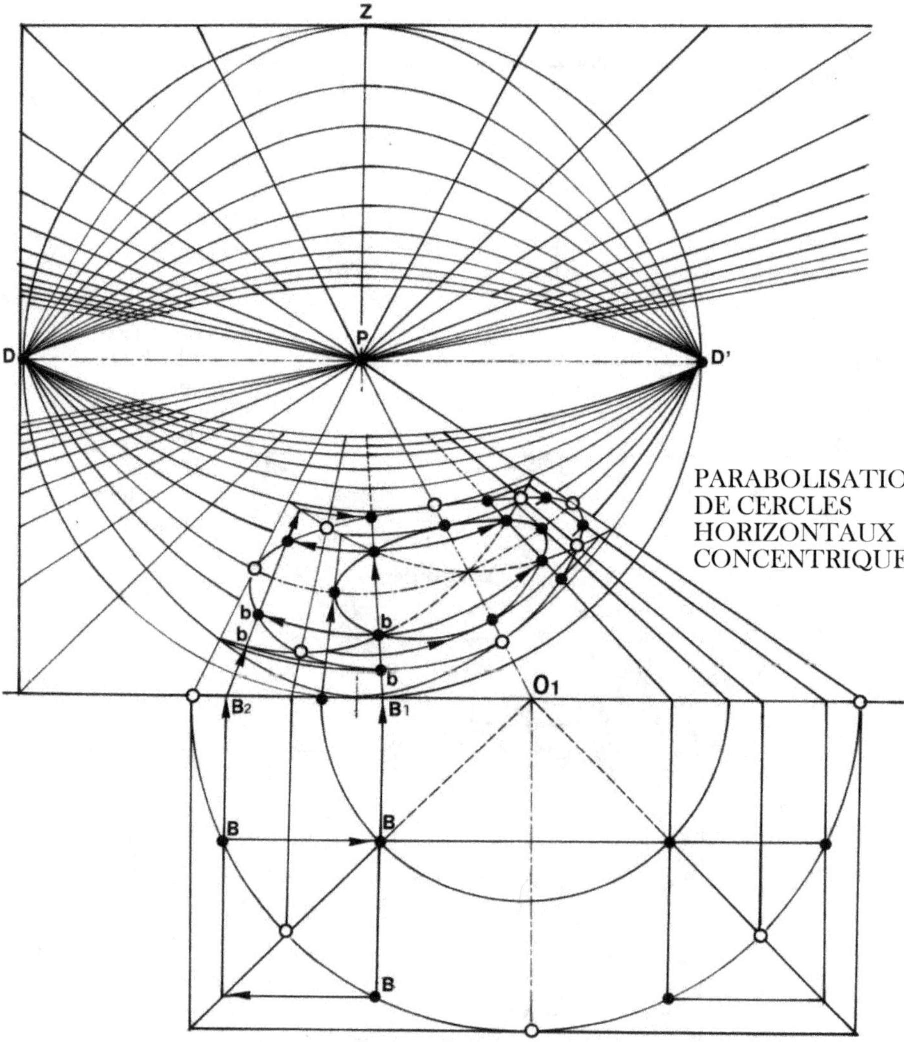

PARABOLISATION DE CERCLES HORIZONTAUX CONCENTRIQUES

PARABOLISATION DU CERCLE VERTICAL
DANS UNE VUE PERSPECTIVE FUYANTE

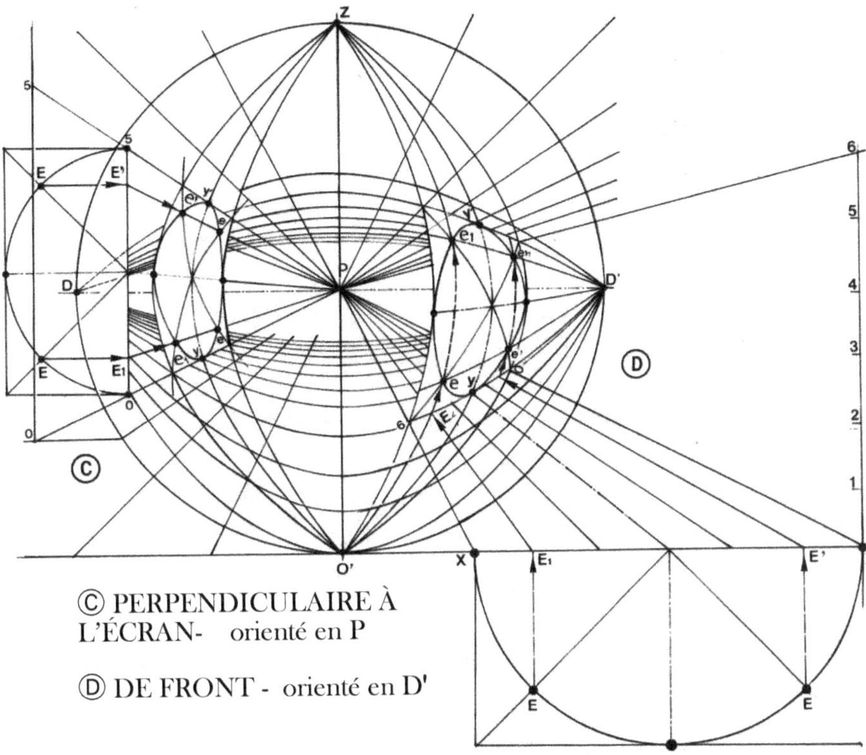

14 . PARABOLISATION D'UN CERCLE VERTICAL

La parabolisation du cercle vertical s'opérera successivement dans une vue frontale Ⓒ, Ⓔ, et dans une vue de front Ⓓ, Ⓕ.

Dans tous les cas de figure, les mécanismes de la construction seront similaires les uns aux autres.

Rappelons que la parabolisation d'un cercle vertical dans une vue frontale Ⓒ, Ⓔ, est celle d'un cercle inscrit dans un carré également parabolisé, dont les côtés rectilignes (perpendiculaires au plan de base), convergent au point central de la projection *P*, les deux autres (parallèles au plan de base), étant transformés par des paraboles de côté droit horizontal commun *DD'*.

La parabolisation d'un cercle vertical dans une vue de front Ⓓ, Ⓕ, est celle d'un cercle inscrit dans un carré également parabolisé, dont les côtés horizontaux sont inscrits sur des paraboles de côté droit horizontal *DD'* commun, et les côtés verticaux, sur des paraboles de côté droit vertical *O'Z* commun.

PARABOLISATION DU CERCLE VERTICAL

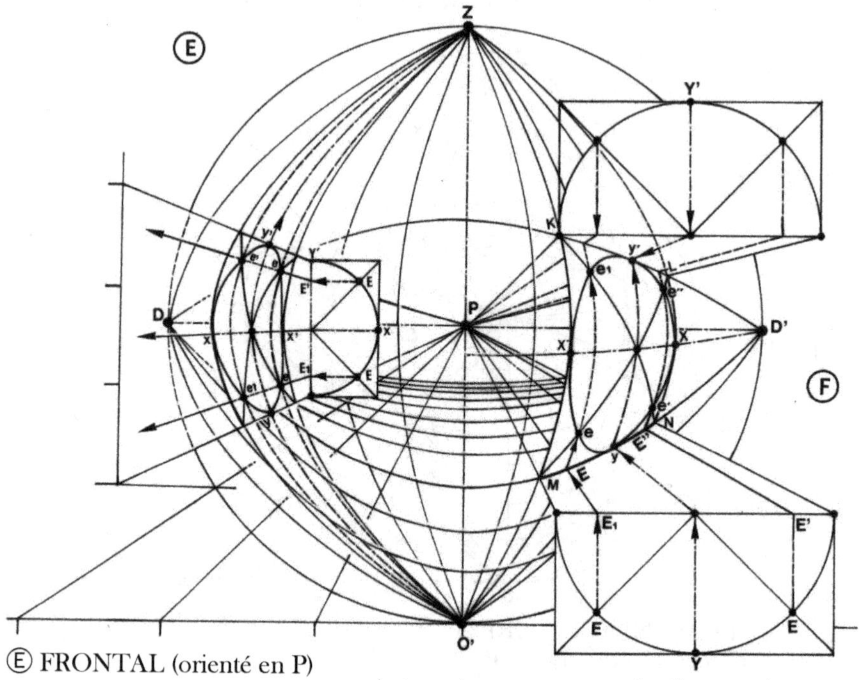

Ⓔ FRONTAL (orienté en P)

Ⓕ DE FRONT (orienté en D')

- Autre mise en œuvre : gain d'espace de représentation, et optimisation de la précision.

Une fois mise en corrélation la figure géométrique du carré circonscrit au cercle, suivie de sa parabolisation, celle du cercle s'opérera selon des modalités similaires à celles relatives à la *Parabolisation du cercle horizontal par les huit points remarquables* Ⓐ, comme c'est, ici, le cas ; ou par les seize points remarquables et quelconques.

La figure Ⓕ représente une mise en œuvre de la parabolisation du cercle vertical, dans une vue frontalc, par l'intermédiaire de deux demi-cercles géométriques homothétiques, d'axe horizontal, l'un tracé à l'extérieur, entre les deux fuyantes en *P* passant par les extrémités *M* et *N* du côté au sol ; l'autre tangent à l'un des sommets *K* du carré circonscrit transformé, mesurant la distance de ce sommet, au point d'intersection de la fuyante passant par l'autre sommet *L*, adjacent.

La mise en corrélation des deux demi-carrés géométriques, avec le carré parabolisé *KLMN*, contribue, par l'intermédiaire des diagonales et de leurs intersections avec le cercle, à la définition des quatre points *e*, e_1, *e"*, *e'* qui, joints de façon ordonnée aux quatre points de tangence *x'*, *x*, *y'*, *y* des médianes du carré, composent les huit points remarquables par lesquels passe le tracé du cercle définitivement parabolisé.

III • LE R.P.PN DANS UNE VISION HORIZONTALE SUR L'ANGLE

Les lignes-guides verticales sont d'une extrême importance et de ce fait, incontournables. Aussi, si elles s'avéraient ponctuellement insuffisantes pour approcher au mieux la précision des constructions, il serait alors indispensable de multiplier les lignes intermédiaires ⓐ en divisant celles existantes par des lignes horizontales quelconques extraites du réseau. Les rectangles qui en résulteraient offriraient leur médiation. En effet, il suffirait d'effectuer le tracé de leurs diagonales et de lier selon un tracé curviligne ordonné, leurs points d'intersection alignés verticalement.

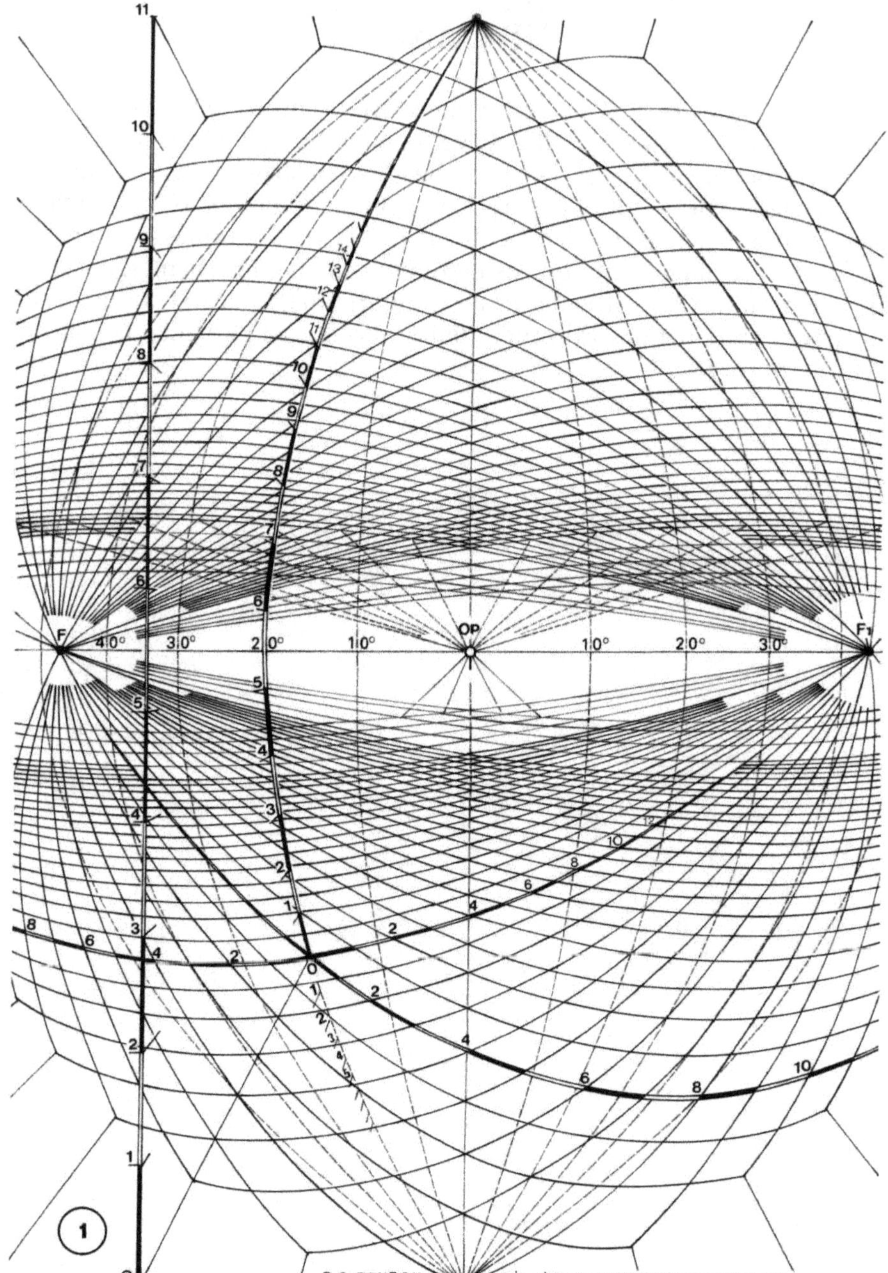

F
F1
OP
40°
30°
20°
10°
10°
20°
30°
B.S. BONBON
Géométrie Parabolique Tridimensionnelle

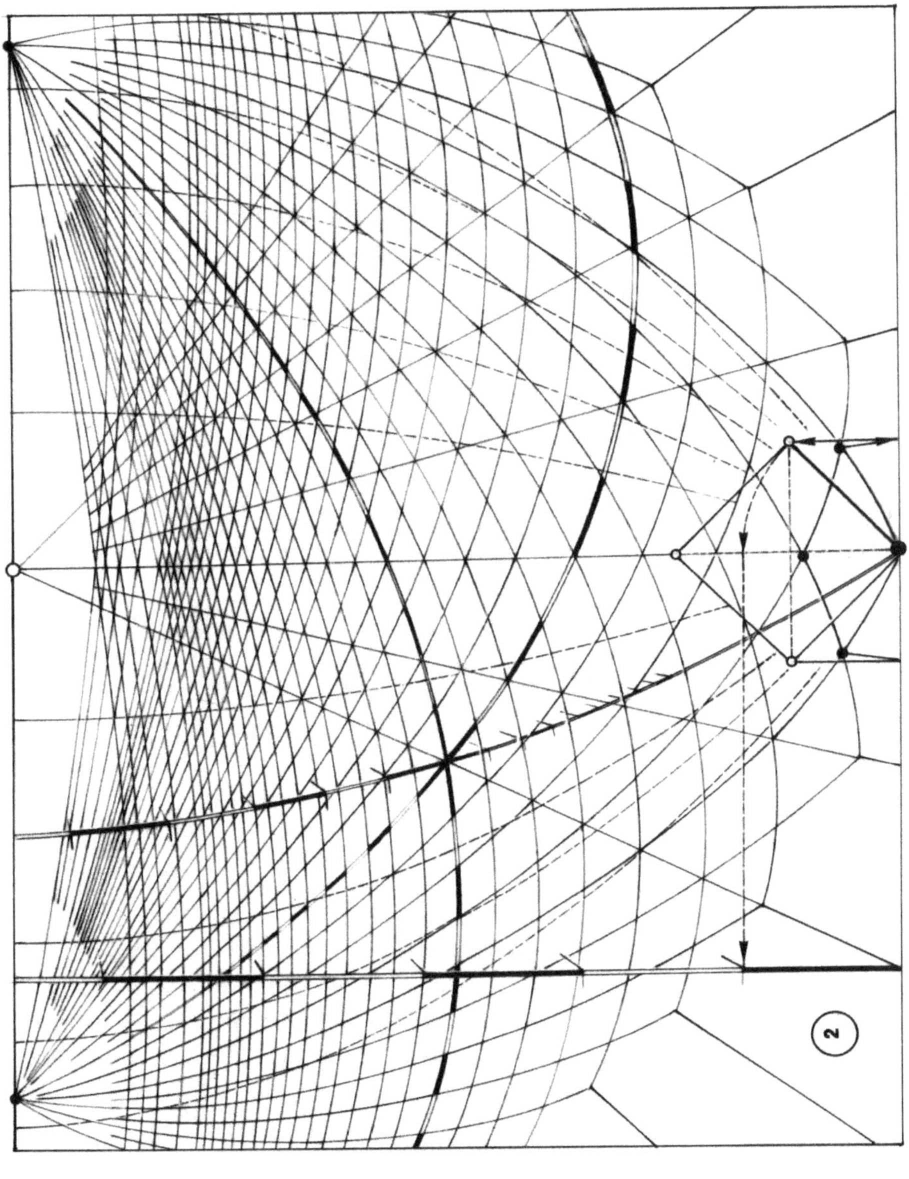
2

1 . PARABOLISATION D'UN SEGMENT DE DROITE ⓑ, ⓒ

La parabolisation d'un segment de droite, directement sur l'une ou l'autre des lignes du réseau, n'offre aucune difficulté particulière.
Il suffit de repérer, compte tenu de ses paramètres par rapport aux échelles horizontales (2 ; 4), l'une de ses extrémités (*k*) à partir de laquelle on compte le nombre de mailles correspondant au nombre d'unités (3) qui le mesurent, pour définir la seconde extrémité (*n*), ⓑ (le côté du carré).

Si le segment s'inscrit à mi-distance de ces lignes ⓒ, il sera nécessaire d'effectuer le tracé des diagonales de chacune des mailles situées dans le prolongement de chacune de ses extrémités, et de lier l'un à l'autre, les points d'intersection (*k* et *n*) de ces diagonales, en suivant le tracé de la courbe de l'une des lignes du réseau, la plus proche.

2 . PARABOLISATION DU CARRÉ ⓑ, ⓒ

La parabolisation du carré prolonge celle du segment qui fait l'objet de l'étude qui précède ; ce segment (*kn*) considéré comme l'un de ses côtés. Chacun des côtés adjacents (*kl* et *nm*), et le côté opposé (*lm*) subiront leur transformation parabolique, selon les mêmes modalités.

3 . PARABOLISATION DU CUBE ⓓ

La parabolisation du cube nécessite d'abord celle de sa base carrée coplanaire, ici, au réseau, selon les mécanismes de tracé récemment développés.
Il importe ensuite, d'élever selon les lignes-guides verticales, celles sur lesquelles seront déterminées les arêtes. La dimension (*3 unités*) de l'arête se mesure sur l'échelle des hauteurs, coordonnée au réseau, avant d'être transférée (selon l'orientation des lignes du réseau), sur une verticale commune au plan de l'échelle et à la face du cube, de côté horizontal (*kn*) perpendiculaire à l'échelle horizontale.
Du point mesurant la hauteur du cube sur cette verticale ③, on mène une parallèle au côté *kn* du carré de base, côté situé dans le même plan.

On détermine ainsi, sur les verticales issues des sommets *n* et *k* du carré, deux intersections *n'* et *k'* mesurant la hauteur des arêtes et, simultanément, une des faces latérales *knn'k'* du cube. Ces points d'intersection *n'* et *k'*, orientés vers les verticales élevées des autres sommets *l* et *m* du carré de base, délimitent les deux autres arêtes *l l'* et *m m'*, et simultanément, toutes les autres faces latérales du cube ainsi parabolisé.

Paraboles-guides intermédiaires, Verticales ⓐ

Réduction des intervalles entre les lignes-guides
(Exemple : entre 0° et 10° à droite)

L'intervalle entre les lignes-guides paraboliques verticales doit être relativement réduit, si l'on souhaite approcher au mieux la précision du tracé d'un segment parabolique transformant un segment de droite, ici vertical *A'B'*. Aussi, un procédé rapide et aisé déjà évoqué, consiste à diviser en un même nombre (restreint) de parties égales les lignes-guides verticales existantes et d'inscrire à l'intérieur de chacune des surfaces obtenues leurs diagonales. La liaison curviligne verticale successive des points d'intersection des diagonales définit chacune des lignes-guides intermédiaires recherchées.
Réduire une fois de plus ces nouveaux intervalles consisterait à réitérer l'opération.

MÉTHODE D'EXPLOITATION D'UN RÉSEAU
PARABOLIQUE NORME
HORIZONTAL DANS UNE VUE FRONTALE A 45° - Autres cas de figure

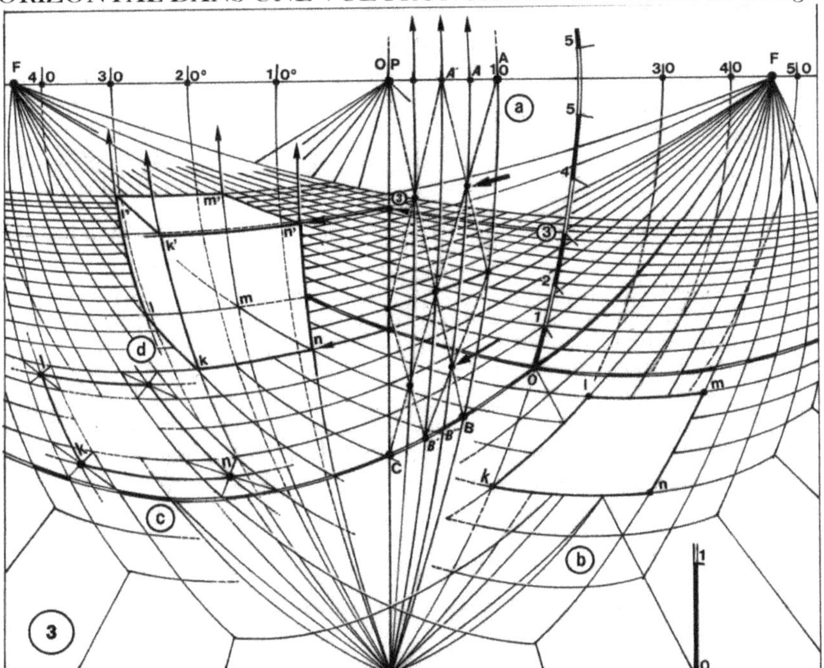

Les paraboles-guides intermédiaires de côté droit vertical ⓐ.
Le carré horizontal ajusté aux lignes du réseau ⓑ.
Le carré horizontal hors des lignes du réseau ⓒ.
Le carré vertical : l'une ou l'autre des faces latérales du cube ⓓ.
Le cube ⓓ.

4 . PARABOLISATION D'UNE PYRAMIDE RÉGULIÈRE ET DE SES SECTIONS PLANES

Soit une pyramide à la base carrée Ⓐ, Ⓑ.

La parabolisation de cette pyramide nécessite impérativement le tracé préalable du géométral, à l'échelle, dans une double vue en plan et en élévation.
Les arêtes de la pyramide sont des segments paraboliques inclinés.
La définition d'une arête liant le sommet du carré de base au sommet de la pyramide, nécessite, par conséquent, la définition d'un ou de deux points intermédiaires (et même plus), alignés sur cette arête et simultanément sur les trois autres, pour que le tracé de chacun des segments paraboliques transformant ses arêtes, soit irréprochable.

Ainsi, le géométral ⓐ fera apparaître ces points, ici au nombre de deux (largement suffisant), sur chacune des arêtes, dans les deux vues mises en corrélation.

Paraboliser cette pyramide régulière, c'est Ⓐ, compte tenu du géométral ⓐ :

1 . Paraboliser directement sur le réseau, compte tenu de ses coordonnées par rapport aux échelles, sa base carrée *KLMN*.

2 . Y inscrire les médianes, suivant les lignes-guides horizontales du réseau, et, du centre *O* situé à leur intersection (projection orthogonale du sommet *S*), élever la verticale parabolique transformant cet axe.

3 . Construire les carrés concentriques *AECB* et *RTUV* issus des projections orthogonales des points intermédiaires *aecb* et *rtuv* alignés par couple *ar*, *bt*, *cu* et *ev* sur les arêtes.

4 . Transformer chacun de ces carrés concentriques à chacun des niveaux ③ et ⑥ qui leur est respectivement imparti dans la vue géométrale, en élévation et à l'échelle ⓐ.

5 . Préciser le sommet *S* de la pyramide, à l'échelle des hauteurs (*9 unités*).

6 . Orienter cette hauteur, parallèlement à l'échelle horizontale, vers la verticale de transfert élevée dans le plan de l'axe de la pyramide, puis la mener parallèlement à la médiane correspondante, du carré de base, vers la verticale parabolique élevée de son centre.

On y détermine, par une intersection, le point *S*, sommet transformé de la pyramide. On dispose, dès lors, de quatre points permettant d'effectuer le tracé de chacune des arêtes de la pyramide ; le sommet *S* de cette pyramide, l'un des sommets *K* de son carré de base, et les points intermédiaires *a* et *r*.
Le tracé curviligne liant ces quatre points alignés, matérialise l'une des arêtes parabolisées de la pyramide.

Il suffit de réitérer l'opération concernant les arêtes liant les autres sommets *L*, *M*, *N* du carré de base, au sommet *S* de la pyramide, en passant par les points intermédiaires respectifs, pour paraboliser définitivement la pyramide régulière.

- Parabolisation des apothèmes de la pyramide :

Le processus de la transformation des apothèmes, rejoint celui concernant la parabolisation des droites, récemment évoqué.

PARABOLISATION DE LA PYRAMIDE DANS UNE VUE SUR L'ANGLE À 45°
et simultanément des TRIANGLES ISOCÈLES correspondants,
en deux étapes Ⓐ Ⓑ tributaires d'un géométral ⓐ

Géométral

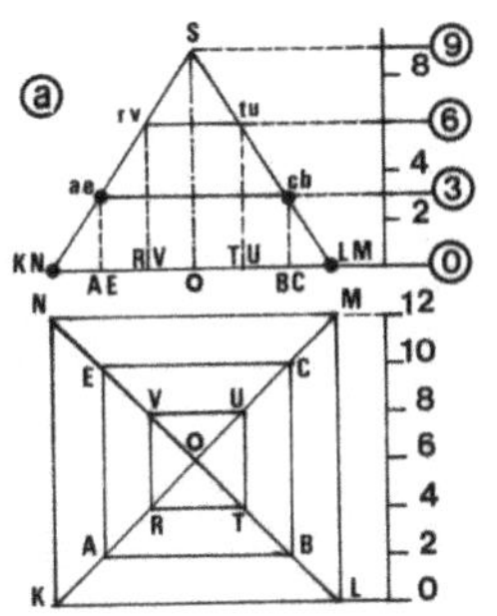

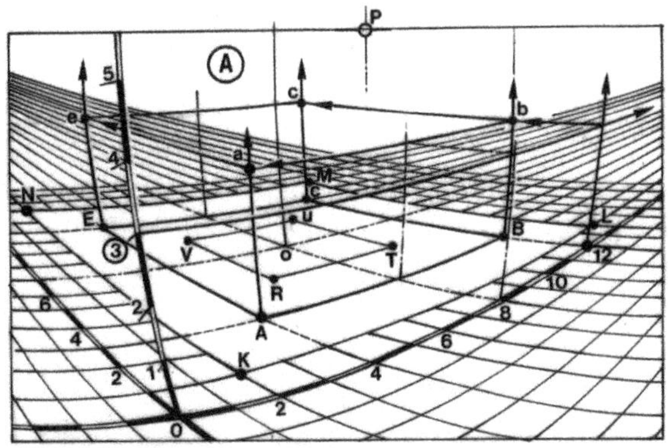

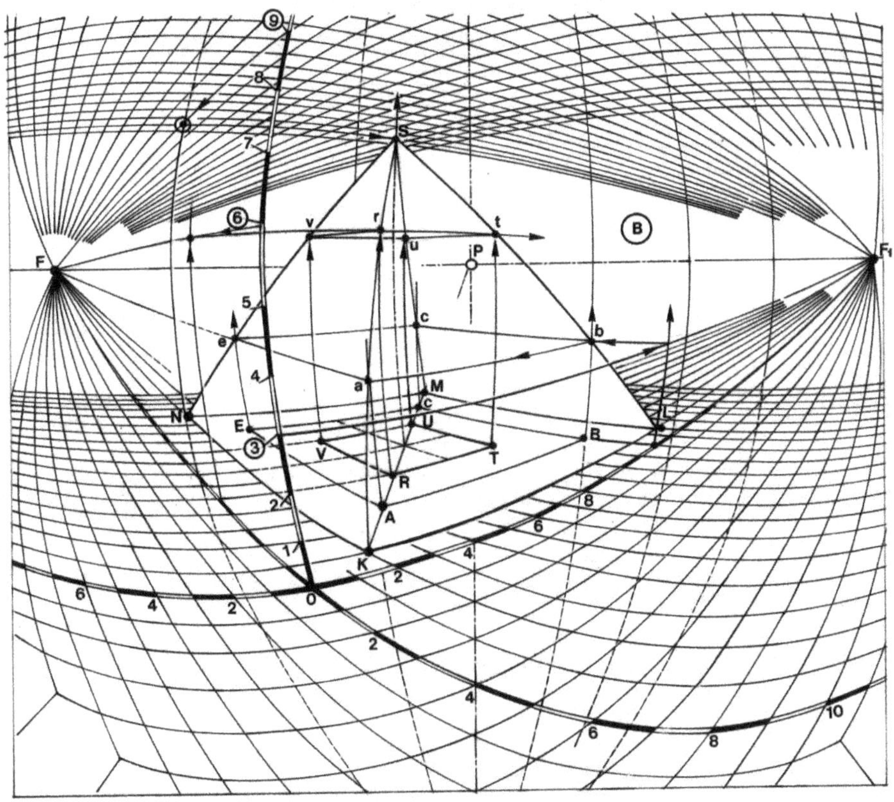

PARABOLISATION DES APOTHÈMES ET DE LA DIVISION RÉGULIÈRE DES FACES TRIANGULAIRES ISOCÈLES

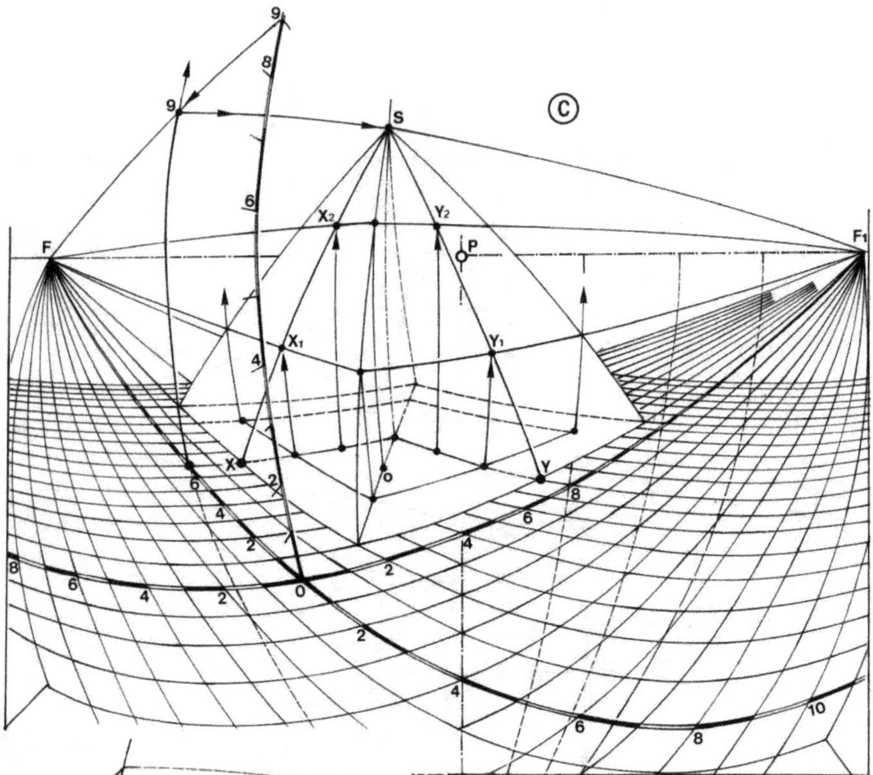

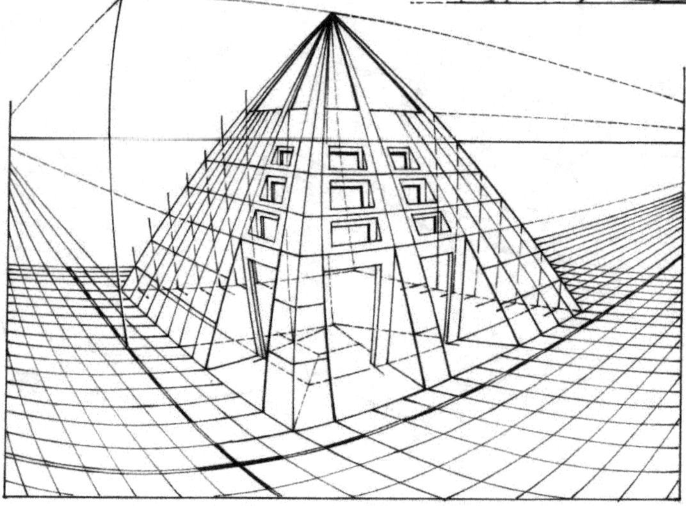

D

Maquette d'un hall d'accueil semi-pyramidal.

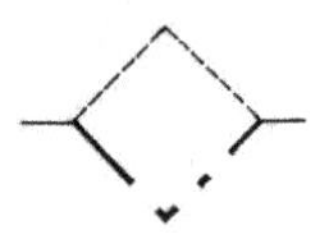

PARABOLISATION DU CERCLE HORIZONTAL
SUR UN RÉSEAU FRONTAL À 45°

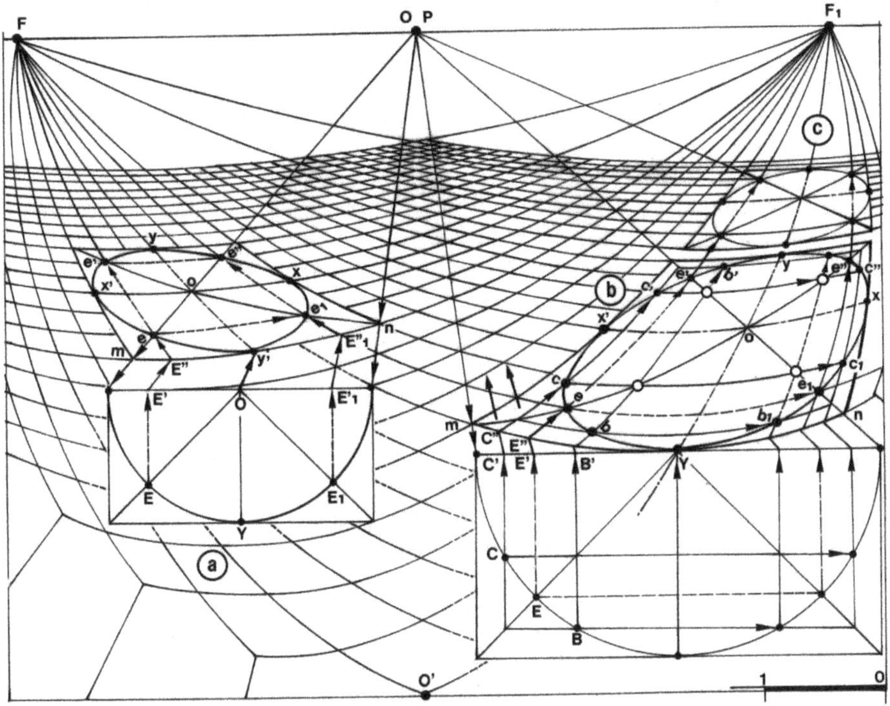

- 8 points remarquables : ⓐ ⓒ
- 4 points de tangence avec le carré circonscrit ;
- 4 points d'intersection avec les diagonales.
- 8 points quelconques paramétrés par les diagonales ⓑ.

5 . PARABOLISATION DU CERCLE HORIZONTAL

Les opérations de construction de ce cercle, dans le plan du réseau frontal, s'effectuent selon un processus analogue à celui déjà développé à propos de ce cercle transformé dans le plan d'un réseau de front.

Ainsi, le carré circonscrit au cercle, ayant été transformé, il suffit ⓐ de le mettre en corrélation avec son géométral, circonscrit au demi-cercle :

- La moitié d'un carré dont la médiane mesurant le diamètre, résulte de la projection du point P par les extrémités m et n du côté le plus proche, vers une rectiligne parallèle à l'axe FF_1.
- Les points d'intersection E et E_1 des demi-diagonales de la moitié du carré circonscrit au demi-cercle géométrique, élevés verticalement sur l'axe horizontal en E' et E'_1, puis orientés au point central de la projection P, se transforment en E'' et E''_1, sur le côté parabolisé du carré.

L'orientation de chacun des points *E"* et *E"1*, suivant le tracé d'une ligne-guide du réseau, au point *F* (extrémité de l'une des branches du carré transformant les droites fuyant à 45°) précise sur les diagonales du carré transformé, chacun des quatre points d'intersection remarquables, *e*, *e'*, *e"*, *e1* qui, liés alternativement aux quatre points de tangence des médianes, par une courbe elliptique, parabolise le cercle horizontal.

- Parabolisation du cercle horizontal par ses points de tangence, d'intersection, et quelconques ⓑ :

Considérons les quatre points de tangence et les quatre points d'intersection du cercle et des diagonales du carré circonscrit, préalablement déterminés en *e*, *e'*, *e"*, *e1* ; et déterminons les points d'intersection *B'* et *C'* du cercle et des diagonales du carré géométral correspondant.

Les deux points *B* et *C* localisés sur un quart de cercle sont symétriques par les demi-diagonales. Il suffit donc de ⓑ :

1 . Élever chacun des points d'intersection *C* et *B* du cercle et des diagonales du carré, perpendiculairement à la médiane horizontale tangente ici en *Y* au côté *mn* transformé, puis les orienter au point central de la projection *P*.

Ils se définissent sur ce côté en *B"* et *C"* qui, menés selon les lignes-guides au point *F1* (commun à toutes les paraboles transformant les droites fuyant à 45°), précisent sur les diagonales, les points qui correspondent à leurs coordonnées.

2 . Mener horizontalement le point d'intersection de l'une, vers la fuyante de l'autre.

On précise par d'autres intersections *b* et *c*, *b'* et *c'* sur ces fuyantes issues respectivement de *B"* et *C"*, les points quelconques symétriques par la diagonale et par la médiane, par lesquels passera le tracé de la courbe elliptique transformant ici le demi-cercle de gauche.

La transformation de l'autre demi-cercle nécessite que l'on oriente de ces points *b*, *c*, *b'* et *c'*, des horizontales paraboliques, vers les fuyantes en *F1* issues des points symétriques situés sur le géométral, pour déterminer les autres points *b1* et *c1*, *b"* et *c"*, quelconques.

Le tracé elliptique liant dans l'ordre les seize points transformés (de tangence, d'intersection et quelconques), détermine le cercle parabolisé.

6 . PARABOLISATION DU CERCLE DANS UN PLAN ORIENTÉ À 45°

Le processus de parabolisation du cercle vertical dans un plan orienté à 45° ⓐ est à l'identique de celui du cercle horizontal développé ci-dessus.

Pour affiner le tracé, il est recommandé de construire en vis-à-vis, les deux demi-cercles géométriques d'axe horizontal mis en corrélation avec le carré vertical transformé, avant de poursuivre la construction selon les mécanismes de tracé préconisés.

La figure ⓑ représente la parabolisation du cercle transformé par ses huit points remarquables et ses huit points quelconques. Ce tracé n'ayant pas été effectué sur la précédente figure, pour éviter les surcharges compromettant la compréhension du mécanisme de la construction.

PARABOLISATION DU CERCLE VERTICAL SUR UN RÉSEAU FRONTAL À 45°

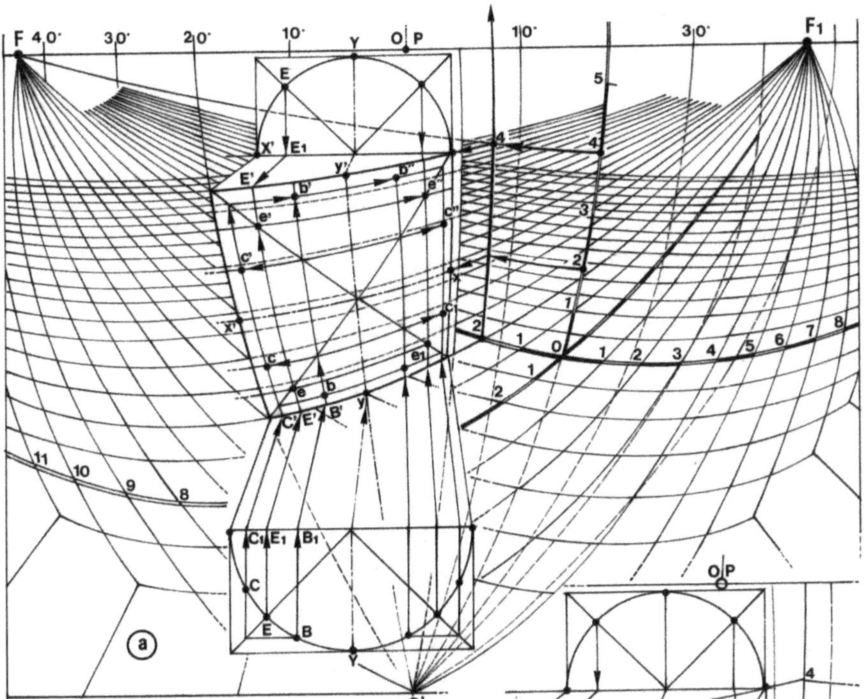

- 8 points remarquables :
- 4 de tangence avec le carré circonscrit ;
- 4 d'intersection avec les diagonales.
- 8 points quelconques paramétrés par les diagonales.

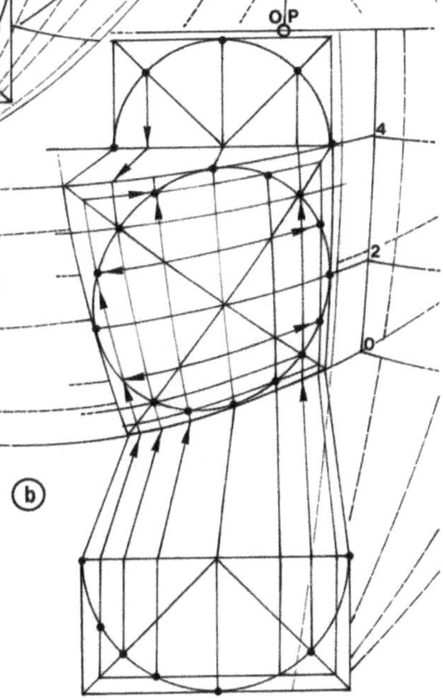

Détail : matérialisation de l'ellipse par la liaison successive curviligne des 16 points.

7 . PARABOLISATION DU CÔNE ET DU TRONC DE CÔNE

Paraboliser le cône droit, c'est ⓐ, ⓑ :

1 . Transformer son cercle de base, selon les mécanismes de tracé préconisés.

2 . Y élever par son centre, selon les lignes-guides paraboliques verticales, son axe mesuré selon les processus de transformation du segment de droite vertical.

La droite liant le cercle de base, au sommet du cône, s'appelle une génératrice. La construction parabolique de l'une ou l'autre de ces génératrices, nécessite que l'on dispose d'au moins trois points par lesquels passe le tracé de sa courbe, aussi tendue soit-elle, pour approcher au mieux la précision.

C'est ainsi que, simultanément, l'ensemble de ces points intermédiaires, de même niveau, liés les uns aux autres, engendrera une ellipse comparable à la petite base du cône tronqué.

La parabolisation du cône et simultanément du cône tronqué, impliquera que l'on dispose, au préalable, de son géométral (la vue en plan et la vue en élévation), à l'échelle : deux cercles concentriques mis en corrélation avec un triangle droit traversé par une horizontale représentant le niveau des points intermédiaires situés sur le cercle du tronçonnement.

Les deux cercles concentriques de la vue de dessus ayant été transformés selon la méthode appropriée, il importe ensuite de ⓐ :

1 . Élever, de chacun des points d'intersection du cercle concentrique et des diagonales et des points de tangence des médianes du carré circonscrit au cercle de base, les verticales paraboliques sur chacune desquelles sera transférée la mesure extraite du géométral.

Il en résulte une suite de points d'intersection qui, liés successivement, selon un tracé elliptique, détermine le plan de tronçonnement du cône.

2 . Préciser le tracé de chacune des génératrices, en effectuant la liaison curviligne de chacun des points d'intersection (*e*...) et de tangence (*x y*...), du cercle de base, au sommet *S* du cône, en passant par chacun des points intermédiaires correspondants (e', x_1, y' ...), situé sur le cercle de tronçonnement.

3 . Matérialiser les deux génératrices latérales tangentes au cercle de base délimitant la surface de révolution conique, selon les mêmes modalités.

PARABOLISATION DU CÔNE ET DU TRONC DE CÔNE SUR UN RÉSEAU NORMÉ DANS LA VUE SUR L'ANGLE

LES CERCLES CONCENTRIQUES

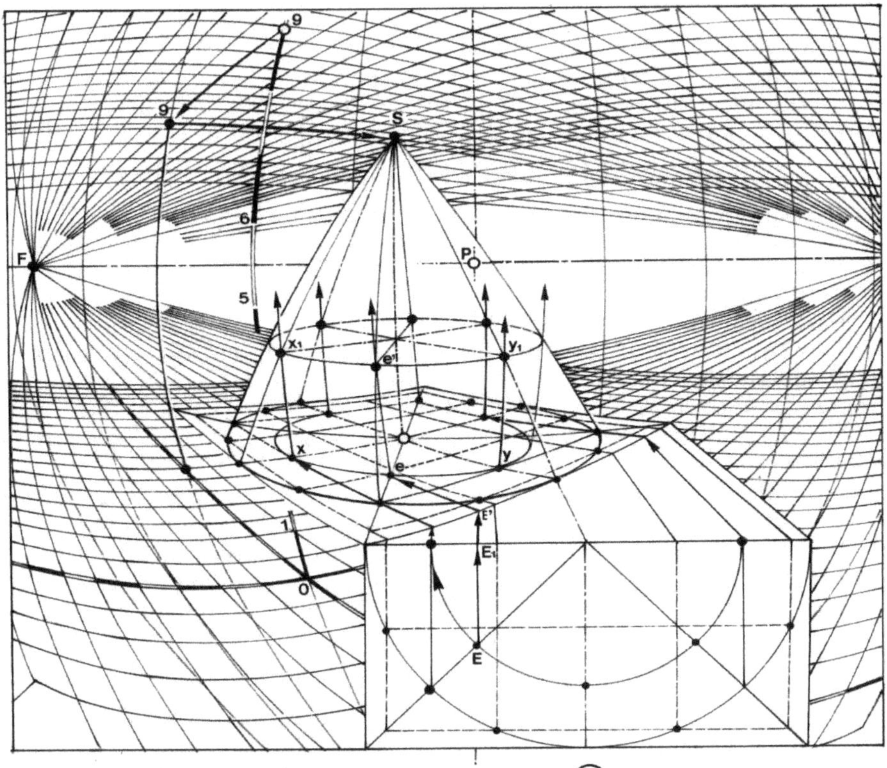

(a)

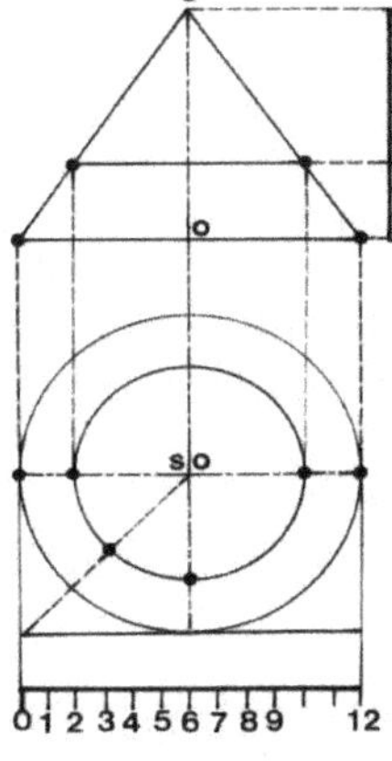

Géométral

(b)

8 . PARABOLISATION DU CYLINDRE D'AXE HORIZONTAL ORIENTÉ À 45°

La parabolisation du cylindre d'axe horizontal orienté à 45°, consiste à transformer chacun des deux cercles de base verticaux, à une distance, l'un de l'autre, mesurant la longueur du cylindre.
La parabolisation de chacune des bases circulaires s'effectuera selon les mécanismes de tracé récemment développés (ξ 6 ⓐ, ⓑ).
Les deux génératrices tangentes au cercle de base, complétant la parabolisation du cylindre ⓑ, résultera du tracé de chacune des lignes tangentes, paraboliques, suivant les lignes-guides du réseau.

9 . PARABOLISATION DE LA SPHÈRE

La parabolisation de la sphère résulte, ici, de celle de son grand cercle horizontal (l'équation), et de celles des cercles méridiens passant par ses points de tangence et ses points d'intersection avec les diagonales du carré horizontal transformé qui le circonscrit ⓒ.

Paraboliser la sphère, c'est ⓐ, ⓑ :

1 . Construire le cercle méridien vertical inscrit dans un carré orienté, ici, à droite de l'axe vertical de l'écran, à 45° en F_1, selon le processus récemment préconisé.

2 . Déterminer son grand cercle horizontal inscrit dans son carré de centre et de diamètre commun à ceux du cercle vertical ⓐ.

Les points d'intersection (e, ...) du cercle vertical et des diagonales du carré qui lui est circonscrit, abaissés perpendiculairement à la médiane horizontale commune (orientée en F_1), l'interceptent en un point qui, orienté selon les lignes-guides du réseau, vers les diagonales du carré circonscrit au grand cercle, y détermine les quatre points d'intersection (e_1, e_2, e_3, e_4), qui, avec les quatre points de tangence (x', x, y', y), contribuent à la parabolisation du cercle méridien orienté à 45°, à droite de l'axe vertical de l'écran.

3 . Définir le cercle méridien vertical perpendiculaire au précédent, dont le carré circonscrit est orienté à gauche de l'axe vertical de l'écran, à 45° en F, dans des conditions similaires ⓑ.

Les points d'intersection e, e', e'', e_1, des diagonales et du cercle, et les points de tangence x', x, y', y, des médianes, contribuent également à la parabolisation de ce deuxième cercle méridien.
Il serait possible également de déterminer de la même façon, deux autres cercles méridiens, l'un inscrit dans un carré transformé perpendiculairement à l'écran (orienté en P), l'autre dans un autre perpendiculaire au précédent, par conséquent inscrit dans un plan de front (orienté en D et D'), ⓒ.

La parabolisation de la sphère résultera de la courbe régulière fermée, courbe elliptique tangent d'une part, au grand cercle horizontal que transforme l'ellipse, et d'autre part, aux ellipses transformant les cercles méridiens.
L'ellipse transformant la sphère, au travers de sa parabolisation, est mesurable et ici, caractérisée par une valeur angulaire de 68°, ⓓ, Ⓕ.

PARABOLISATION D'UN CYLINDRE D'AXE HORIZONTAL PARALLÈLE À L'UN DES SYSTÈMES DE LIGNES DU RÉSEAU FRONTAL À 45°

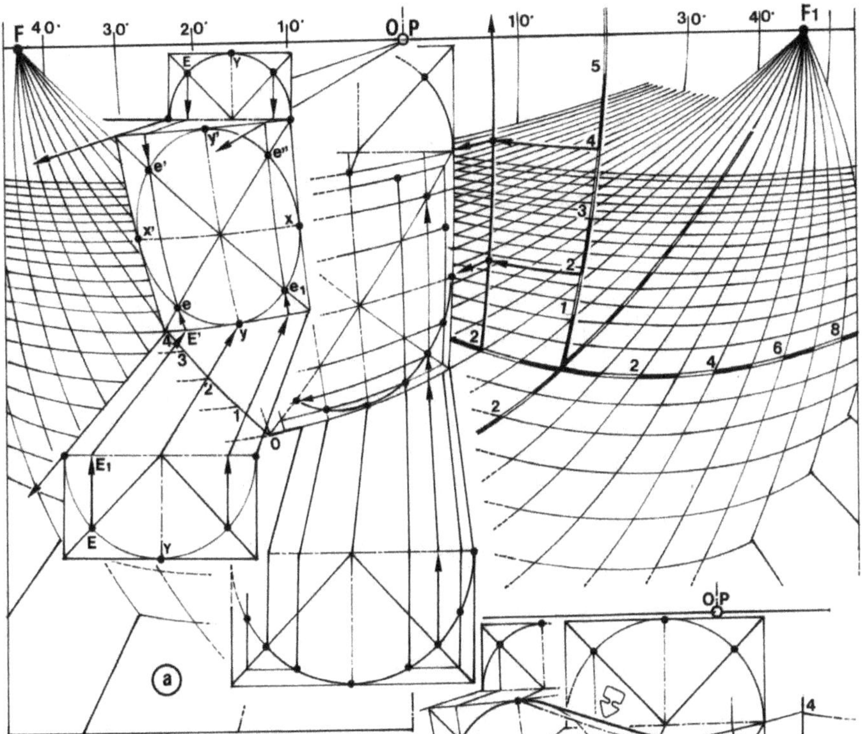

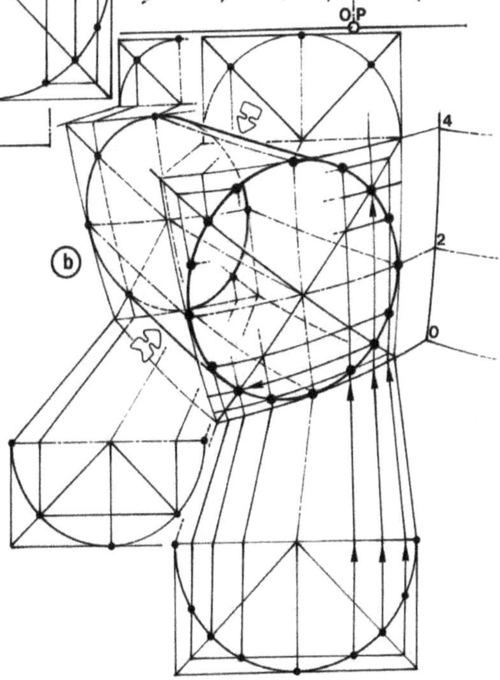

• Premier cercle de base en 16 points :
- 8 remarquables ;
- 8 quelconques paramétrés.

• Second cercle de base en 8 points remarquables de tangence et d'intersection.

• Deux génératrices tangent aux cercles de bases. →

PARABOLISATION DE LA SPHÈRE

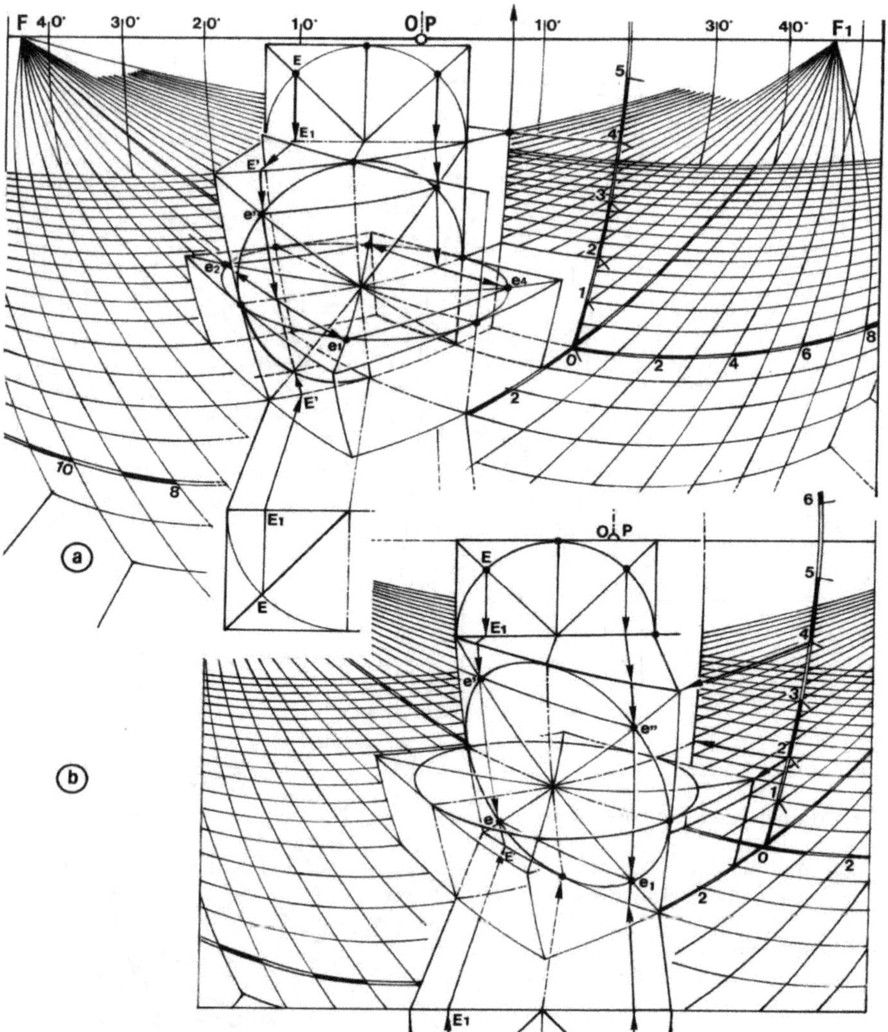

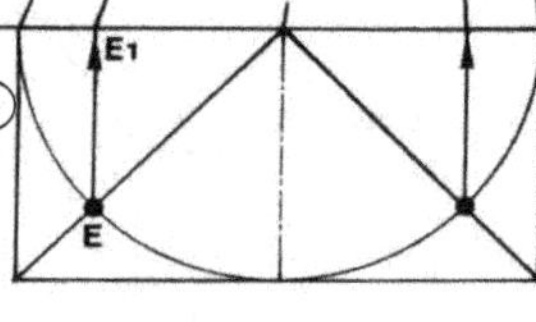

- Cercle méridien orienté à 45° en F1 ⓐ
- Grand cercle horizontal ⓐ
- Cercle méridien orienté à 45° en F ⓑ

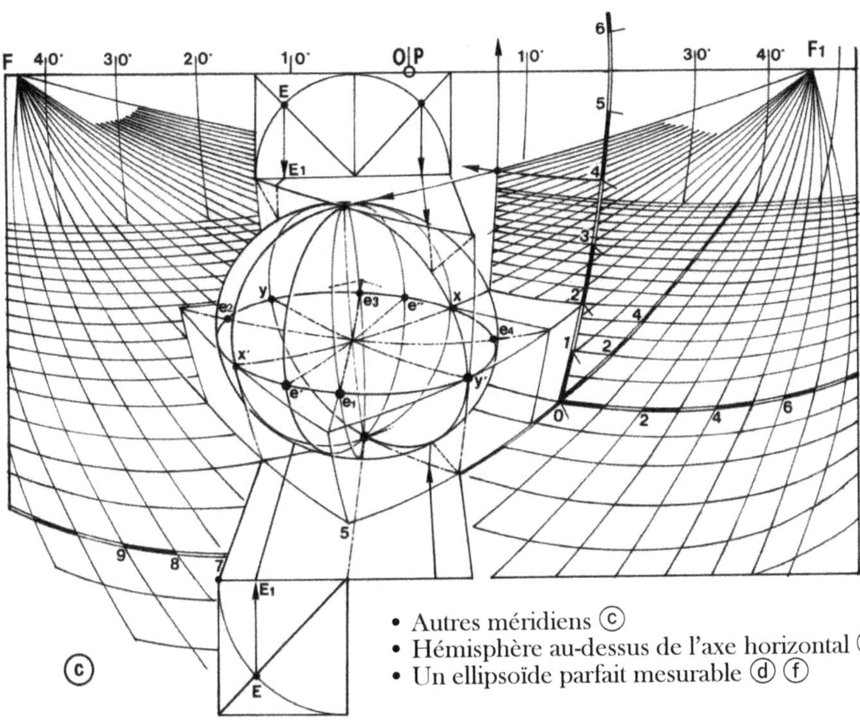

ⓒ

- Autres méridiens ⓒ
- Hémisphère au-dessus de l'axe horizontal ⓔ
- Un ellipsoïde parfait mesurable ⓓ ⓕ

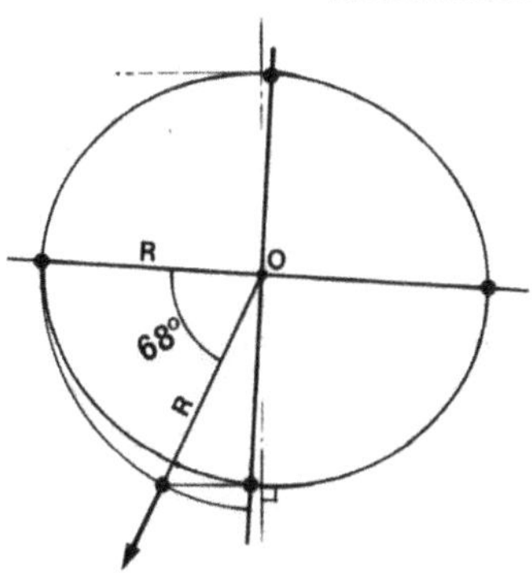

ⓕ

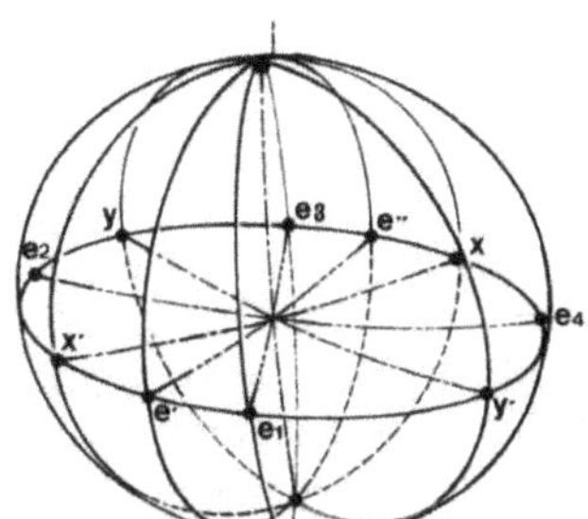

ⓓ

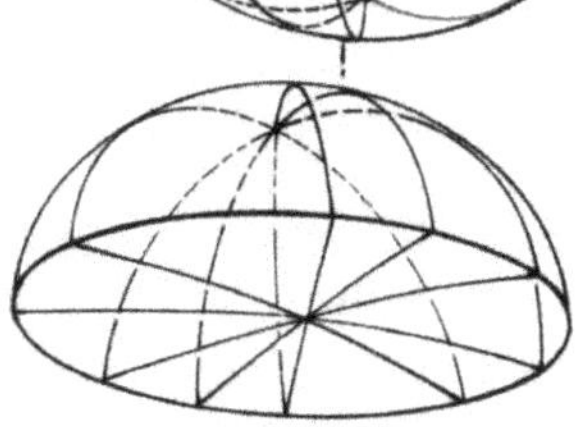

ⓔ

10 . PARABOLISATION DE LA PARABOLE

Paraboliser la parabole, c'est, compte tenu de ses dimensions et de ses paramètres par rapport aux échelles ⓐ :

1 . Transformer le rectangle *KLMN* qui le circonscrit, dont les côtés horizontaux *NK* et *ML* suivent le tracé des lignes du réseau orientées en *F*, et dont les côtés verticaux *NM* et *KL* se dressent selon la courbure des lignes-guides paraboliques verticales, en *Z*, le point Zénithal.

2 . Répartir régulièrement le même nombre de points de division sur le demi-côté horizontal *YN* et sur le côté vertical adjacent *NM*.

3 . Identifier ces points par des lettres *a*, *b*, *c* (ou par des nombres), dans un ordre allant de l'extrémité *y* de l'axe, vers le sommet *N* du demi-côté horizontal, et du sommet *M*, allant au sommet commun *N*, en ce qui concerne le côté adjacent vertical.

4 . Mettre en corrélation, en suivant les lignes-guides du réseau, les verticales issues de chacun des points équidistants (*a*, *b*, *c*), sur le demi-côté *YN*, et les droites transformées orientées de chacun des points équidistants (*a*, *b*, *c*) de même identification alphabétique, divisant régulièrement le côté vertical adjacent, vers l'autre extrémité *y'* de l'axe. On détermine par leur intersection respective *a'*, *b'*, *c'*, les points qui, liés successivement les uns aux autres, et aux extrémités *y* et *y'* de l'axe, transforment la moitié de la parabole.

La projection curviligne horizontale, selon les lignes-guides du réseau, de chacun de ces points *a'*, *b'*, *c'*, vers chacune des verticales correspondantes, élevée de chacun des points de division régulière de l'autre demi-côté horizontal *yk*, détermine les points symétriques a_1, b_1, c_1, qui, liés entre eux et aux extrémités *y* et *y'* de l'axe, complètent la parabolisation de la parabole.

- Translation plane de la parabole ⓑ :

La seconde parabole de mêmes dimensions, à transformer dans le même plan vertical commun, nécessite :

1 . La parabolisation du rectangle qui lui est circonscrit *N' M' L' K'* à une distance *N'K* du premier.

2 . Le tracé des lignes verticales issues des points de division du côté horizontal.

3 . L'orientation, selon les lignes-guides paraboliques, de chacun des points a_1, b_1, c_1, déjà identifiés sur la première parabole, vers chacune des verticales correspondantes en *a"* et a_2, *c"* et c_2...

On détermine ainsi, les points homologues situés sur la seconde parabole, qui, liés entre eux et à chacune des extrémités *N'* et *K'* des branches, ainsi qu'au sommet *y"*, définissant sa parabolisation.

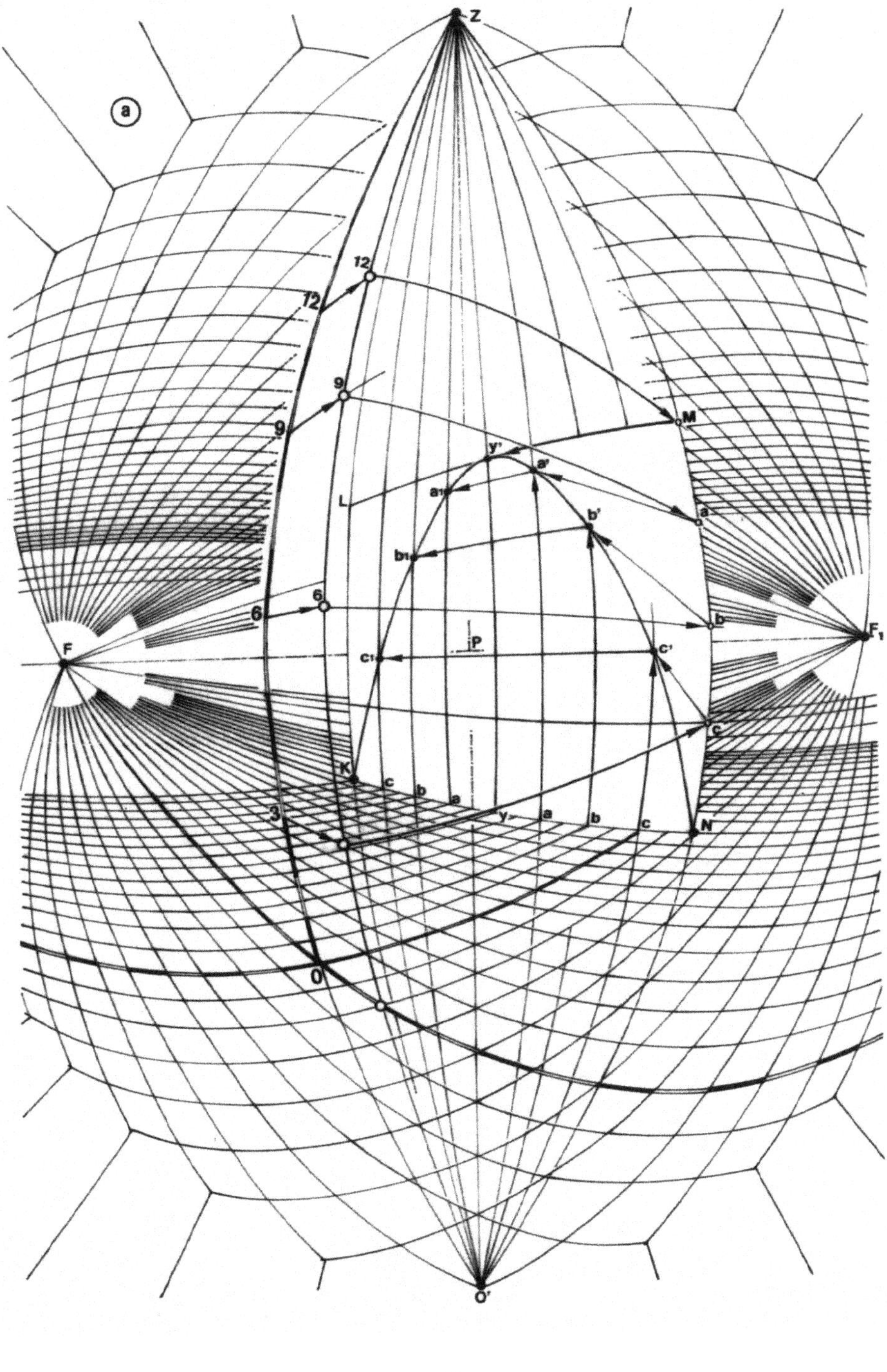
a
Z
12
12
9
9
M
y'
a'
a1
L
a
b'
b1
6
6
b
F
F1
P
c1
c'
c
K
c
b
a
y
a
b
c
N
3
0
O'

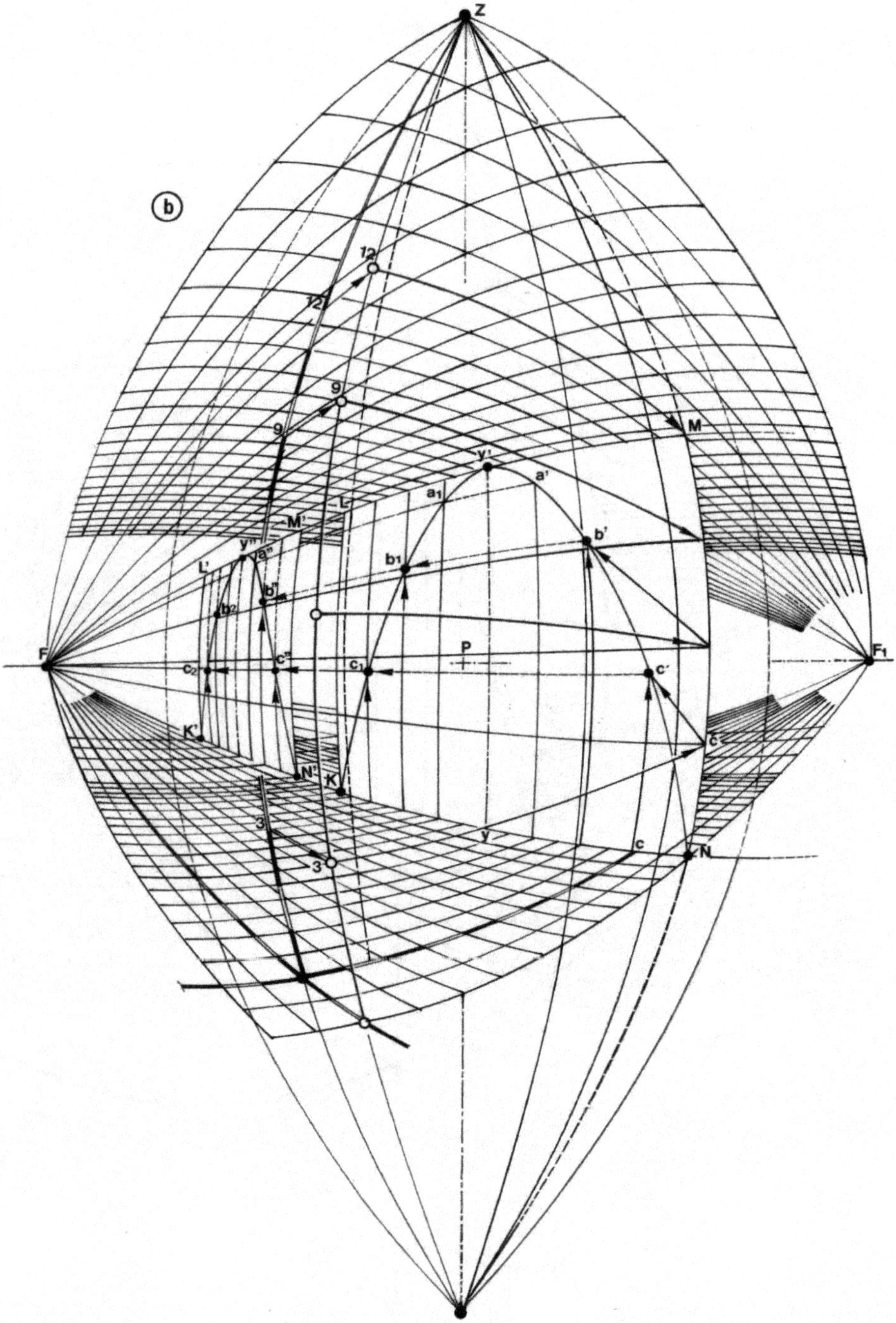
Z
b
12
12
9
9
M
y'
a'
a1
L
M'
y''
a''
b'
L'
b1
b''
b2
F
F1
P
c2
c''
c1
c'
K'
c
N'
K
y
3
3
c
N

PARABOLISATION D'UN CYLINDRE PARABOLIQUE

©

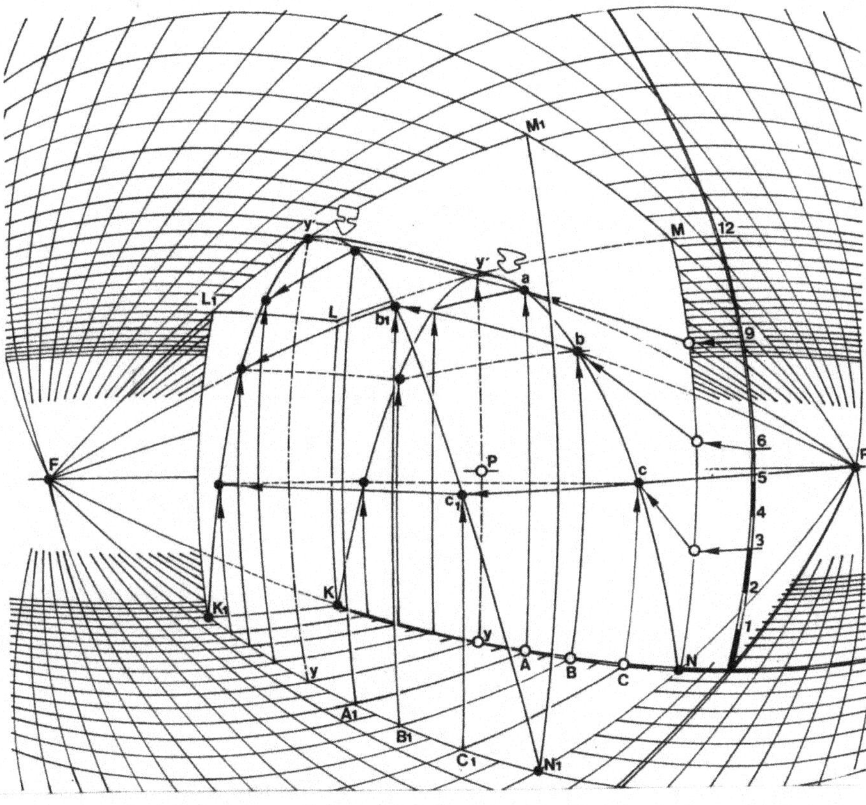

11 . PARABOLISATION D'UN CYLINDRE PARABOLIQUE

Paraboliser le cylindre parabolique, c'est opérer la construction de ses deux paraboles de base, de dimensions identiques, parallèles et distantes l'une de l'autre, d'une grandeur mesurant la largeur $N N_1 = K K_1 = 7$ *unités* ©.

Ainsi, la première parabole de base ayant été transformée selon le processus préconisé, récemment développé, il suffit d'effectuer la transformation de la seconde, en tirant profit des points a, b, c ... déjà déterminés sur la première, les mettant en corrélation, suivant les lignes-guides des réseaux, avec ceux de même nature A_1, B_1, C_1 ... localisés sur le côté droit $N_1 K_1$. On définit ainsi les points a_1, b_1, c_1 ... (et simultanément les génératrices correspondantes aa_1, bb_1, cc_1 ...), par lesquels passe le tracé de la courbe parabolique transformant la seconde base $N_y K_1$.

La génératrice, ici horizontale, tangente aux deux courbes paraboliques, complète la parabolisation du cylindre parabolique.

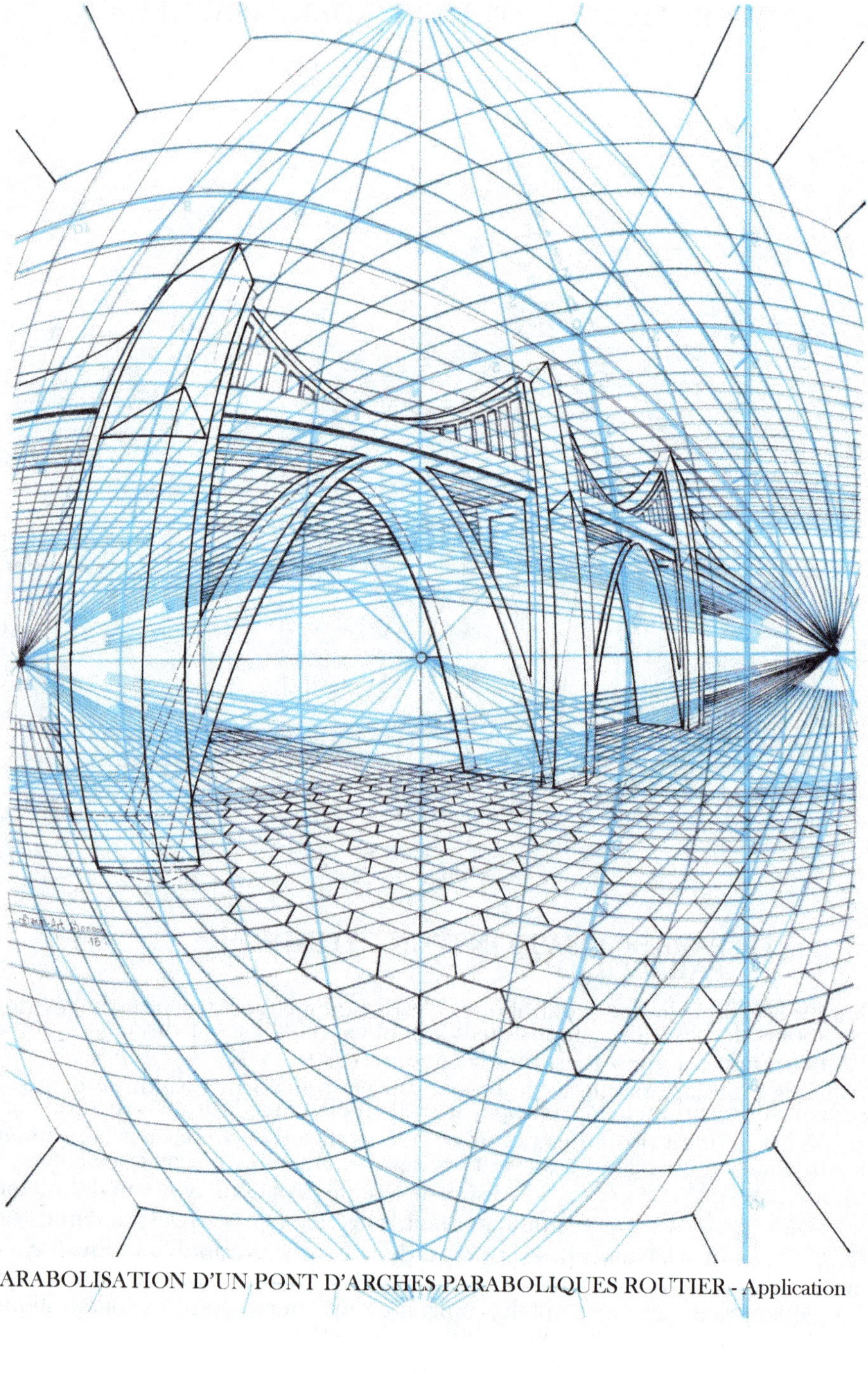

PARABOLISATION D'UN PONT D'ARCHES PARABOLIQUES ROUTIER - Application

PARABOLISATION D'AUVENTS PARABOLIQUES

12 . PARABOLISATION DE L'HÉLICE CIRCULAIRE

La trajectoire régulière d'un point autour d'un cylindre, selon une ouverture angulaire de β°, ($\beta° = 29°$), engendre le tracé d'une hélice cylindrique.

L'hélice est, en d'autres termes, d'un point de vue géométrique, une courbe dont la tangente en chaque point fait un angle constant avec une direction donnée.

Pour obtenir de façon relativement simple, une hélice cylindrique, il suffit de tracer une droite inclinée selon un angle β° donné, sur toute la surface d'une feuille rectangulaire ⓐ, puis d'enrouler cette dernière pour former un cylindre dont l'axe sera parallèle à sa longueur ou à sa largeur.

Dans l'espace décrit par le repère orthonormé $OIJK$, l'hélice infinie de pas p, et de rayon r dont l'axe est parallèle à K et passe par O, est définie par l'équation paramétrique :

$x(t) = r\cos(2\pi . t)$
$y(t) = r\sin(2\pi . t)$
$y(t) = p . t$

La parabolisation de l'hélice implique une mise à disposition, au préalable, de son tracé géométral ⓐ : un cercle résultant de sa projection sur un plan orthogonal à son axe, divisé en un certain nombre de secteurs égaux représentant les différentes étapes du point au cours de sa trajectoire ; cercle mis en corrélation avec un rectangle : sa projection ici en élévation selon une spirale sinusoïdale, déduite de la situation verticale du point au cours de chacune de ses étapes, successives.

Ainsi, à chacune des étapes de la rotation du point sur le cercle, correspond une hauteur mesurée sur l'axe.

Cette hauteur est égale à : $tg\beta° 1/24\, 2\pi R$. - Le cercle ayant été divisé en 24 secteurs de 15° correspondant à la rotation complète du point.

Mettre en œuvre le processus de parabolisation de l'hélice, c'est :

1 . Transformer le cercle de base, ici horizontal, du cylindre, et le diviser par exemple, en 24 secteurs de 15° ⓑ.

2 . Élever ces secteurs géométriques perpendiculairement au tracé du demi-diamètre du cercle dont le centre est ajusté au point d'intersection de sa parabolisation et de la diagonale du carré qui lui est circonscrit.

3 . Contrôler, systématiquement, la précision de chacun de ces points de division sur le cercle, au travers de la localisation de chacun des points respectifs qui leur sont symétriques par les médianes ; les deux points s'inscrivant sur la même fuyante, ou sur une parallèle à l'une et l'autre des lignes du réseau.

4 . Élever, du centre du cercle transformé, suivant les lignes-guides paraboliques verticales, l'axe du cylindre, et y répartir les mesures successives régulières traduisant la translation, par étapes, du point, au cours de sa trajectoire ⓒ.

5 . Transformer le point en rotation au cours de chacune des étapes de sa trajectoire ascensionnelle ⓓ, en élevant de chacun des points caractérisant chacune des étapes sur le cercle de base, une verticale parabolique mesurant chacune, la hauteur correspondante préalablement mesurée à l'échelle des hauteurs ⓒ.

La liaison curviligne ordonnée des points transformés engendre la parabolisation complète de l'hélice ⓓ.

PARABOLISATION DE L'HÉLICE

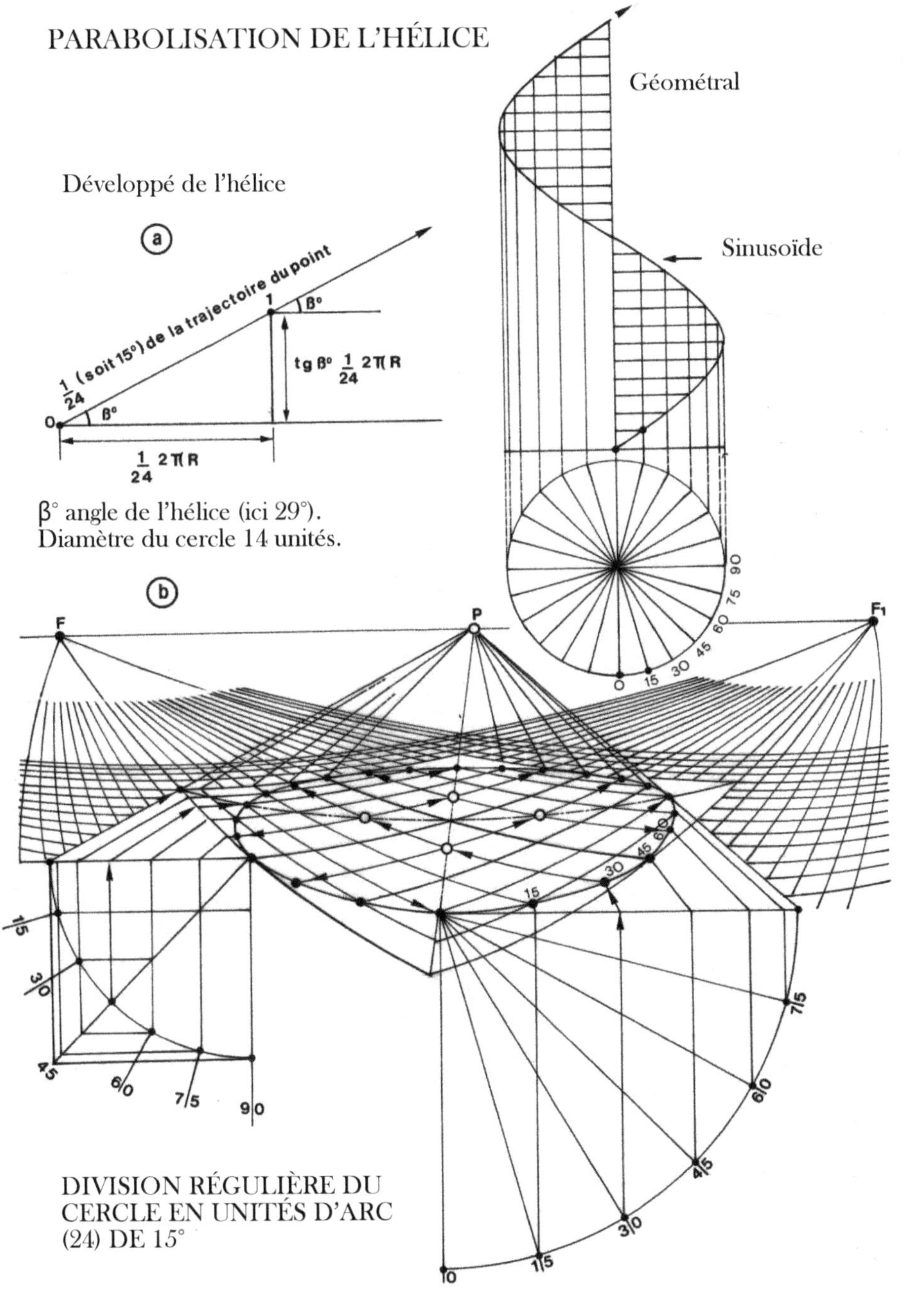

Développé de l'hélice

β° angle de l'hélice (ici 29°).
Diamètre du cercle 14 unités.

DIVISION RÉGULIÈRE DU CERCLE EN UNITÉS D'ARC (24) DE 15°

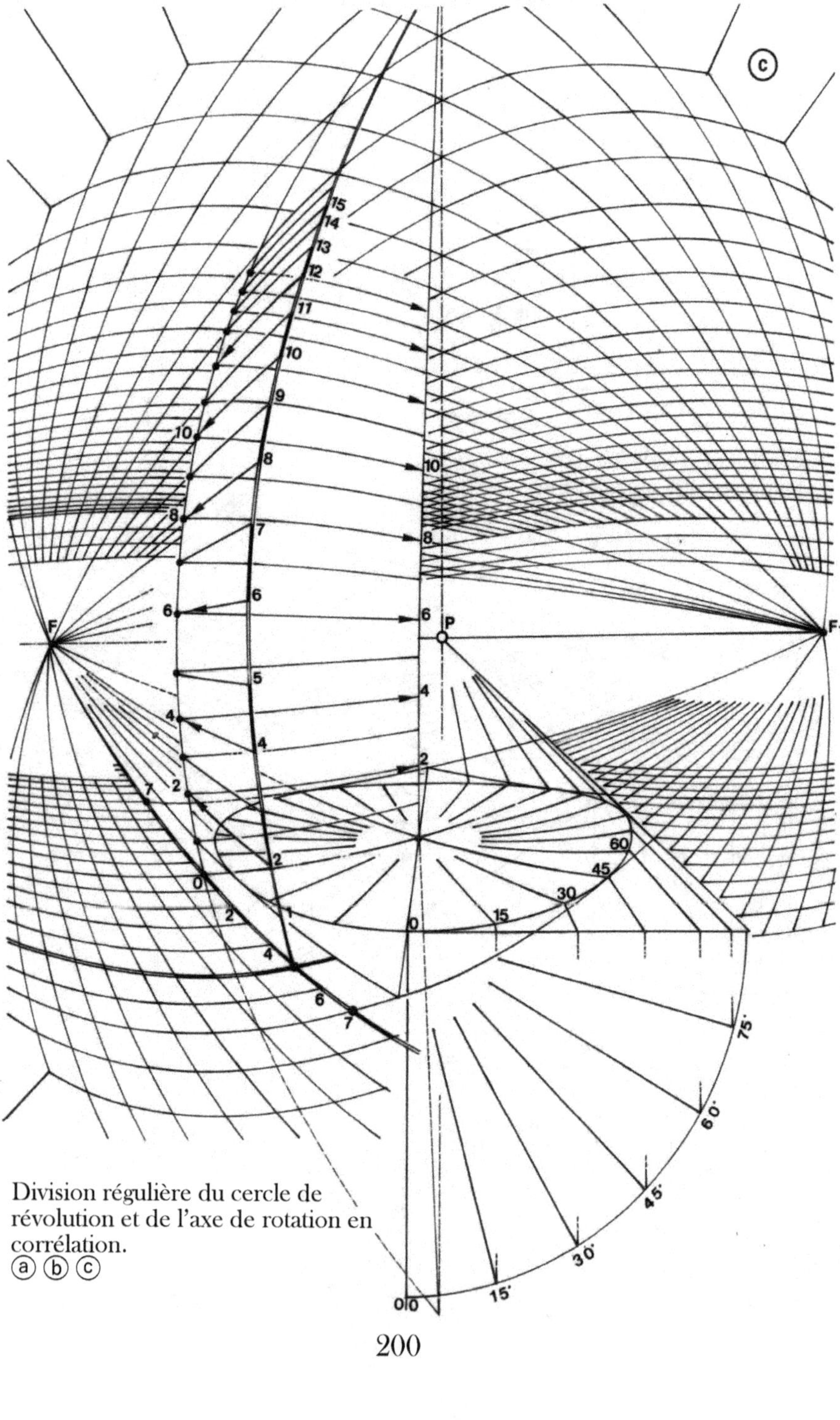

Division régulière du cercle de révolution et de l'axe de rotation en corrélation.
ⓐ ⓑ ⓒ

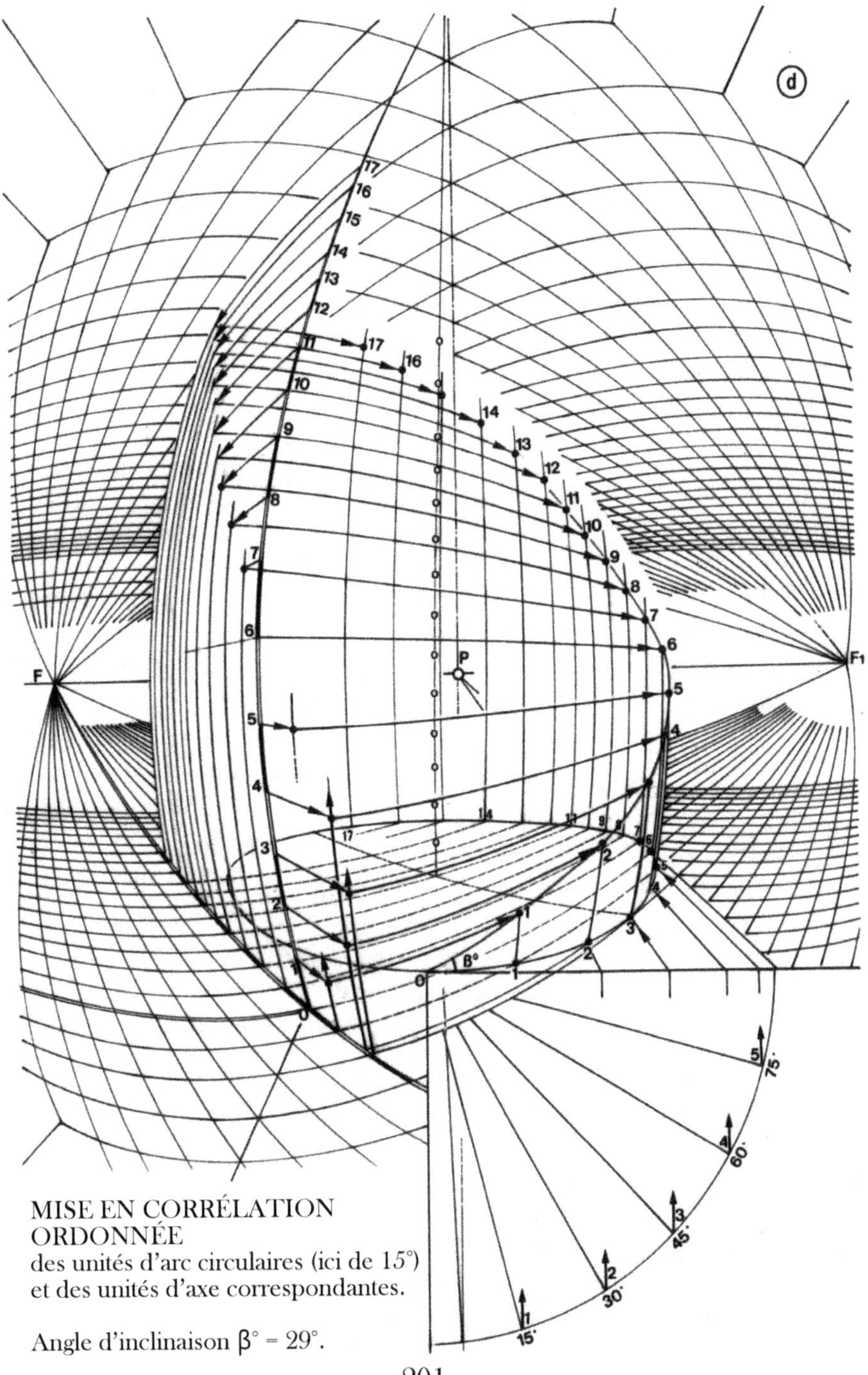

MISE EN CORRÉLATION ORDONNÉE
des unités d'arc circulaires (ici de 15°) et des unités d'axe correspondantes.

Angle d'inclinaison β° = 29°.

13 . PARABOLISATION DE LA SURFACE HÉLICOÏDALE ⓔ, ⓕ

La parabolisation de la surface hélicoïdale prolonge celle de l'hélice qui précède.
La surface hélicoïdale est celle qu'engendre une droite dite génératrice, horizontale ou inclinée, en rotation et en translation simultanée autour de l'axe d'un cylindre.
Si la rotation de cette génératrice (ici horizontale) s'effectuait autour de l'axe qu'elle tangente en l'une de ses extrémités, c'est-à-dire, si la largeur de la surface hélicoïdale mesurait le rayon du cercle de base de la rotation, la parabolisation de la surface hélicoïdale correspondante, s'opérerait dans les conditions strictement analogues à celles qui précèdent, sans qu'il n'y ait rien à extraire ou à ajouter, sinon la matérialisation de la droite génératrice sur le cercle de base, mettant en valeur la largeur de la surface hélicoïdale.
Si, autrement, la largeur de cette surface était inférieur à la mesure du rayon du cercle de base du cylindre, la droite génératrice, ici horizontale, qui l'engendre, s'effectuerait également autour d'un cylindre dont le rayon mesurera la différence entre celui du cercle de base initial et la largeur de la surface hélicoïdale. Ce cylindre intérieur est désigné sous le terme de noyau.

Paraboliser cette surface hélicoïdale ⓔ, ⓕ, équivaudrait à paraboliser les deux hélices qui résultent des extrémités de la droite génératrice mesurant la largeur de cette surface, en rotation et en translation simultanée autour de l'axe commun du cylindre extérieur et du noyau.

Ainsi, considérant la grande hélice préalablement parabolisée, il importe ensuite, de transformer celle relative au noyau, selon le processus suivant :

1 . Paraboliser le cercle de base du noyau, concentrique au cercle de base du cylindre extérieur. Il intercepte les rayons divisant le grand cercle en secteurs, en des points le divisant en autant de secteurs.

2 . De chacun de ces points, élever chacune des génératrices paraboliques successives du noyau, selon une hauteur correspondant à chacune de ses étapes dans la rotation ascensionnelle. Le rayon du cercle de base et la génératrice horizontale de la surface parabolique, sont transformés dans le même plan vertical.

3 . Lier les points successifs définis sur les génératrices verticales du noyau.

L'hélice qui résulte de la liaison ordonnée et successive de ces points, s'enroulant autour du noyau, complète la parabolisation de la surface hélicoïdale dont l'ensemble des génératrices horizontales (situées entre le noyau et le cylindre extérieur), compose la structure.

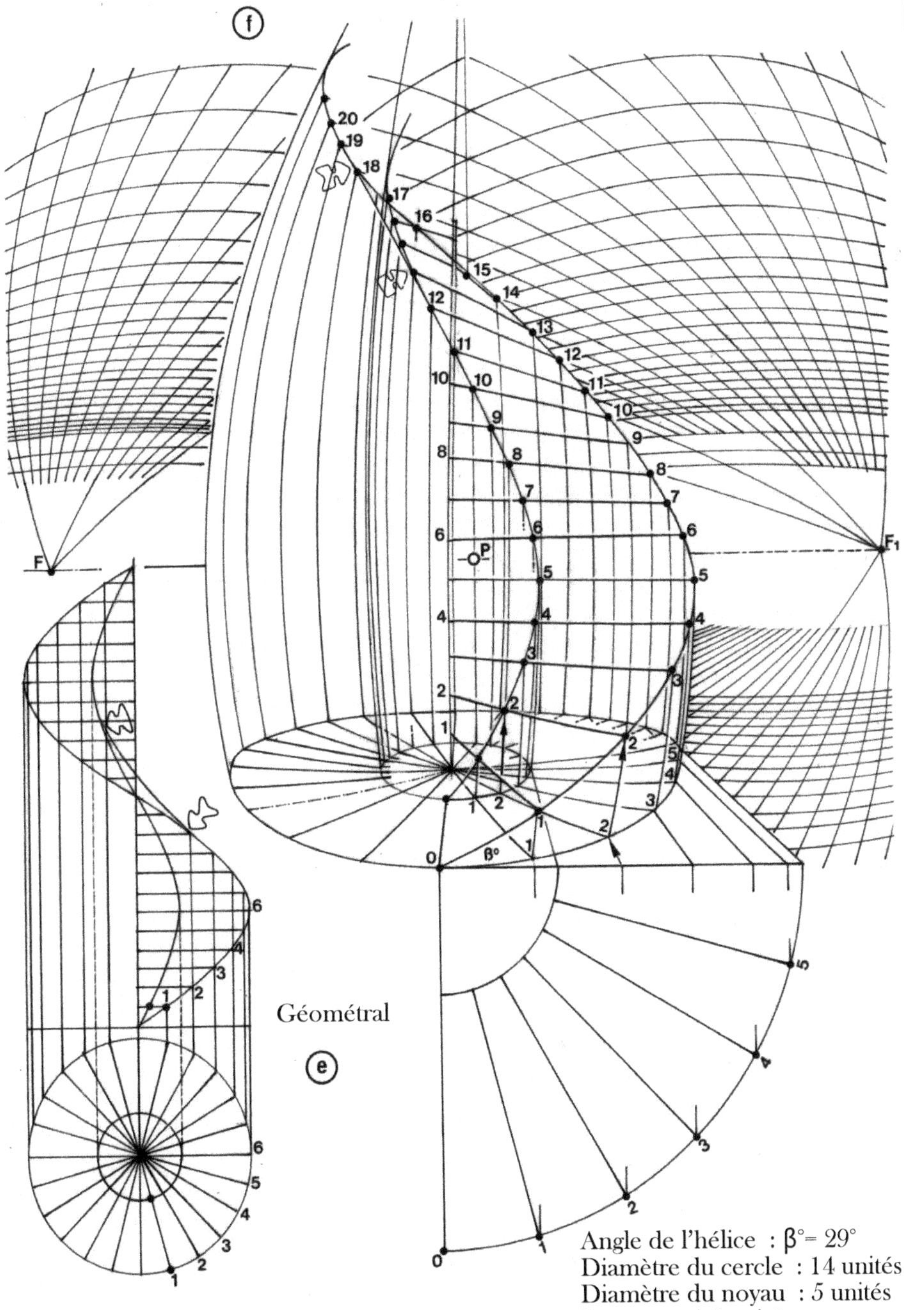

Géométral

Angle de l'hélice : β°= 29°
Diamètre du cercle : 14 unités
Diamètre du noyau : 5 unités
Largeur : 4,5 unités

Ébauche d'une application

L'ESCALIER HÉLICOÏDAL

Cette application prolonge les études relatives à l'hélice et à la surface hélicoïdale selon la méthode récemment préconisée.
De ce fait, les rapports entre la largeur de la marche, la hauteur de la contremarche, l'angle caractérisant la liaison d'une marche à l'autre, ne seront pas conformes à la normalisation.
Ils le seront dans une planche d'application plus complète installant l'escalier hélicoïdal monumental dans un contexte architectural approprié : dans le hall d'un centre d'affaires.

Ainsi, compte tenu de la parabolisation préalable de l'hélice cylindrique selon le processus récemment développé, il suffit d'accentuer le tracé des marches et des contremarches sur la surface du cylindre et de délimiter chacune des marches successives triangulaires dont chacun des sommets de l'angle aigu se situe sur l'axe (à une hauteur l'une de l'autre mesurant celle de la contremarche), pour paraboliser l'escalier hélicoïdal, ici, exempt de noyau.

PARABOLISATION D'UN ESCALIER HÉLICOÏDAL

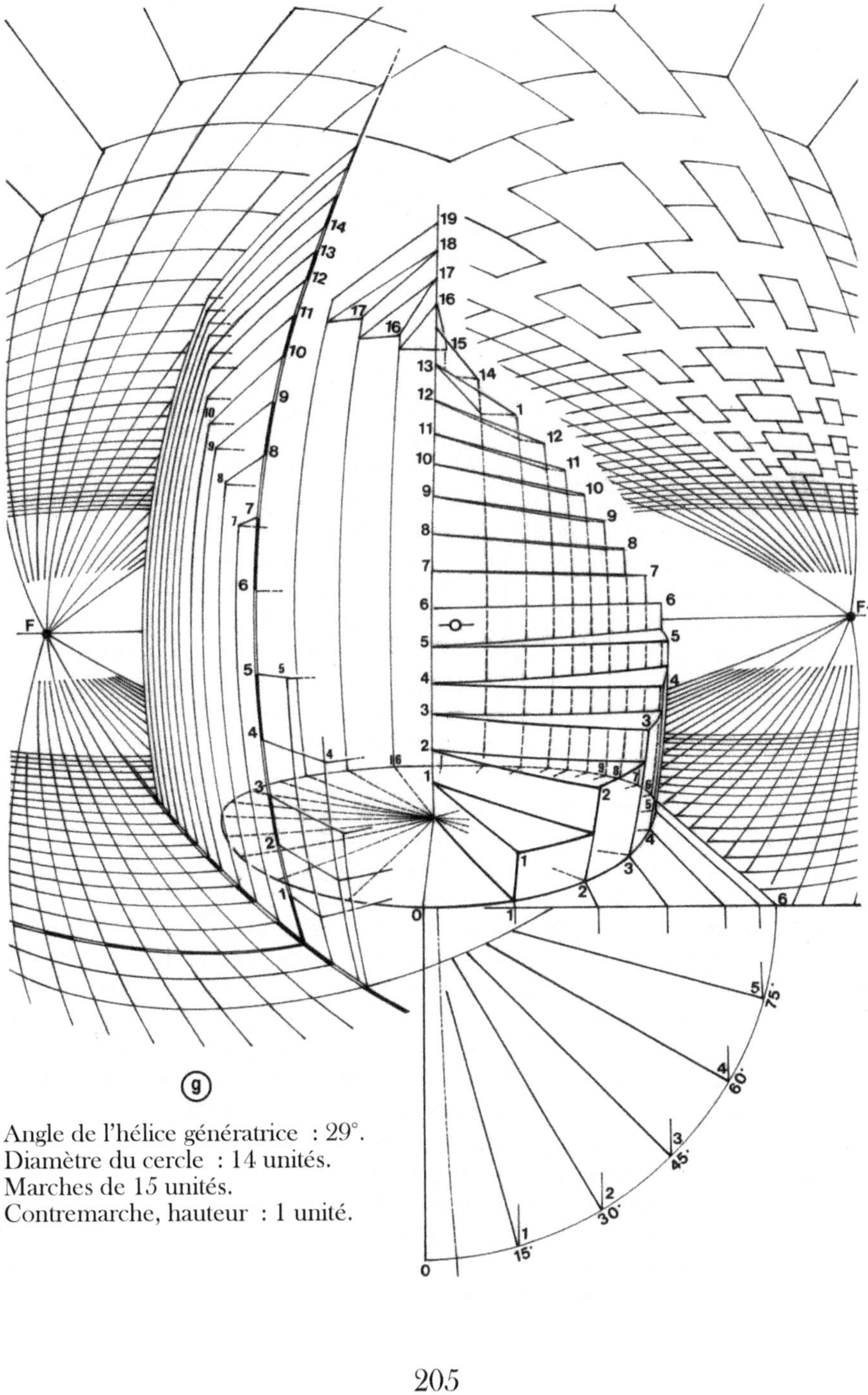

Angle de l'hélice génératrice : 29°.
Diamètre du cercle : 14 unités.
Marches de 15 unités.
Contremarche, hauteur : 1 unité.

PARABOLISATION D'UN ESCALIER HÉLICOÏDAL MONUMENTAL,
DANS LE HALL D'UN CENTRE D'AFFAIRES
Angle de l'hélice génératrice : 16° ; Diamètre de l'hélice : 14 unités ; Diamètre du noyau : 4 unités ; Contremarche : 0,5 unité.

14. PARABOLISATION DE PAVEMENTS POLYGONAUX

1) Octogonaux ⓐ, ⓑ, ⓒ

La parabolisation de ce pavement nécessite la construction préalable de l'octogone géométrique régulier ⓐ1, avant de procéder à sa transformation dans le champ parabolique ⓐ, selon un processus analogue à la parabolisation du cercle horizontal.

Les sommets de l'octogone *e*, *e1*, *e'1*, *e'*, se localisant à chacune des intersections des diagonales du carré circonscrit au cercle, et à chacun des points de tangence des médianes, sa transformation parabolique s'opérera sans aucune nouvelle difficulté particulière.

Il importera ensuite de le reproduire directement sur le réseau en le multipliant latéralement et en profondeur de champ ⓑ, ⓒ, toutes les figures paraboliques étant contiguës les unes aux autres.

2) Hexagonaux ⓓ, ⓔ

La transformation des figures hexagonales s'effectuera directement dans le champ parabolique, à l'aide des mailles du réseau qui y contribuent aisément, qu'il s'agisse d'un réseau dans la vue sur l'angle à $\beta° = 45°$ ⓓ, ou d'un réseau dans la vue frontale ⓔ.

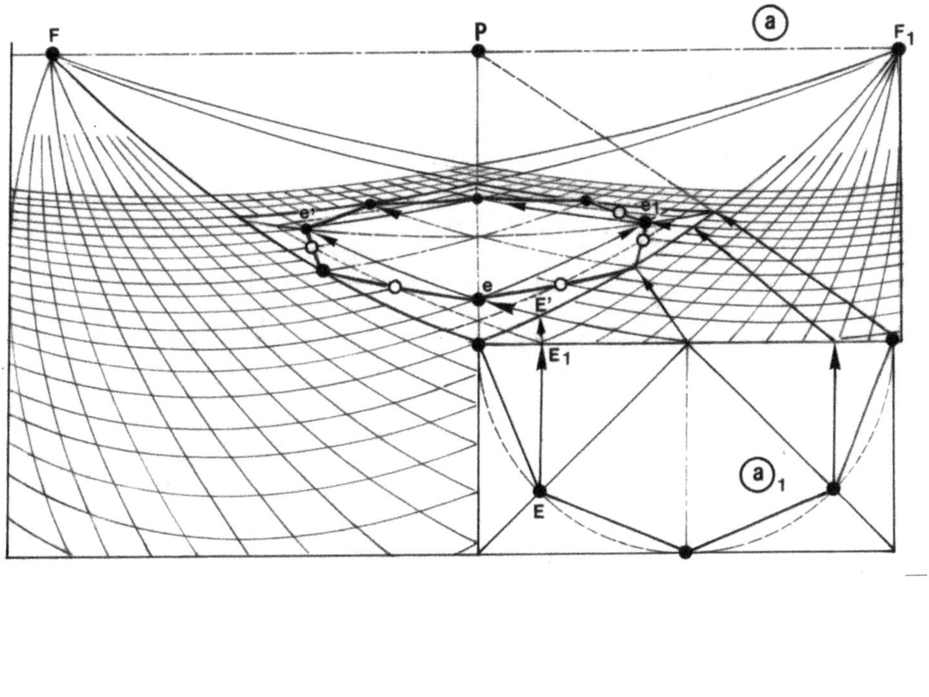

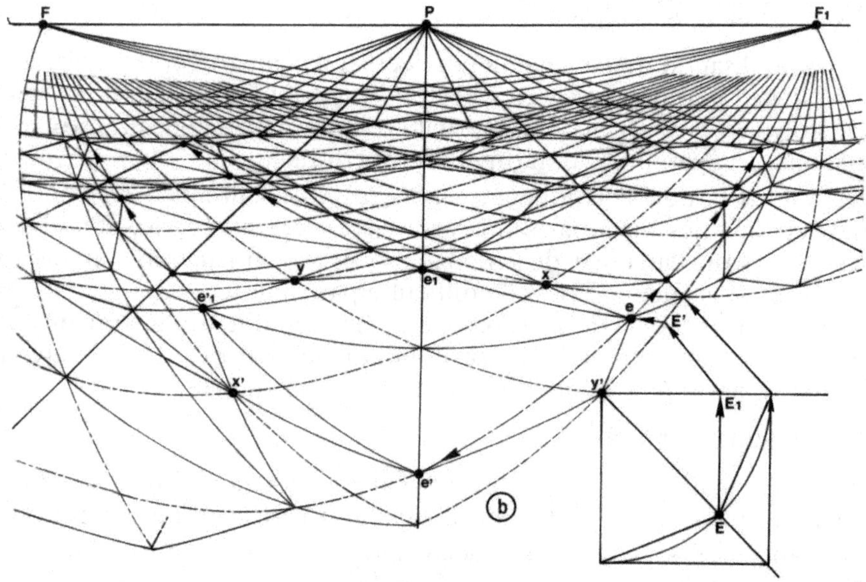
F
P
F1
y
e1
x
e'1
e
E'
x'
y'
E1
e'
b
E

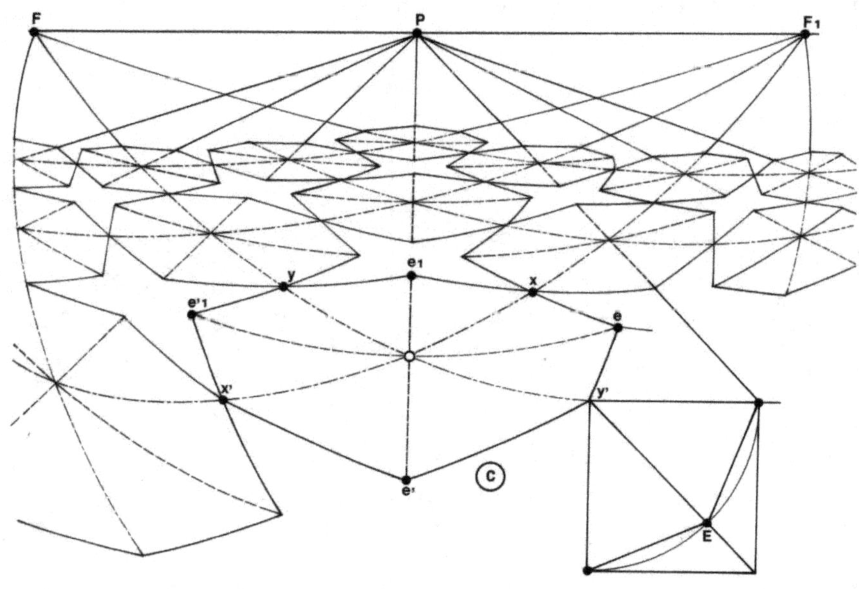
F
P
F1
e1
y
x
e'1
e
x'
y'
e'
c
E

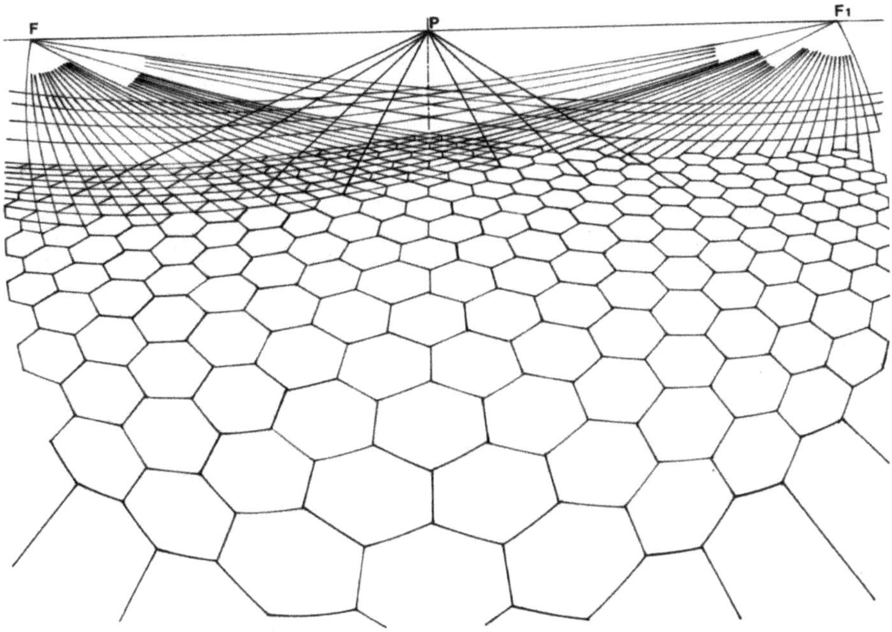

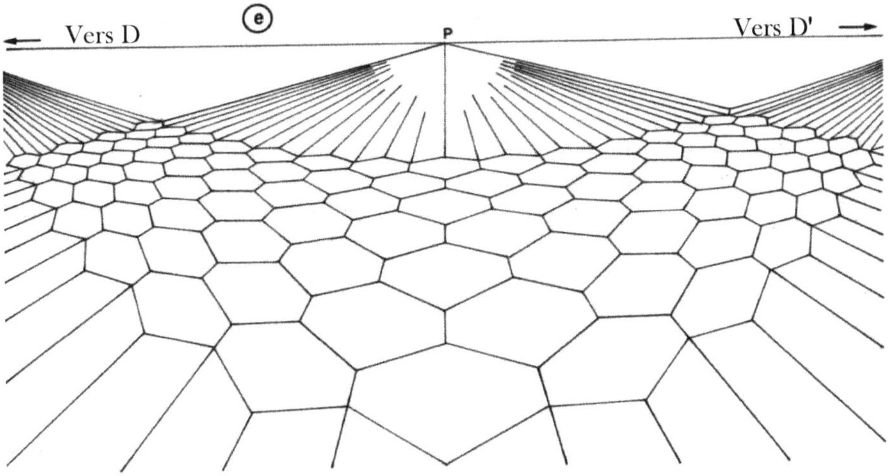

ⓓ Extraits du réseau dans la vue sur l'angle à 45°.

ⓔ Extraits du réseau dans la vue frontale.

IV • LE R.P.P.N - DANS UNE VISION INCLINÉE SUR L'ANGLE EN CONTRE - PLONGÉE ET EN PLONGÉE

Le réseau dans une vision inclinée sur l'angle, en contre-plongée et en plongée, résulte de la rotation plane d'un quart de tour (45°) imposée au support papier sur lequel il a été parabolisé préalablement, dans une VISION HORIZONTALE SUR L'ANGLE.

Ainsi, les deux systèmes de lignes transformées par des paraboles de côté droit horizontal, commun, ajusté à l'axe horizontal du cercle de base, dans la vision horizontale, basculeront après la rotation, et seront représentés par les mêmes systèmes de lignes paraboliques, de *côté droit vertical*, commun, dans la vision inclinée.

Ainsi, les processus de parabolisation des figures géométriques, des éléments architecturaux, ou de tout autre objet composant le monde visible, par l'intermédiaire d'un réseau issu de la vision horizontale sur l'angle, seront également applicables aux réseaux résultant d'une vision inclinée, sur l'angle, que ce soit en contre-plongée ou en plongée.

PL. ①, ①a. R.P.P.N, dans une vision horizontale sur l'angle, transformé dans une vision inclinée en contre-plongée.

PL. ②, ②a. R.P.P.N, dans une vision horizontale sur l'angle, à l'origine de la construction des auvents paraboliques, transformé dans une vision inclinée en plongée.

PL. ③ Rappel des constructions architecturales issues du R.P.P.N, dans une vision horizontale sur l'angle, dans le but d'effectuer une analyse comparative immédiate, avec les constructions issues du même réseau transformé dans la vision inclinée sur l'angle.

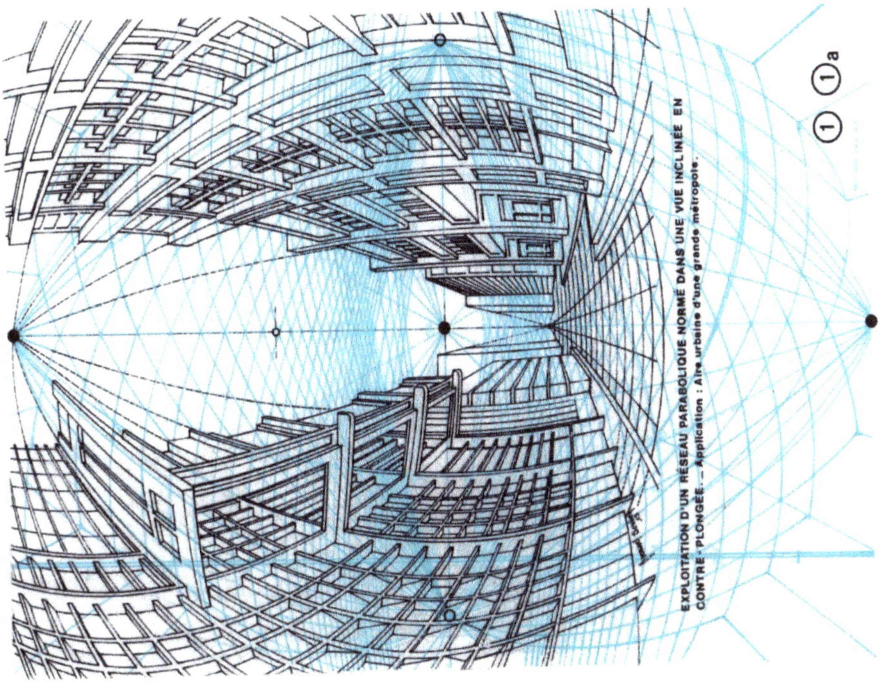

EXPLOITATION D'UN RÉSEAU PARABOLIQUE NORMÉ DANS UNE VUE INCLINÉE EN CONTRE-PLONGÉE. — Application : Aire urbaine d'une grande métropole.

(1) (1)a

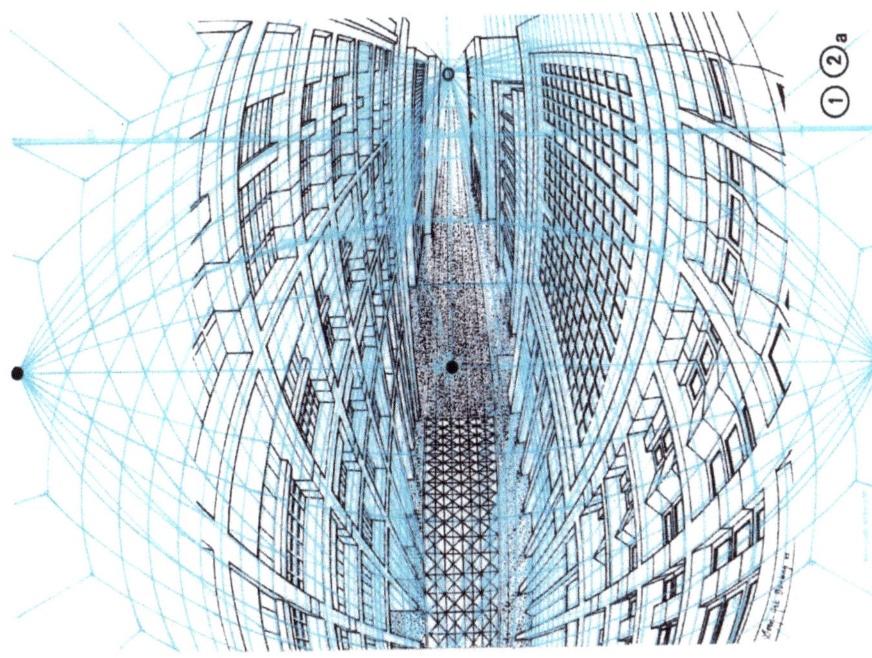

(1) (2)a

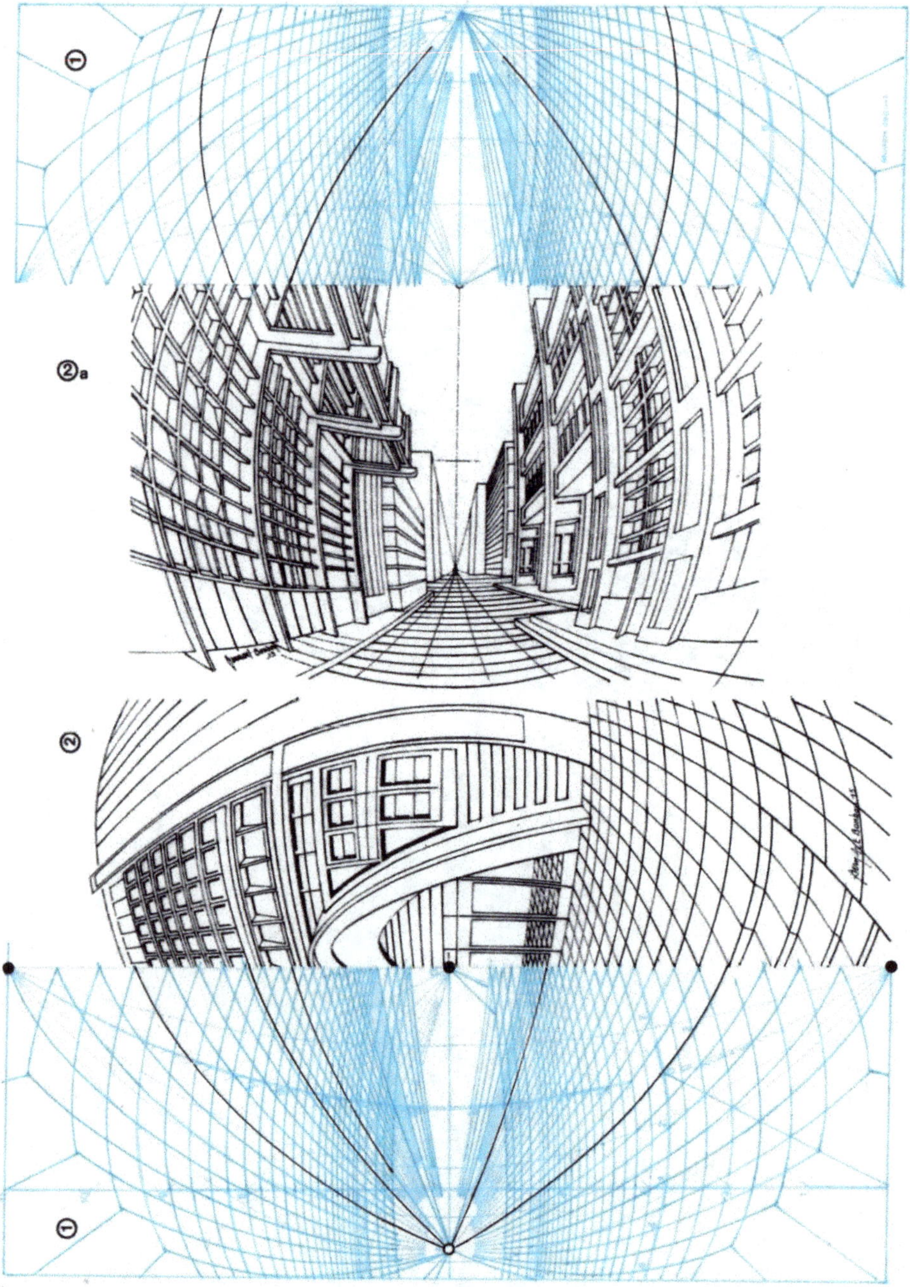
①
②a
②
①

3
6
8
10
Modèle déposé

V • LE R.P.P.N, DANS UNE VISION VERTICALE, ZÉNITHALE ET NADIRALE

Les réseaux dans une VISION VERTICALE ZÉNITHALE ET NADIRALE résultent de la rotation plane des supports papier sur lesquels auraient été préalablement parabolisés les réseaux, dans une VISION HORIZONTALE FRONTALE.

Le point central de la projection *P*, de la vision horizontale, deviendrait le point zénithal *Z* de convergence des droites verticales fuyant vers le haut ; ou le point nadiral *N* de convergence de celles, verticales fuyant vers le bas.

Les points de distance *D* et *D'*, extrémités des branches des paraboles transformant les droites horizontales frontales, feront place aux points polaires qui deviendront les extrémités des branches des paraboles transformant les droites horizontales frontales.

Ainsi, les processus de parabolisation des figures géométriques, d'un élément architectural, ou de tout autre objet composant le monde visible, par l'intermédiaire d'un réseau vertical, Zénithal ou Nadiral, se dérouleront dans les conditions analogues à celles des réseaux dans la vision frontale, qui les auront engendrées.

PL. ①, ②. R.P.P.N dans une vision horizontale frontale, transformé dans une vision verticale Zénithale.

PL. ①A, ②A Rappel de deux constructions issues du R.P.P.N, dans une vision horizontale frontale, dans le but d'effectuer une analyse comparative immédiate, avec une construction issue du réseau transformé dans la vision verticale Zénithale.

MISE EN ŒUVRE SUR UN RÉSEAU PARABOLIQUE NORMÉ
À BASE CIRCULAIRE, DANS UNE VUE VERTICALE
ZÉNITHALE ②

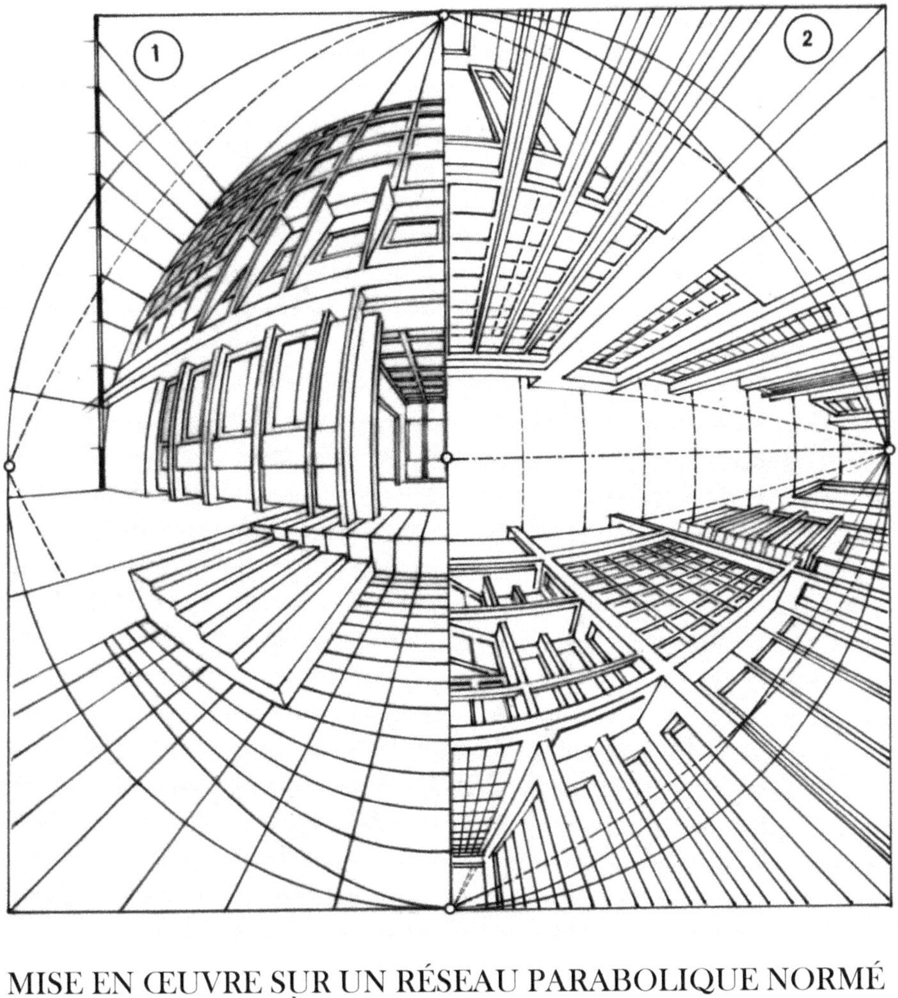

MISE EN ŒUVRE SUR UN RÉSEAU PARABOLIQUE NORMÉ
À BASE CIRCULAIRE,
DANS UNE VUE HORIZONTALE FRONTALE ①

RÉSEAU COMMUN

MISE EN ŒUVRE SUR UN RÉSEAU PARABOLIQUE NORMÉ À BASE CIRCULAIRE, DANS UNE VUE HORIZONTALE FRONTALE ①A

RÉSEAU COMMUN

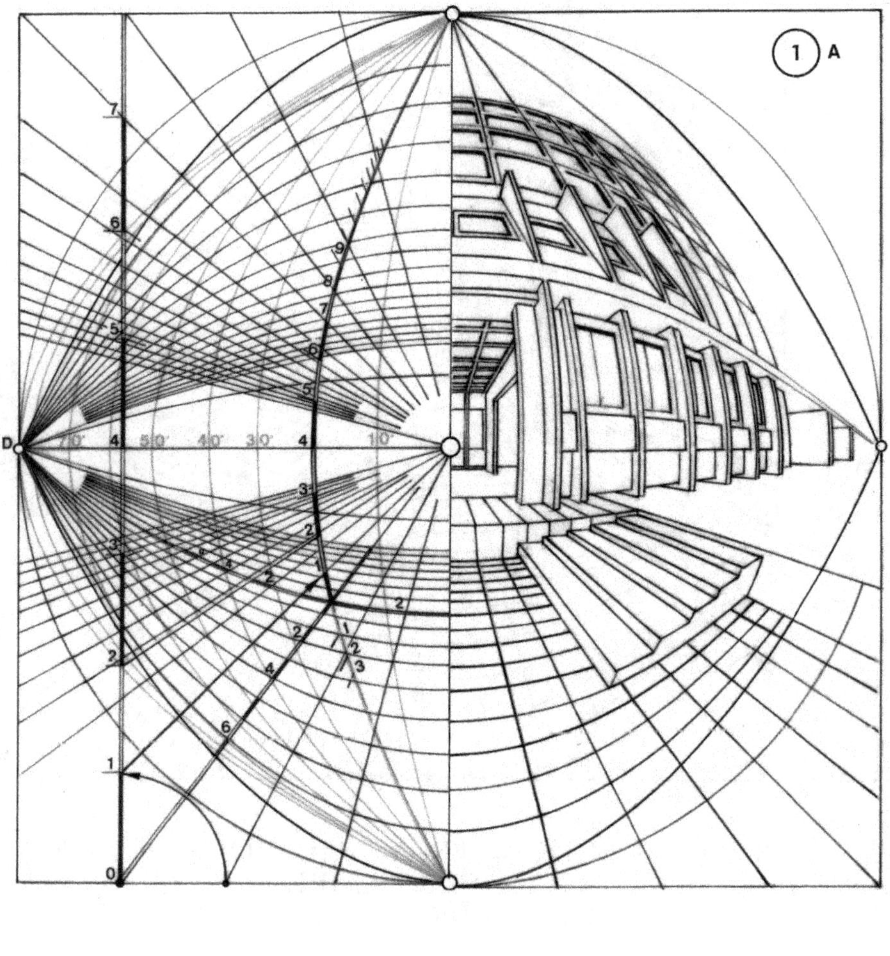

MISE EN ŒUVRE SUR UN RÉSEAU PARABOLIQUE NORMÉ À BASE CIRCULAIRE, DANS UNE VUE VERTICALE ZÉNITHALE ②A

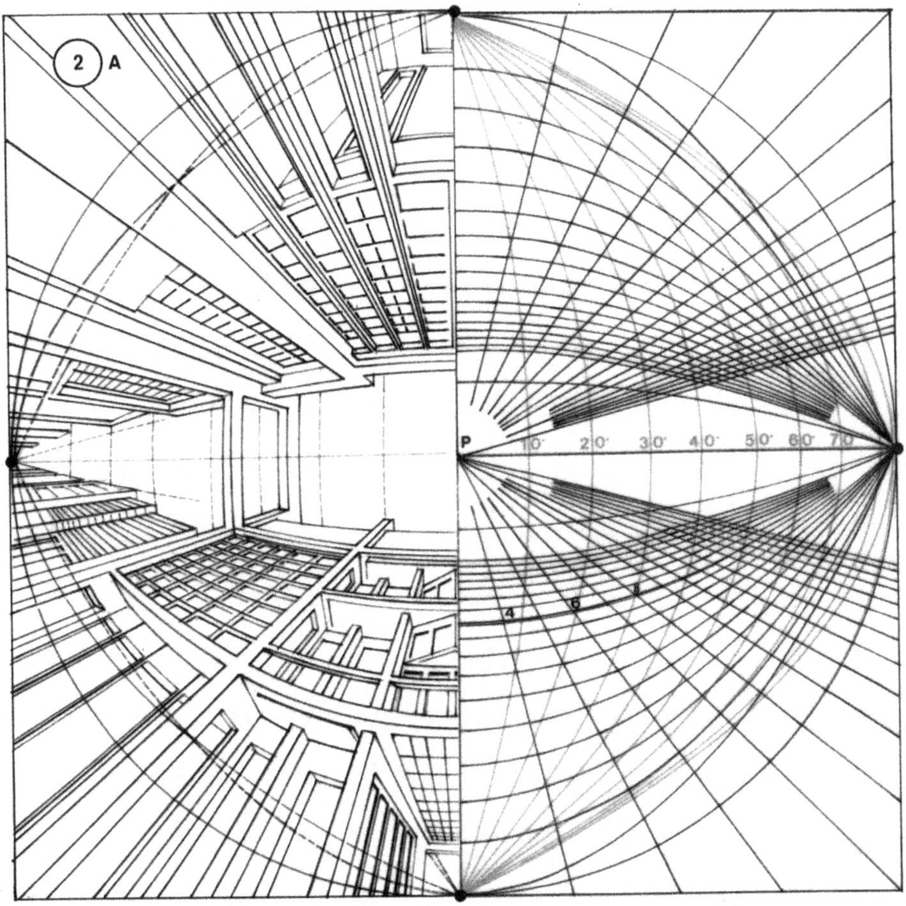

ANNEXES

MIROIRS PARABOLIQUES et BOULES SPHÉRIQUES BRILLANTES

ÉVOCATION ET ÉVOLUTION HISTORIQUES

DE L'IMAGE RÉFLÉCHIE PAR UN MIROIR PARABOLIQUE CONVEXE COMPOSANT CERTAINES ŒUVRES DE GRANDS MAÎTRES DE LA PEINTURE DU XVe SIÈCLE À NOS JOURS

ET AUSSI

- de L'IMAGE SPHÉRIQUE QUE RÉFLÉCHIT UNE BOULE BRILLANTE (de Maurits Cornelis ESCHER) ;
- de L'IMAGE SPHÉRIQUE CONSTRUITE SELON UNE GÉOMÉTRIE SPHÉRIQUE TRIDIMENSIONNELLE (de Bernard S. BONBON) ;
- de L'IMAGE PARABOLIQUE CONSTRUITE SELON UNE GÉOMÉTRIE PERSPECTIVE PARABOLIQUE (de Bernard S. BONBON) ;
- de L'IMAGE CURVILIGNE ni parabolique, ni sphérique (d'André BARRE et d'Albert FLOCON) ;
- de L'IMAGE CURVILIGNE INTUITIVE (de Robert DELAUNAY, d'Humberto BOCCIONI, etc.).

Les images réfléchies résultent de *l'observation* d'un miroir par des artistes, et sont par conséquent la copie fidèle de modèles qu'offre la surface du miroir dans un environnement donné.
Elles ne sont donc pas « construites » selon une méthode scientifique et ne peuvent restituer que l'image de ce qui existe déjà ; à l'opposé de la *Géométrie Sphérique Tridimensionnelle* (ou *Perspective Sphérique*) et de la *Géométrie Perspective Parabolique* qui, elles, permettent l'anticipation de la représentation d'un environnement, selon les plans d'un projet urbanistique.
En outre, la représentation de cet environnement, projetée à l'intérieur d'un écran parabolique, met l'observateur dans les conditions réelles de la vision humaine.

La perspective curviligne, qui très probablement résulte de l'imaginaire des graveurs, se voudrait construite géométriquement, au travers de la *représentation des ellipses par des arcs de cercle* dont les centres sont judicieusement choisis. D'un point de vue scientifique, et même artistique, c'est une aberration.

Jan Van EYCK
Maastricht vers 1390 - Bruges 1441
Les Époux Arnolfini, 1434
Huile sur bois, 81,8*59,7 cm
National Galery, Londres

Robert CAMPIN
Maître de Flémalle
Valenciennes 1378 - 1379
Tournai, 1444

Saint Jean-Baptiste et un religieux en prière,
Volet gauche d'un retable appelé Autel Werl
Détrempe sur bois, 101*47 cm, vers 1438
Musée du Prado, Madrid

Petrus CHRISTUS
Baerle, près de Gand, ver 1410
Bruges vers 1473
Saint Éloi orfèvre
85,8*100,1 cm
The Metropolitan Museum of Art,
New-York.

Quentin METSYS (ou Matsys, Massys)
Louvain vers 1465-66 – Anvers 1530
Le Changeur et sa femme, 1514
Huile sur bois, 71*68 cm
Musée National du Louvre, Paris.

Pieter CLAESZ
Berchem 1597 - Haarlem 1661
Vanitas - Nature morte à la boule de cristal ..., 1628
Huile sur chêne, 35,9*59
Germanisches Nationalmuseum, Nuremberg

Vincent L. Van Der WINNE
Haarlem 1628 - 1702
Vanité des vanités, 1665
Huile sur toile, 64*49
Musée des beaux-Arts Pouchkine, Moscou

Umberto BOCCIONI
Reggio di Calabria 1882
- Verone 1916
Le Vacarme de la rue entre dans la maison, 1911
Huile sur toile
100*100,5
Sprengel Museum, Hanovre

Robert DELAUNAY
Paris 1885 - Montpellier 1941
Église Saint Séverin n°5 d'une série de 7, 1909
Huile sur toile
60,8*40,8
Moderna Museet, Stockholm

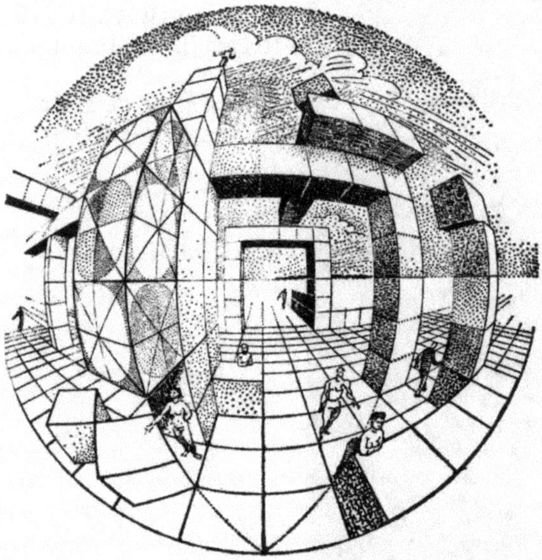

André BARRE
1878 - 1970
Albert FLOCON
(Albert Mentzel)
Köpenick 1909 - Paris 1994
La perspective curviligne
Éditions Flammarion, 1968

Bernard S. BONBON
L'intégrale et la démesure, 1987
Huile sur panneau,
120*120
Collection particulière

PROJECTION CYLINDRIQUE DE LA GÉOMÉTRIE SPHÉRIQUE TRIDIMENSIONNELLE DE B.S. BONBON

La projection cylindrique relative à la *Géométrie Sphérique Tridimensionnelle* s'inspire de la *projection cylindrique de Mercator.*

La *Projection cylindrique de Miller* ne traite pas de la dimension en profondeur de champ (troisième dimension par rapport à la Géométrie euclidienne ou quatrième dimension dans le cadre des géométries non-euclidiennes). C'est la particularité novatrice de la *Géométrie Sphérique Tridimensionnelle.* En effet, alors que la *Projection de Miller,* ainsi que tous les autres systèmes de projection de la sphère, sont destinés à l'étude géométrique de la surface du globe en vue de la géolocalisation et de l'analyse des continents (latitudes et longitudes correspondant aux longueurs et largeurs de l'espace euclidien), le **Projection relative à la Géométrie Sphérique Tridimensionnelle**, outre l'étude simple de la surface géométrique sphérique, s'approprie celle de l'espace environnant et explore une nouvelle dimension : celle extérieur à la surface sphérique, faisant émerger des lois qui s'y rapportent.

La Géométrie Sphérique Tridimensionnelle a donc pour vocation fondamentale, la transformation en trois dimensions spatiales, sur un plan, d'un objet non plus continu « dans » la surface sphérique (c'est-à-dire dessiné *sur la surface du globe), comme le sont les continents, mais situé au-delà de sa limite circulaire, dans l'espace qui lui est extérieur et infini, d'un point de vue situé en son centre* ①, ②.

À l'inverse des projections cartographiques qui transforment les courbes du globe terrestre en droites, la G.S.T transforme les droites de l'espace en courbes. Ces cercles du globe sont perçus comme des ellipses (excepté, évidemment, le cercle du contour). L'espace à transformer, à l'extérieur de la sphère (ou « *champ sphérique* »), est supposé se reproduire sur une surface plane (correspondant à la carte géographique), enroulée autour du globe, formant un cylindre circonscrit tangent : d'où l'expression de « *Projection cylindrique* ». Tous les cercles qui composent le globe, ainsi que les droites de l'espace (exceptées celles qui sont rayonnantes), transformées sur la surface, se présentent dans la projection d'un point de vue situé au centre, sous l'aspect d'ellipses, chacune caractérisée par une valeur angulaire allant en se réduisant progressivement du cercle de contour 90° à l'axe équatorial 0° (valeur angulaire nulle de la droite), en ce qui concerne les horizontales ; de ce cercle de contour, à l'axe polaire 0°, pour ce qui est des verticales ; et toujours de ce cercle de contour, à l'axe incliné du globe, quand il s'agit de droites inclinées selon le même angle. Ces ellipses sont évidemment, dans chacune de ces positions, de grands axes communs (donc mesurant le diamètre du globe). Elles se croisent aux pôles (*N* et *S*), si elles sont de grand axe vertical, aux points antipodes *D* et *D'* si elles sont de grand axe horizontal, et en tout autre point du cercle de contour, si elles sont inclinées selon le même angle.

A . MESURE DE L'ÉQUIDISTANCE

La mesure de l'équidistance est fondamentale et sous-tend la transformation préalable d'un point *E* et d'une droite de l'espace, latéralement ① et en profondeur de champ ②.
Selon le contexte, l'équidistance s'effectue :

- Tantôt sur la surface de la sphère, à la manière des projections cartographiques.

Les droites sont transformées dans une vue s'étalant de gauche à droite, ou inversement, d'un des points antipodes *D*, *D'*, à l'autre, si elles sont verticales ③ ; d'un des pôles *N*, *S*, à l'autre, si elles sont horizontales ⑨.

- Tantôt en profondeur de champ.

Les droites sont alors transformées dans une vue fuyant au centre. Les ellipses qui les représentent se succèdent de l'un ou l'autre des points antipodes *D*, *D'*, au point central de la projection *P*, quand elles sont verticales ④, ⑦, ⑧, de l'un ou l'autre des pôles *N*, *S*, au point central de la projection *P* quand elles sont horizontales ⑤, ⑥, ⑩.

a . Transformation des droites équidistantes inscrites dans la surface sphérique (vues de front)

Considérons les droites verticales *A*, *B*, *C* ... équidistantes, d'une grandeur mesurant le rayon de la sphère, $R=1$.

Pour les transformer, il importe :

1 . de les situer en *A*, *B*, *C* ... sur la génératrice du cylindre : droite tangente à l'un ou l'autre des pôles, *N*, *S* ;

2 . de les orienter au point central de la projection *P*.

Elles occasionnent sur le cercle de contour de la sphère, des intersections perspectives *a*, *b*, *c* ... qui, menées perpendiculairement à l'axe équatorial *DD'*, précisent en *a*, *b*, *c* ..., les grandeurs *Pa'*, *Pb'*, *Pc'* ... des demi petits axes des ellipses qui les transforment.
La valeur angulaire de ces ellipses est complémentaire de l'angle que forme la droite de projection *AP*, *BP*, *CP* ..., par rapport à la tangente au pôle *S*.
Ainsi, l'angle caractérisant chacune des ellipses transformant chacune des droites, est mesurable directement à l'aide du rapporteur.
Ces angles, d'un point de vue géométrique, se formulent comme suit :
$\hat{A} cotg\, 1R, \beta = cotg\, 2R, \hat{C} cotg\, 3R ...$

La consultation de la table des rapports trigonométriques révèle :
$\hat{A} cotg\, 1R = 45°, \beta = cotg\, 2R = 26°, \hat{C}\, cotg\, 3R = 18° ...$

Les ellipses qui succéderont mesureront :
$cotg\, 4R = 14°, cotg\, 5R = 11°, cotg\, 6R = 9°, cotg\, 7R = 8°$, etc.

Il serait donc très aisé de définir directement sur l'axe, sans devoir passer par une construction graphique préalable, les valeurs numériques des cotangentes qui contribueront à la définition directe des valeurs angulaires des ellipses.

PROJECTION CYLINDRIQUE DE LA GÉOMÉTRIE SPHÉRIQUE TRIDIMENSIONNELLE - B. S. BONBON

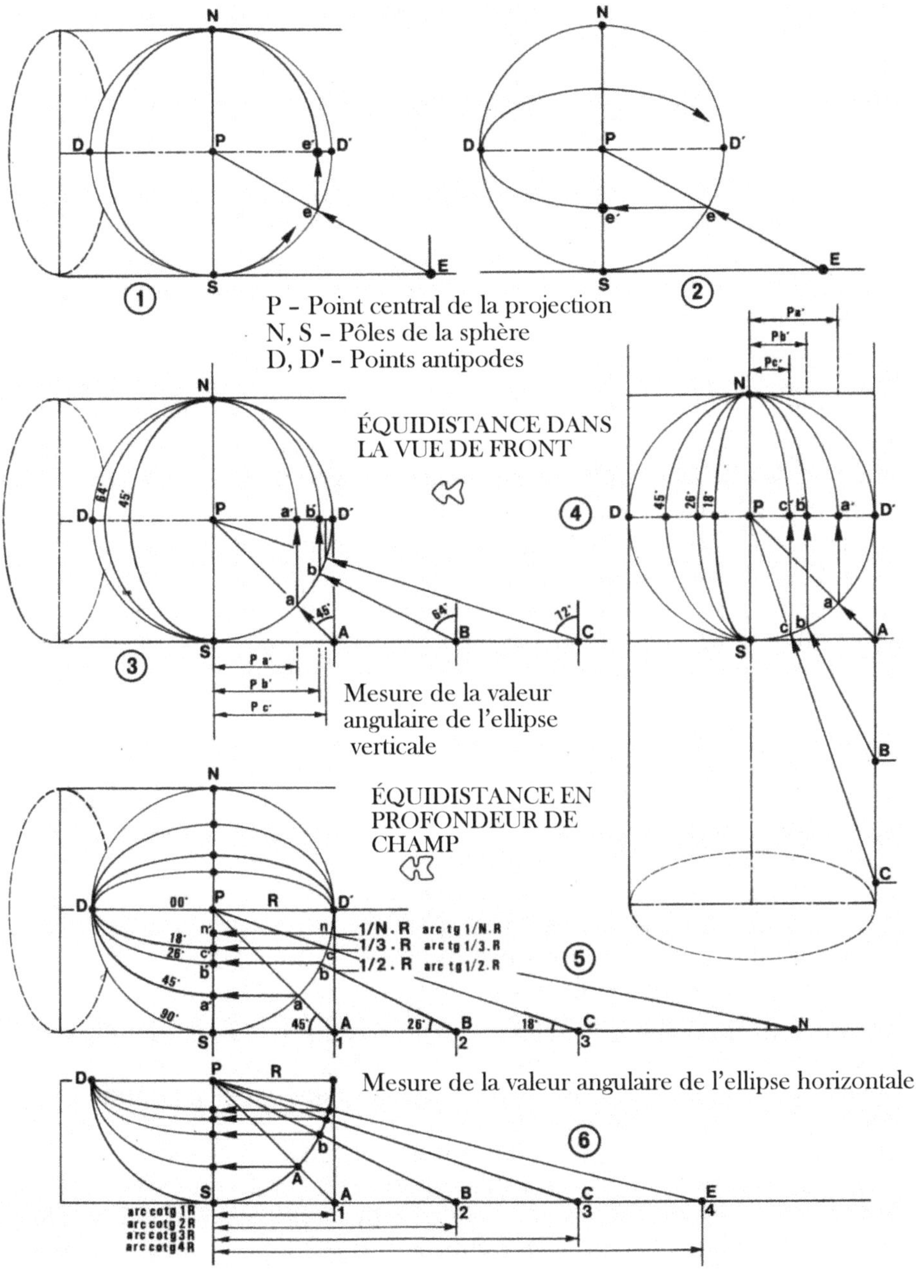

b . Transformation des droites équidistantes en profondeur de champ : l'expression de la troisième dimension dans l'espace extérieur à la sphère

- Dans le plan horizontal ⑤, ⑥, ⑩ :

La construction des ellipses transformant les droites *A*, *B*, *C* ... en profondeur de champ, nécessite une mise en œuvre similaire à celle qui précède relative aux droites transformées « dans » la surface sphérique.

Chacun des points d'intersection *a*, *b*, *c* ... occasionnés sur le cercle de contour sur la sphère, résultant de l'orientation en *P* des droites *A*, *B*, *C* ... menés perpendiculairement à l'axe polaire *N*, *S* y détermine des demi petits axes *Pa'*, *Pb'*, *Pc'* ... des ellipses transformant ces droites ⑤.

La grandeur de ces demi petits axes diminue au fur et à mesure que ces dernières progressent du pôle *S* vers le point de projection *P*.

L'ouverture angulaire de chacune des ellipses HORIZONTALES en profondeur de champ se mesure sur la génératrice HORIZONTALE du cylindre : la droite tangente au pôle *S* de la sphère. Elle est égale à l'angle d'orientation que forme chacune des droites *A*, *B*, *C* ... orientées en *P*, avec la génératrice cylindrique.

On remarque ⑤ que les rayons orientés de chacune de ces droites *AP*, *BP*, *CP* ... équidistantes géométriquement sur la tangente au pôle *S*, interceptent la droite tangente verticale au point antipode *D'*, en des points alignés selon l'inverse respectif de leur éloignement successif du pôle. C'est ainsi que la droite *B* distante du pôle de *2 unités* (2 *R*) se situera à une distance du point antipode *D'* d'une grandeur mesurant son inverse : 1/2*R*.

Pour exprimer la transformation perspective sphérique de chacune de ces droites se soumettant à la loi de l'inverse des nombres, la formulation propre à chacune d'elles se rédigera comme suit :

SA distant de 1 unité → $D'a = arc\ tg\, 1\, R$
SB distant de 2 unités → $D'b = arc\ tg\, 1/2\, R$
SC distant de 3 unités → $D'c = arc\ tg\, 1/3\, R$
SE distant de 4 unités → $D'e = arc\ tg\, 1/4\, R$
SN distant de n unités → $D'n = arc\ tg\, 1/NR$

Ainsi, il suffirait d'aligner sur la tangente passant par le point antipodes *D'*, le produit de la suite de l'inverse des nombres par le rayon *R*, pour construire les ellipses horizontales équidistantes en profondeur de champ.

En effet, de chacun de ces points mesurant l'inverse des nombres, on orientera les rayons en *P* qui intercepteront le cercle de contour de la sphère en d'autres points qui, menés perpendiculairement à l'axe polaire *NS*, définiront les demi petits axes des ellipses transformant les droites horizontales.

PROJECTION CYLINDRIQUE DE LA GÉOMÉTRIE SPHÉRIQUE
TRIDIMENSIONNELLE - B. S. BONBON

• LES VERTICALES

ÉQUIDISTANCE ANGULAIRE

GRATICULES LINÉAIRES

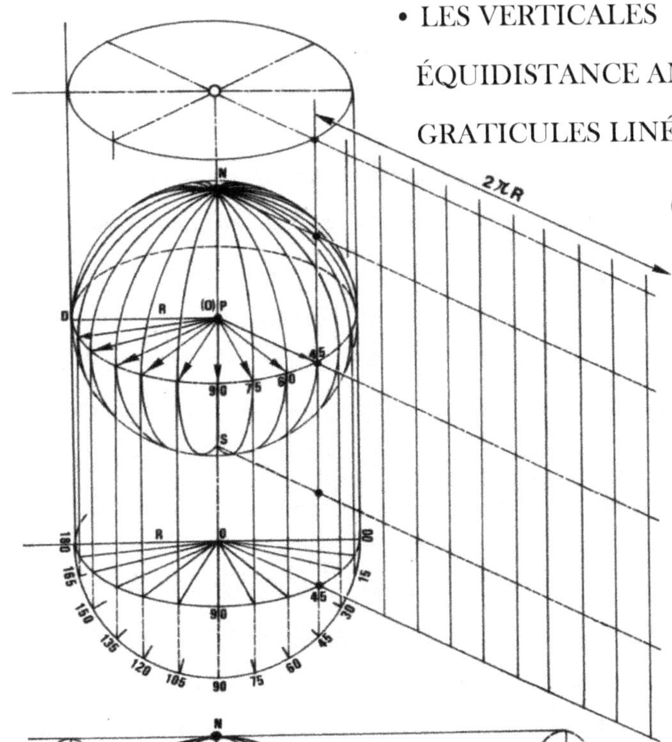

⑦

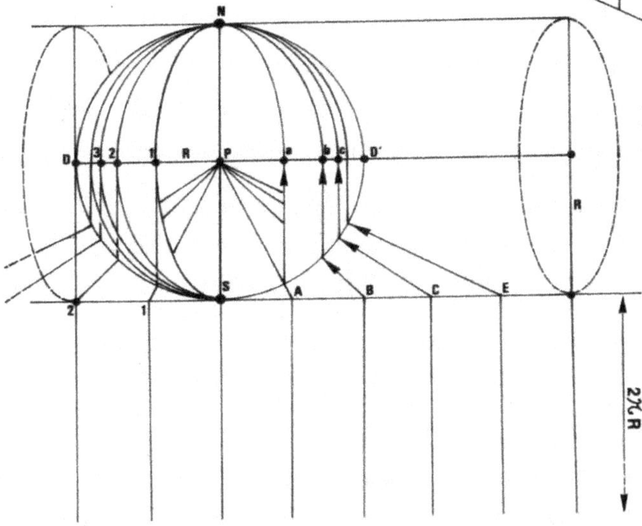

⑧

ÉQUIDISTANCE
RECTILIGNE
FRONTALE
d'un point
antipode D
à l'autre D'

- Dans le plan vertical ④ :
La construction des ellipses verticales équidistantes en profondeur de champ, s'effectuera selon un mode opératoire analogue à celui qui précède, relatif aux ellipses horizontales. Le cylindre circonscrit à la sphère ne sera plus horizontal mais VERTICAL. Les droites *A*, *B*, *C* ... s'aligneront à intervalles réguliers mesurant le rayon, non plus de l'un des pôles, mais de l'un ou l'autre des points antipodes.

B . LE RÉSEAU SPHÉRIQUE TRIDIMENSIONNEL

La mise en œuvre du *Réseau Sphérique Tridimensionnel* résulte de la combinaison organisée et méticuleuse des ellipses verticales équidistantes dans la vue de front et dans la vue fuyante ⑫ à ⑮.
L'utilisation de couleurs différentes pour distinguer les vues pourrait être un atout majeur pour comprendre et utiliser le réseau dans d'excellentes conditions.
Il sera complété par un faisceau de rayons issus des projections, alignés et équidistants.
Les rectilignes qui composent ce réseau et qui ne se soumettent pas aux transformations elliptiques représentent des fuyantes perpendiculaires au plan de front.
D'un point de vue perspectif, ils sont considérés comme des parallèles à l'axe visuel.
Ce réseau de rectilignes compose avec les ellipses en profondeur de champ (aussi bien verticales que horizontales) les deux systèmes de lignes perpendiculaires indispensables à la transformation sphérique d'un réseau de carrés de l'espace Euclidien.

C . L'ÉQUIDISTANCE ANGULAIRE

L'équidistance angulaire ⑦ engendre une structure elliptique particulière, à part, dans la projection cylindrique relative à la *Géométrie Sphérique Tridimensionnelle.*
Elle ne peut être mise en corrélation avec les précédentes structures elliptiques issues d'une équidistance rectiligne ; elles ne sont pas de même nature (l'une étant angulaire, l'autre segmentaire) et sont par conséquent incompatibles. Cependant, elle y trouvera une place d'importance, non dans les fondements, mais en tant qu'outil. Certes, elle ne mesurera pas l'unité ; mais les ellipses nombreuses qui la composent serviront de guides aux tracés que l'on effectuera sur les autres réseaux sphériques de même diamètre.

Figure ⑪ Rappel de la *Projection cylindrique tangente de Miller*
Les rapports et distinctions avec la Projection cylindrique relative à la *Géométrie Sphérique Tridimensionnelle.*

PROJECTION CYLINDRIQUE DE LA GÉOMÉTRIE SPHÉRIQUE TRIDIMENSIONNELLE - B. S. BONBON

• LES HORIZONTALES

L'ÉQUIDISTANCE

FRONTALE ⑨
d'un pôle à l'autre : dans un plan vertical

EN PROFONDEUR DE CHAMP ⑩ d'un des pôles, N ou S, au point central P de la projection : dans un plan horizontal

LA TROISIÈME DIMENSION

⑨

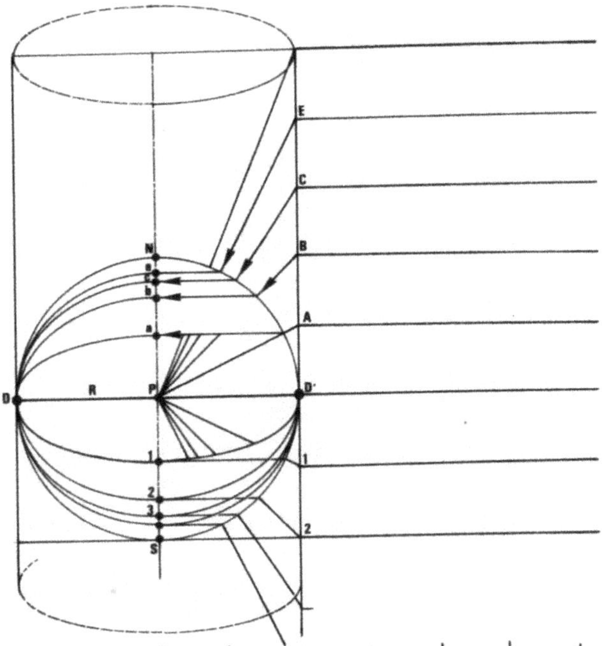

⑩

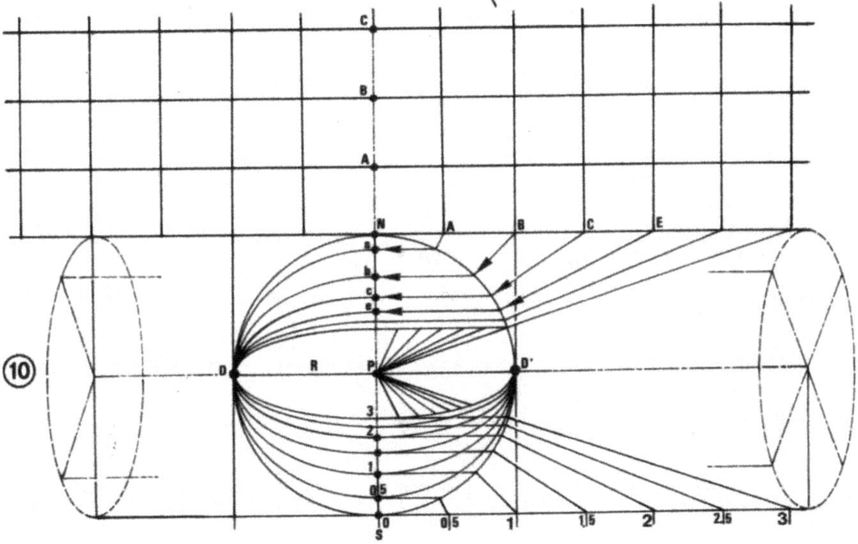

PROJECTION CYLINDRIQUE DE LA GÉOMÉTRIE SPHÉRIQUE TRIDIMENSIONNELLE de B. S. BONBON

GRATICULES LINÉAIRES

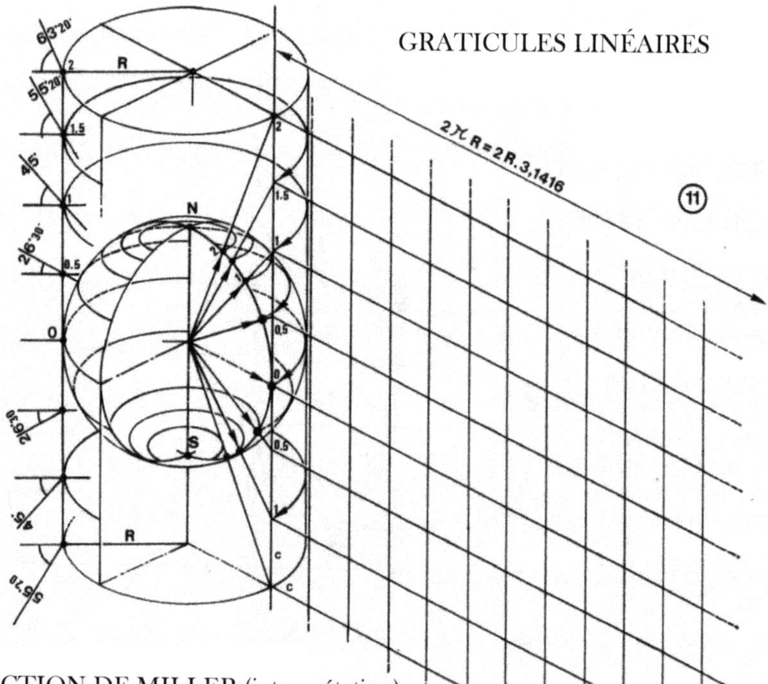

PROJECTION DE MILLER (interprétation)

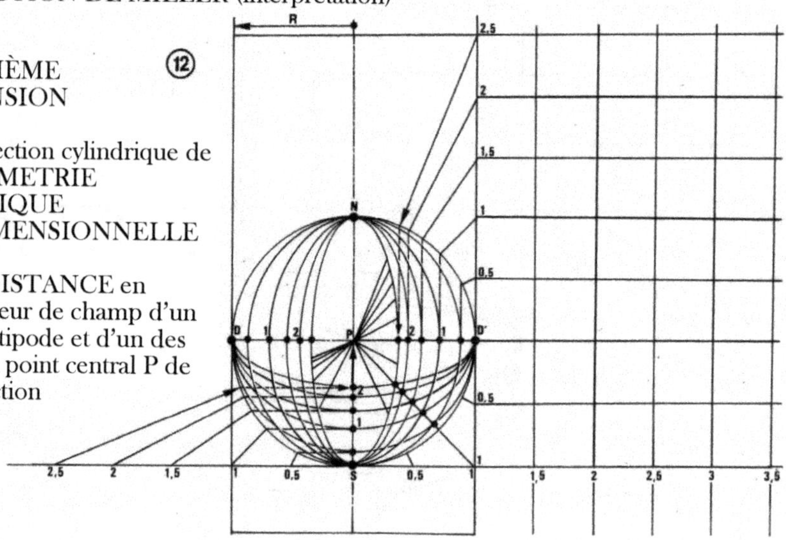

TROISIÈME DIMENSION

La Projection cylindrique de la GEOMETRIE SPHÉRIQUE TRIDIMENSIONNELLE

ÉQUIDISTANCE en profondeur de champ d'un point antipode et d'un des pôles au point central P de la projection

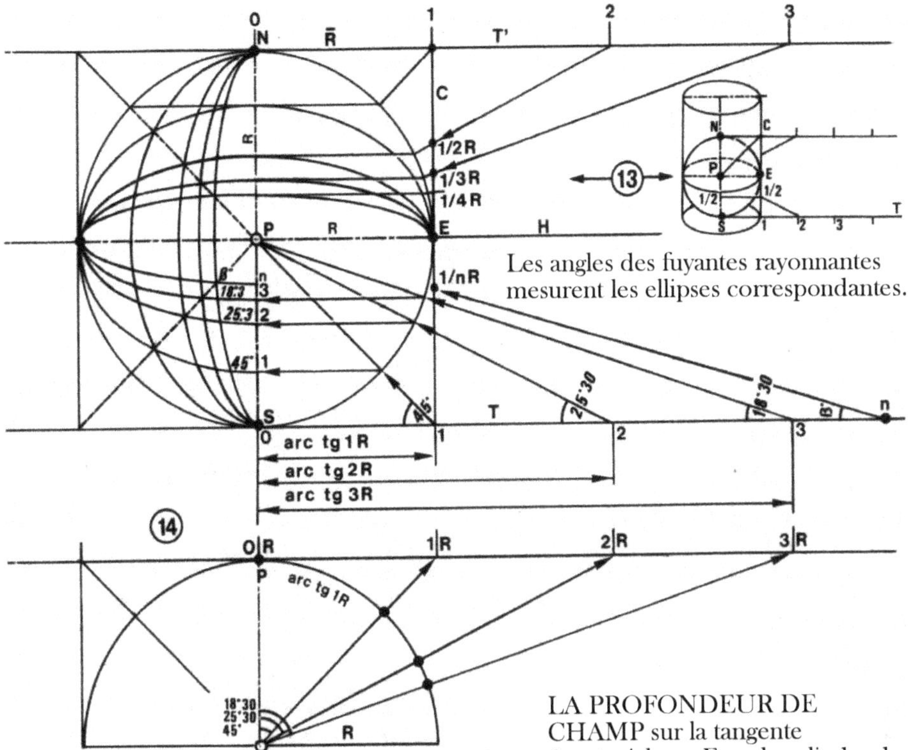

Les angles des fuyantes rayonnantes mesurent les ellipses correspondantes.

LA PROFONDEUR DE CHAMP sur la tangente équatoriale en E ou le cylindre de projection « C » l'éloignement se mesure selon l'inverse 1/n du nombre « n » qui le caractérise, par rapport à E.

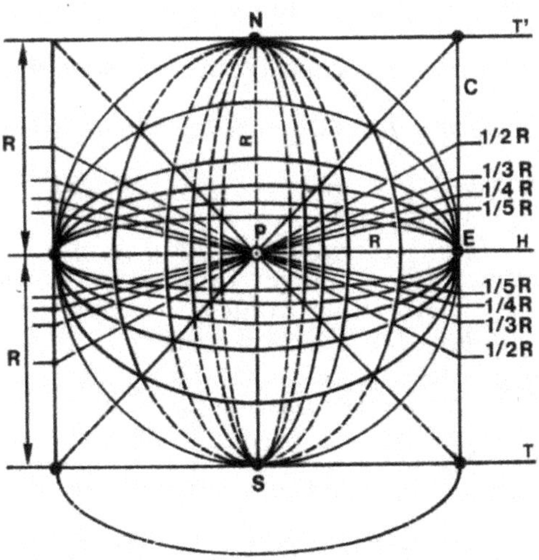

PROJECTION SPHÉRIQUE TRIDIMENSIONNELLE
de B. S. BONBON

⑮

Proche de la projection de Miller

BIBLIOGRAPHIE

BARBARIN Paul - *La Géométrie non euclidienne* - Aun Arbor, Michigan University of Michigan Library 2005, Scienta n°15 juin 1907, Gauthier-Villars Paris 1928.

BARRE André, FLOCON Albert - *La Perspective Curviligne*, Éditions Flammarion Paris 1968.

BELL TEMPLE Eric - *Les grands mathématiciens*, Payot, Paris 1961.

BOLYAI János - *La Science absolue de l'espace indépendante de la vérité*, 1868.

BONBON S. Bernard - *Géométrie Sphérique Tridimensionnelle ou Perspective Sphérique*, Éditions Eyrolles, Paris 1985.

BROCARD Henri et LEMOYNE Timoléon - *Courbes géométriques remarquables (courbes spéciales) planes et gauches, Tome 1*, Librairie Scientifique et technique Albert Blanchard, 1967.

CAMPANO Giovanni - *Tractatus de spaera*, 1230 - *Tractatus de Computo Majori*, B.N.F, Rez-de-jardin, Paris, ou *la Sfera de Sacro Bosco e i primi Fondi della Biblioteca*, 1592, Città della spezia.

CARTAN Élie - « Riemann Geometry in an orthogonal Frame », Conférence Sorbonne 1926/1927, traduit par Vladislav V. Goldberg, World Scientific Edition.

CARTAN Élie - *Leçon sur la Géométrie des Espaces de Riemann* fasc. 2 Cahiers Scientifiques, Éditions Gauthier-Villars, Paris 1925 et 1963.

CRAMER Gabriel - *Traité des lignes courbes - Introduction à l'analyse des lignes courbes algébriques*, Chez les Frères Cramer et Cl. Philibert, Genève MDCCL.

DIEUDONNÉ Jean - *Cours de Géométrie Algébrique*, P.U.F, Paris 1974.

ERNST Bruno - *Miroir magique de M.C. Escher*, Chêne, Paris 1976.

FRANZ Daniels - *Essai de Géométrie sphérique en coordonnées projectives*, 1907, Kessinger Publishing 2010.

GALLOT Sylvestre, HULIN Dominique et LAFONTAINE Jacques - *Riemann Geometry*, Éditions Springer, 1987.

GAUSS Carl Friedrich - *Disquisitiones arithmeticae - Recherches générales sur les surfaces courbes*, 1801.

GHYS Étienne - *Géométriser l'espace : De Gauss à Perelman*, Images des Mathématiques, C.N.R.S, 2007.

GÉNIES DE LA SCIENCE (les) N°36 : *Gauss, Prince des mathématiques*, août-octobre 2008, Éditions Belin.

LACROIX Sylvestre François - *Traité élémentaire de trigonométrie rectiligne et sphérique*, 4ème édition, Chez Coursier Imprimeur, libraire pour les mathématiques, Paris 1807 ; B.N.F et les Éditions Chapître.com.

LAME Gabriel Léon - *Leçons sur les coordonnées curvilignes et leurs diverses applications*, Mallet-Bachelier, 1859.

LEBASQUE Henri Léon - *Les Coniques*, éditions Gauthier-Villars, Paris 1942.

LEMOINE D'ESSOIES Edmé Marie - *Traité élémentaire de mathématiques pures*, Belin Libraire, 1ère édition, 1784, rue Saint-Jacques, Paris.

LOBATCHEVSKI Nicolaï Ivanovitch - *La théorie des parallèles*, 1829, traduction de G.J Hoüel, 1866, Éditions A.Blanchard, Paris.

MALET Henri - *Étude géométrique des transformations birationnelles et des courbes planes,* Gauthier-Villars, Paris 1921.
MASSOT Patrick - *La conjecture de Poincaré,* Image des Mathématiques 21.06.12, Sciences Éditions.
MOLES A.A - *Art et ordinateur,* coll. Synthèse contemporaine, Tournay Casterman, Paris 1971.
NICOD Jean - *La géométrie dans le monde sensible,* préface de Bertrand Russel, thèse universitaire de Paris 1923, P.U.F 1962, Harcourt Brace et Co de New-York 2000.
OZANAM Jacques - *La trigonométrie rectiligne et sphérique avec les tables des sinus tangentes et sécantes et les tables de logarithmes des sinus et des tangents,* Chez Charles Antoine Jombert, 1765 à Paris rue Dauphine.
PAPELIER Georges - *Éléments de trigonométrie sphérique,* Librairie Vuibert, Paris 1930.
PAVEL Monique - *Fondements mathématiques de la reconnaissance des structures,* Actualités scientifiques et industrielles n°1342, Hermann, Paris 1969.
PERDIGÄO DO CARMO Manfredo - *Riemannian Geometry,* Birkhaüser 1992.
PETERSEN Peter - *Riemann Geometry, Graduate texts in mathematics,* Springer Edition 2006.
POINCARÉ Henri - *La Science et l'Hypothèse,* Bibliothèque de Philosophie Scientifique Ernst Flammarion, Éditeur, Paris 1902 (original), 2014.
RIEMANN Bernhard Friedrich - *Œuvres mathématiques de Riemann,* traduction de L.Langel, préface de M. Hermite et un discours de M. Félix Klein, University of Michigan Library - USA 2006 et Paris, Gauthier-Villars 1898.
RIVARD Dominique François - *Trigonométrie rectiligne et sphérique avec la construction des tables des sinus tangentes et sécantes et les tables des logarithmes,* Jean Dessaint et Charles Saillant 1762 (original 1757), Transmedia holding, U.S 2016.
SACRO BOSCO Johannes - *Sphaere mundi,* Publication Venetüs 1518, B.N.F Tolbiac, Rez-de-jardin, Paris (original 1230 - 1ère impression 1472), actuellement livre de poche, Kessinger Publishing U.S 2010.
SZPIRO Georges - *La Conjecture de Poincaré : Comment Grégory Perelman a résolu l'une des plus grandes énigmes mathématiques,* J.C Lattes Éditeur 2007.
THEODOSE DE TRIPOLI - *Les corps sphériques - Traité sur la Géométrie de la sphère en trois livres* - Traduction de l'arabe en 1518, B.N.F Tolbiad, Rez-de-jardin, Paris
VER EECKE Paul Louis - *Les sphériques de Théodose de Tripoli,* 1927 - Traduction du grec, Librairie Scientifique et Technique A. Blanchard, Paris 1859 - *Les Coniques d'Apollonius de Perge,* nouveau tirage, Paris 1959 - Traduction du grec.
VILLANI Cédric - *Quand les droites deviennent courbes,* « Les Géométries non euclidiennes », en partenariat avec l'Institut Poincaré et la collection Le monde est mathématique (article écrit en 2013 par Joan GOMEZ dans le Tribune des mathématiciens).

FICHIERS D'AUTORITÉ MONDIALE DE L'AUTEUR B.S BONBON

- Fichier d'Autorité Internationale Virtuelle (V.I.A.F)
- Library of Congress Name Authority Files, Washington, Etats-Unis
- WORLDCAT Identities
- International Standart Name Identifier (I.S.N.I)
- Bibliothèque Nationale de France (B.N.F)
- Catalogue Collectif de France (CCFr)
- Système Universitaire de Documentation
- Catalogue Collectif de la Bibliothèque de l'Enseignement Supérieur (idRef) - SUDOC
- Archi. Res. Portail Francophone des Bibliothèques des Écoles d'architecture et de Paysages.
- Pyramide – Réseau d'Architecture
- Gemeinsame Normdatei – Deutsche National Bibliothek
- MAI. Meta Opac Azalai Italiano – Italie
- MBA. Ministero per i Beni e le Attività Culturali – Italie
- OPAC SBN. Internet Culturale, Cataloghi E Collezioni Digitali Delle Biblioteche Italiana
- NEBIS – EPFL – Ecole Polytechnique Fédérale de Lausanne – Suisse
- SWISSIB KASSEL Bern, SWISSIB KVK
- Réseau des Bibliothèques Genevoises RERO (1er Réseau des Bibliothèques Scientifiques publiques et patrimoniales de Suisse – Wikipédia)
- OPAC de E Library Universidad Polytecnica de Madrid – Espagne
- Bibliotecnica Cataleg de les Biblioteques de la UPC – Espagne
- CRUE Catalogo Collectivo Rebium
- RED de Bibliotecas Universitarias
- CCUC Catàleg Col. Lectiu de les Universitats de Catalunya
- UQAM Québec à Montréal, UQAR Québec à Rimouski – Canada
- KOHA en ligne Catalogue – Vue ISBD – Canada
- Catalogue ELOISE – Canada
- Fédération Wallonie – Bruxelles, Bruxelles
- UNICAT – Union Catalog of Belgian Libraries – Belgique
- European Library
- ULG Library ; Catalog Boréal ; Catalog Unamur ; Catalogue de l'UCI – Belgique
- Art Library RIBU Réseau régional Interuniversitaire OPAC – Algérie
- BIRUNI Bibliothèque des Ressources Universitaires – République Tunisienne
- Alexandrie Bibliothèque du CST – Liban
- OLIB Welrview – Liban
- Record Viens – Israël
- Universitat ZU köln – Allemagne
- IL Menauer Discovery Tool – Allemagne
- WWW Gateway Bayern – Allemagne
- Flora – Allemagne – GVK – Germeinsamer
- Max Plank Virtuel Library V. Lib – Allemagne
- KO bv Portal – Allemagne
- HBZ Verbrund Datenbank – Centre de Bibliothèque des Universités de Rhénanie du nord, Westphalie
- GBV Verbrund Katalog
- KOBV Réseau Coopératif Bibliothèques de Berlin – Brandebourg
- SWB Association de Bibliothèques d'Allemagne de l'Ouest
- BVB – Réseau Régional du Sud-Ouest de l'Allemagne
- HEBIS Konsortiüm Bibliothèques Universitaires Hesse – Catalogue Union
- Katalogue dalenanzeige, SLUB Katalog
- OBV Bibliothèques Autrichiennes Réseau – Autriche
- BOKU Universitäts, Bibliothek Bodenkultur, BIBSYS – Norvège
- Réseau de Bibliothèques DK – Danemark
- NKT National Library of Technology, Prague – République-Tchèque
- ALEPH – Réseau des Bibliothèques du Haut-Rhin et Province de Liège
- LIBRIS – Genensam Katalog För Bibliotek vid de Svenska – Suède
- EASY Bib. Chicago, États-Unis
- ISHARE – États-Unis
- DRAGON Searchresult – Chine
- CINII – Chine
- CINII – Japon
- ... etc

Mise en page, traitement de texte et relecture
Clément COSTARELLA

OUTILS SPÉCIFIQUES DE LA GÉOMÉTRIE PARABOLIQUE TRIDIMENSIONNELLE, destinés à être extraits et reproduits aux formats nécessaires

1 . Les R.P.P.N
2 . Collection de trace paraboles

Réseaux Paraboliques de Front et sur l'Angle destinés à être détachés éventuellement pour être reproduits aux formats nécessaires

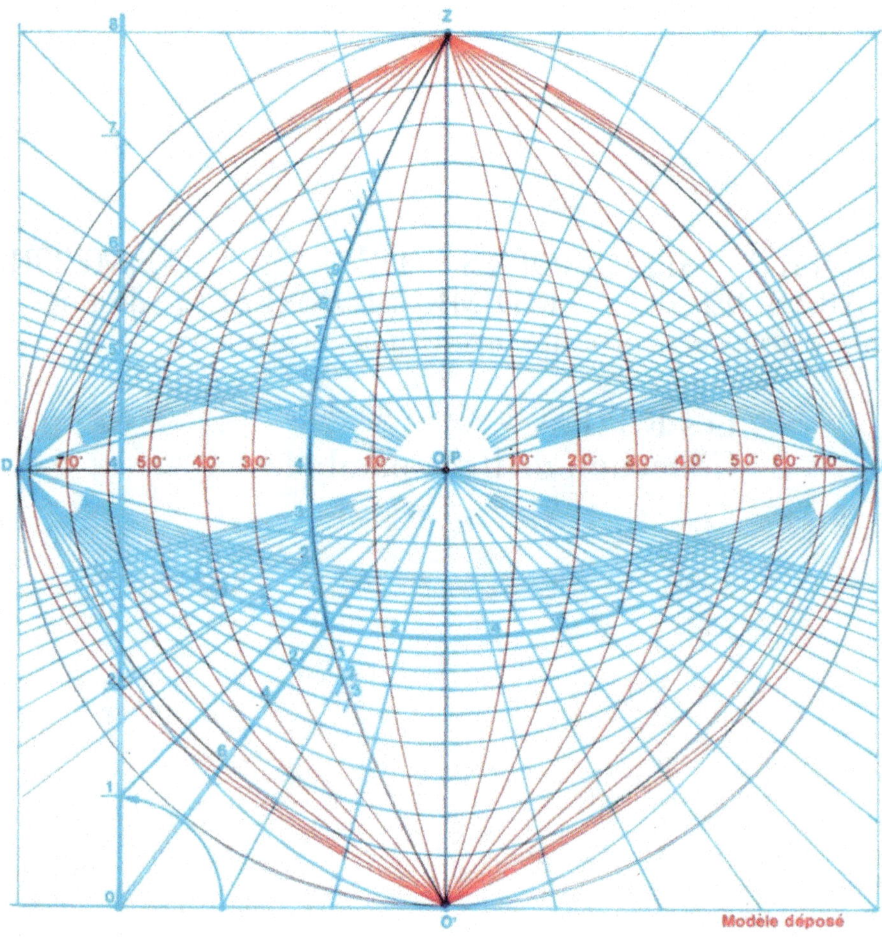

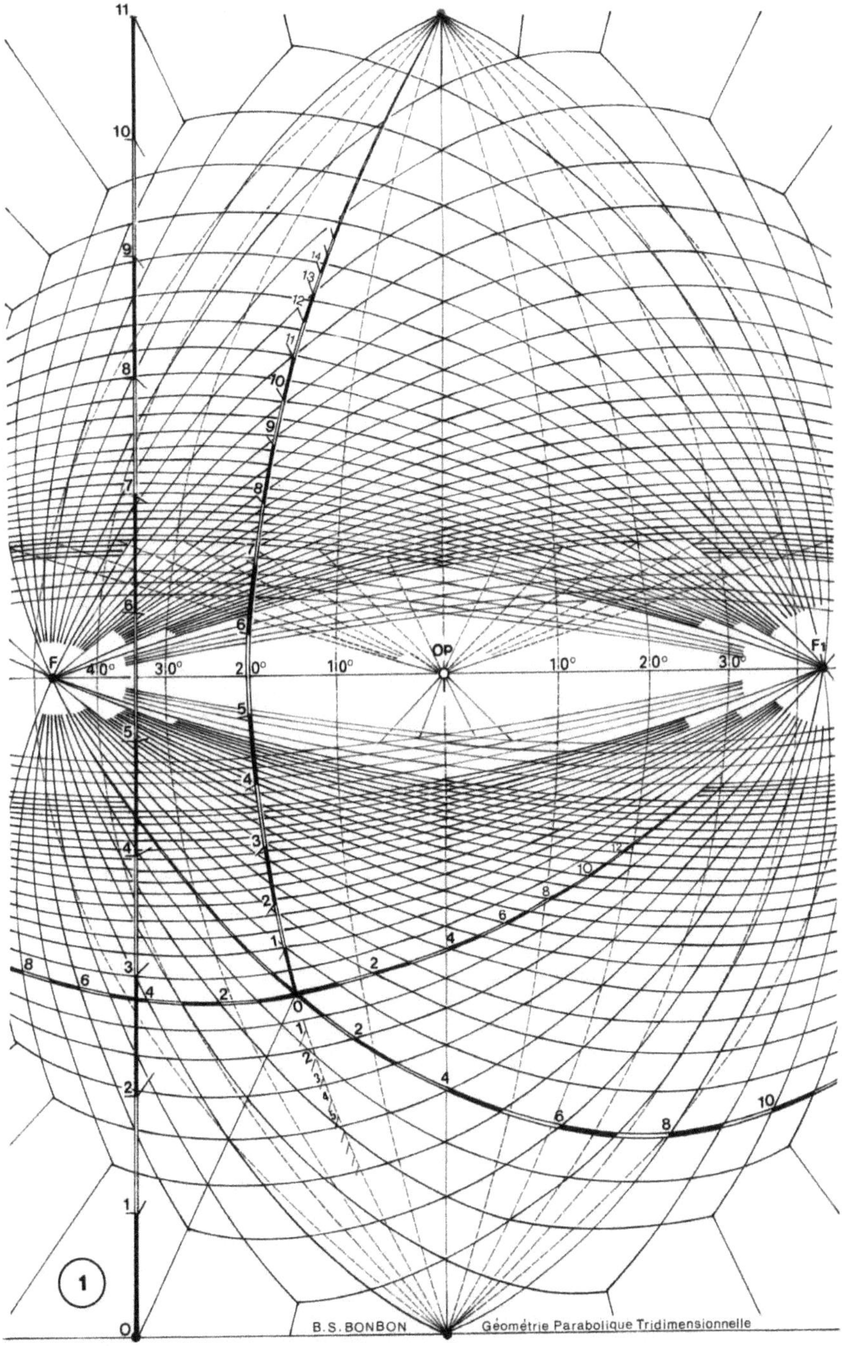
F
F1
OP
40°
30°
20°
10°
10°
20°
30°
B.S. BONBON
Géométrie Parabolique Tridimensionnelle
1

COLLECTION DE TRACE PARABOLES

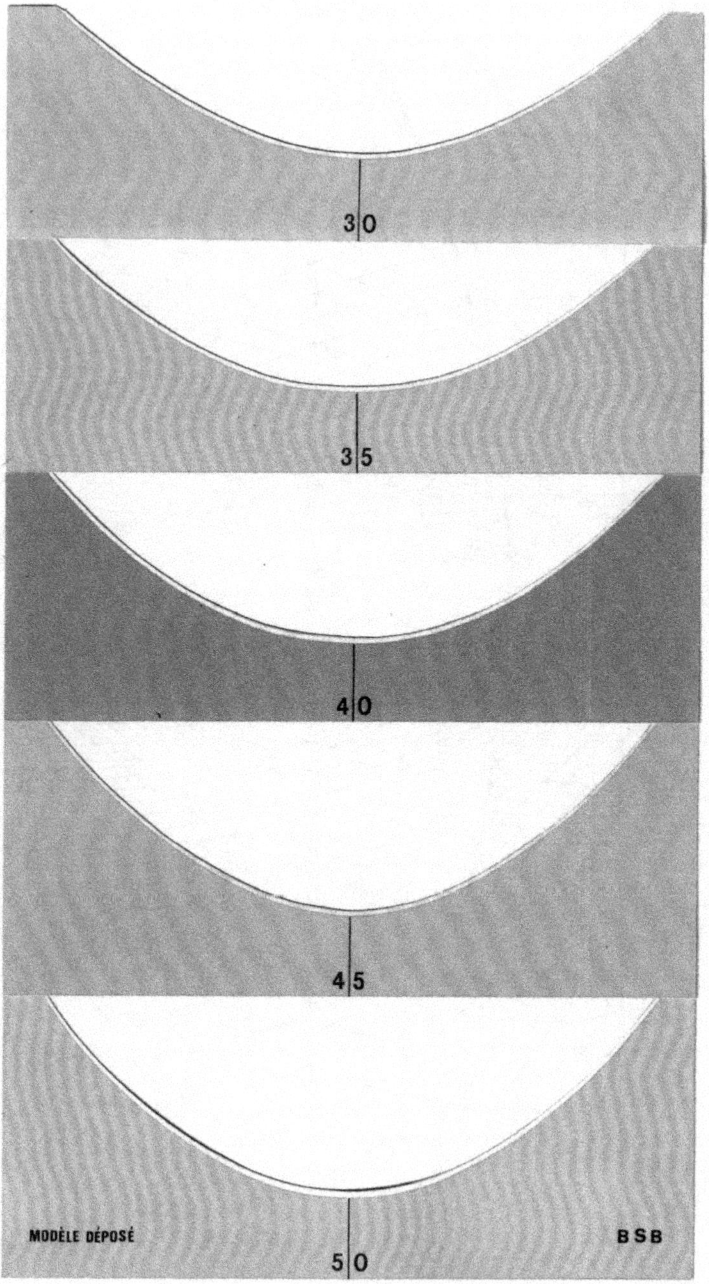

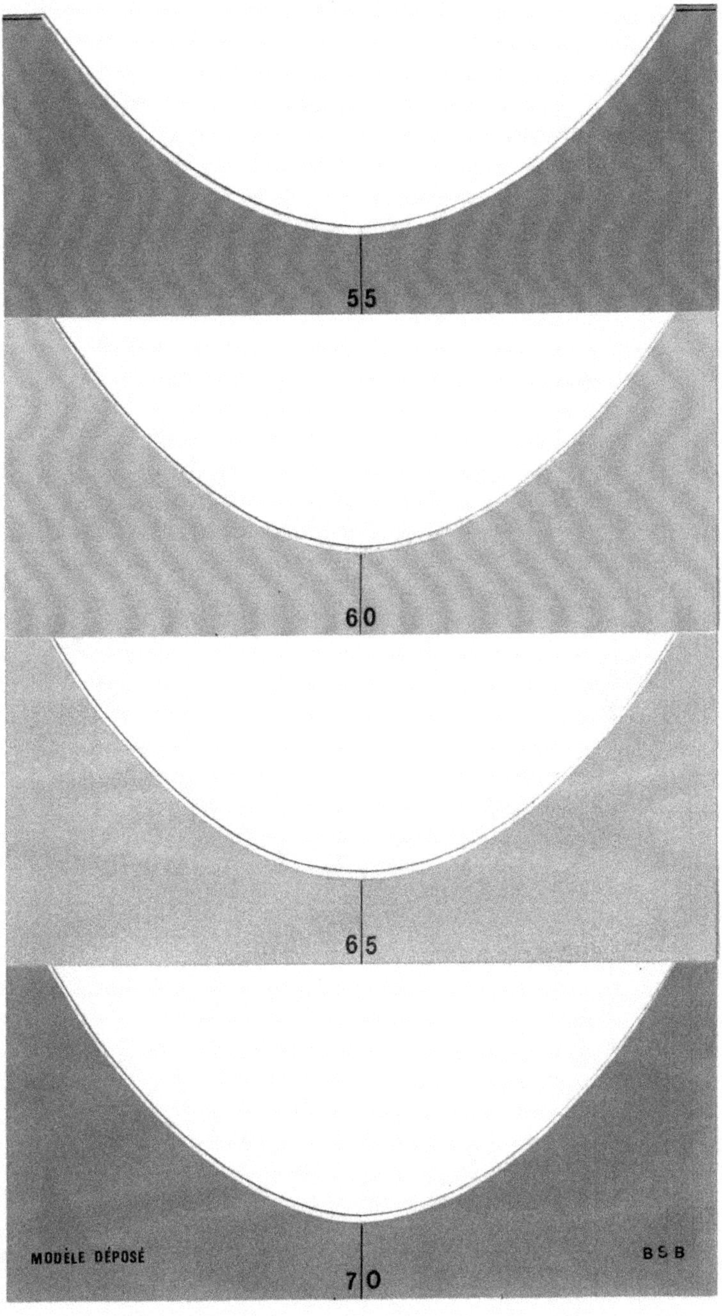
55
60
65
70
MODÈLE DÉPOSÉ
BSB

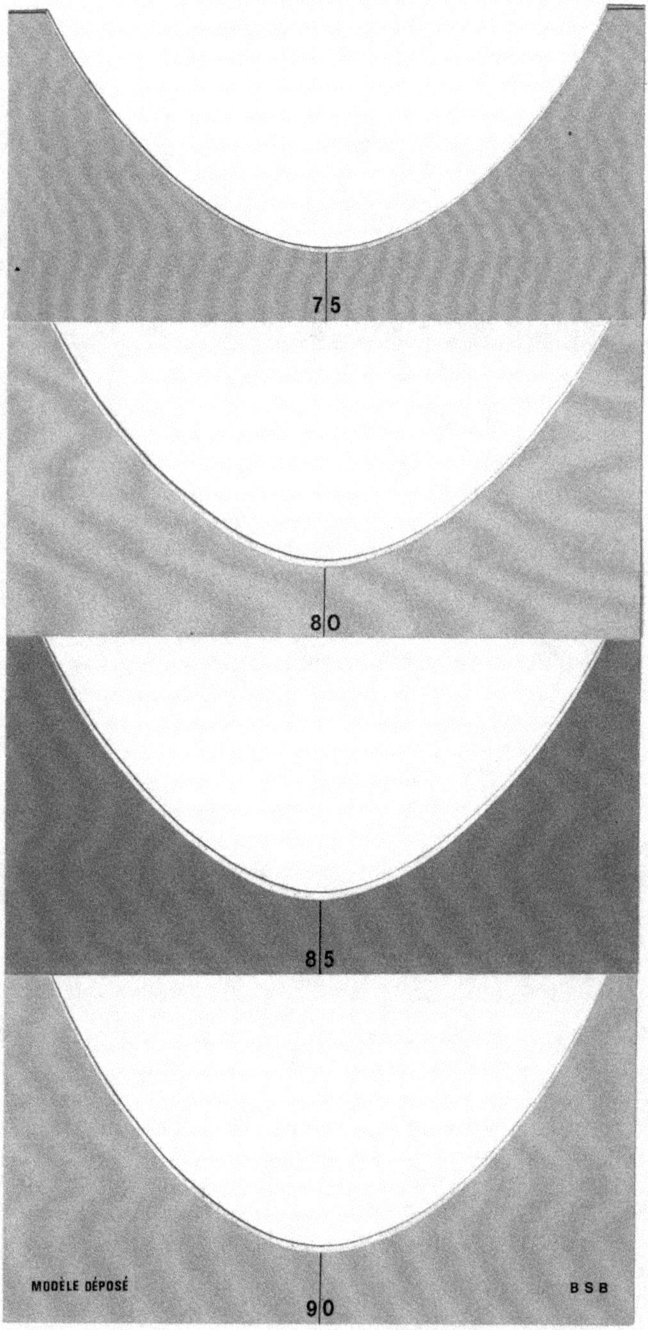
75
80
85
MODÈLE DÉPOSÉ
90
B S B

Revue « Marché et Organisations »

Promouvoir la recherche originale sur les relations de plus en plus étroites entre le marché et les organisations. Les acteurs économiques de taille, de puissance et de pouvoir différents dont les intérêts peuvent être convergents, complémentaires ou, le plus souvent, antagoniques, ont tendance à organiser les marchés. La raison du marché, pourtant, est la référence stratégique pour l'entreprise ainsi que pour les institutions publiques de décision économique.

N°6 : Entrepreneuriat et accompagnement. Outils, actions et paradigmes nouveaux, 2008
N°7 : Développement durable des territoires. Economie sociale, environnement et innovations, 2008
N°8 : Développement durable et responsabilité sociale des acteurs, 2009
N°9 : Gouvernance : exercices de pouvoir, 2009
N°10 : Le travail collaboratif. Une innovation générique, 2009
N°11 : Economie sociale et solidaire. Nouvelles trajectoires d'innovations, 2010
N°12 : Relations à la marque et marques de la relation. Regards croisés sur le management relationnel de la marque, 2010
N°13 : Les contrats au service de la recherche ?, 2011
N°14 : Le potentiel économique de l'Afrique subsaharienne, 2011
N°15 : Management de la distribution, 2012
N°16 : Territoire Vert. Entreprises, Institutions, Innovations, 2012
N°17 : Eco-conception, conception et innovation. Les nouveaux défis de l'entreprise, 2013
N°18 : Intelligence économique : entreprises et territoires, 2013
N°19 : La finance globale. Un monde fini, 2013
N°20 : La crise du « développement », 2014
N°21 : La Chine innove. Politiques publiques et stratégies d'entreprise, 2014
N°22 : Go East! Nouvelles Economies de Marché, 2015
N°23 : L'économie du changement, 2015
N°24 : Le temps des artisans. Permanences et mutations, 2015
N°25 : Innovations de proximité et esprit d'entreprise, 2016
N°26 : L'avenir des économies du Maghreb : entre inertie structurelle et envie de rupture, 2016/3 (n° 27)
N°27 : Le sport aux frontières du marché du travail, 2016
N°28 : Dynamiques internationales des entreprises, 2017
N°29 : L'univers du risque, 2017
N°30 : Les petites entreprises dans l'histoire industrielle, 2017
N°31 : Economie sociale et *social business* ? Au défi d'entreprendre et se financer, 2018
N°32 : Éducation et fertilisation des économies africaines, 2018
N°33 : L'entrepreneuriat innovant dans les pays du Maghreb, 2018
N°34 : L'entrepreneuriat scientifique : institutions et innovation, 2019
N°35 : Le champ économique de la culture, 2019
N°36 : Economie sociale et solidaire ? Modèles d'innovation et modes de gouvernance, 2019
N°37 : Rethinking Luxury Business, 2020
N°38 : La santé connectée. Nouvelles technologies et réorganisation des soins, 2020
N°39 : Options stratégiques et systèmes complexes d'innovation, 2020
N°40 : Les services : intégration des systèmes productifs et lien social, 2021
N°41 : Crise pandémique, crise globale. Réalité et controverses théoriques, 2021
N°42 : La crise de la covid-19. Le marché et les organisations en perspective, 2021
N°43 : (Re)faire système. *Bug & reset*, 2022
N°44 : Aléas du marché et management du risque, 2022
N°45 : Le renouveau du transport et de la logistique : les systèmes d'information, 2022
N°46 : Entrepreneuriat et innovation dans l'enseignement supérieur, 2023
N°47 : Le tourisme créatif. Culture, créativité, patrimoine, management, 2023

https://www.cairn.info/revue-marche-et-organisations.htm

Collection « L'esprit économique »

fondée par Sophie Boutillier et Dimitri Uzunidis en 1996

Dernières parutions

► ***Série Economie et Innovation***

T. MICHAUD, *Le projet spatial européen, entre pragmatisme et imagination*, 2020.

J.-P. SCHMITT, N. RAVIDAT, *Management conjoint de la technologie et de la personne. Pour performer et croitre*, 2020.

Y. EL YAHYAOUI, *Economie des plateformes numériques. Captation de la valeur, pouvoir de marché et communs collaboratifs*, 2021.

G. DUTHIL, *Handicap et insertion professionnelle*, 2022.

T. MICHAUD, *La science-fiction institutionnelle*, 2023.

► ***Série Le Monde en Questions***

A. AMINE, C. GALLOUJ, *Consommateurs et pratiques de consommation au Maroc*, 2021.

T. MARINOVA, *Economie sociale et solidaire dans les pays des Balkans. Bulgarie, Roumanie, Serbie : quels enseignements ?* 2021.

T. GARCENOT, *La finance contre le dérèglement climatique. Politiques monétaires et enjeux géopolitiques de la finance verte*, 2021.

A. VALLERAY, *Mondialisation mon amour. Avatars d'une utopie*, 2021.

I. BEN ABDELKADER, *La microfinance dans la région du Moyen-Orient et de l'Afrique du nord (MENA). Aperçu global et enjeux actuels*, 2022.

C. GALLOUJ, *Grande distribution alimentaire au Maroc. Acteurs et stratégies*, 2022.

J. PIERRE-JUSTIN VIRAPATIRIN, *La petite économie insulaire de la Guadeloupe. Bilan, enjeux et perspectives*, 2022.

K. ESSAF, *Les Sukuk : aspects théoriques, rendement et risques*, 2022.

C. GALLOUJ, S. GALLOUJ, *Grande distribution non alimentaire au Maroc. GSS, grands magasins, malls, franchises et e-commerce*, 2023.

► ***Série Krisis***

A. RODRIGUEZ-HERRERA, Travail, valeur et prix. Reprise et clôture d'un débat centenaire (1885-1985) a la lumière des textes marxiens, 2021.

R. DELORME, *La complexité autrement. Une réponse nouvelle à la pandémie et à d'autres phénomènes sociaux complexes*, 2022.

V. YEFIMOV, *L'ordre social monétaire. L'économie discursive défit le courant dominant et l'économie narrative*, 2022.

M. WIELEZYNSKI, *La loi du marché post-esclavagiste. Une approche critique*, 2023.

G. MINART, *Condorcet économiste : un libéralisme économique au service du bien public*, 2023.

► **Série *Clichés***

S. BOUTILLIER, D. UZUNIDIS (dir.), *La Russie européenne. Du passé composé au futur antérieur*, 2008.

R. VOLPI, *La négociation. Pain, paix, liberté*, 2009.

► ***Série Cours Principaux***

R. SANTENAC, *Le cycle des crises financières. Une étude approfondie des causes, des impacts et de la fréquence*, 2020.

B. LANDAIS, *Macroéconomie efficace. Croissance et crises*, 2020.

A. MBULI LANDU, *Le memo d'un comptable. Approche par le SYSCOHADA révisé*, 2021.

M. EL KARRIM, *Introduction à l'économétrie appliquée*, 2022.

Z. FIRANO, *Fondements de la finance de marché. Théories et applications*, 2022.

► **Série *L'économie formelle***

H. AMAAZOUL, *Responsabilité sociétale des entreprises et performance financière. Étude appliquée aux entreprises marocaines*, 2021.

M. BERTONECHE, *Chroniques économiques de notre temps*, 2021.

E. CARREY, H. LANDIER, *Après la guerre contre la Covid : de l'économie financière a l'entrepreneuriat social*, 2021.

J. LATREILLE, *Sale temps pour l'économie marchande*, 2021.

J. LATREILLE, *Escronomistes ! Ces théories qui abîment le monde*, 2022.

M. FOUQUIN, *Dettes publiques à long terme et souveraineté nationale : enseignements des crises du XIIe au XXIe siècle*, 2023.

Structures éditoriales du groupe L'Harmattan

L'Harmattan Italie
Via degli Artisti, 15
10124 Torino
harmattan.italia@gmail.com

L'Harmattan Hongrie
Kossuth l. u. 14-16.
1053 Budapest
harmattan@harmattan.hu

L'Harmattan Sénégal
10 VDN en face Mermoz
BP 45034 Dakar-Fann
senharmattan@gmail.com

L'Harmattan Cameroun
TSINGA/FECAFOOT
BP 11486 Yaoundé
inkoukam@gmail.com

L'Harmattan Burkina Faso
Achille Somé – tengnule@hotmail.fr

L'Harmattan Guinée
Almamya, rue KA 028 OKB Agency
BP 3470 Conakry
harmattanguinee@yahoo.fr

L'Harmattan RDC
185, avenue Nyangwe
Commune de Lingwala – Kinshasa
matangilamusadila@yahoo.fr

L'Harmattan Congo
219, avenue Nelson Mandela
BP 2874 Brazzaville
harmattan.congo@yahoo.fr

L'Harmattan Mali
ACI 2000 - Immeuble Mgr Jean Marie Cisse
Bureau 10
BP 145 Bamako-Mali
mali@harmattan.fr

L'Harmattan Togo
Djidjole – Lomé
Maison Amela
face EPP BATOME
ddamela@aol.com

L'Harmattan Côte d'Ivoire
Résidence Karl – Cité des Arts
Abidjan-Cocody
03 BP 1588 Abidjan
espace_harmattan.ci@hotmail.fr

Nos librairies en France

Librairie internationale
16, rue des Écoles
75005 Paris
librairie.internationale@harmattan.fr
01 40 46 79 11
www.librairieharmattan.com

Librairie des savoirs
21, rue des Écoles
75005 Paris
librairie.sh@harmattan.fr
01 46 34 13 71
www.librairieharmattansh.com

Librairie Le Lucernaire
53, rue Notre-Dame-des-Champs
75006 Paris
librairie@lucernaire.fr
01 42 22 67 13

www.ingramcontent.com/pod-product-compliance
Lightning Source LLC
LaVergne TN
LVHW080028081026
849535LV00019B/4186